国家自然科学基金重点项目"数字经济下公司财务决策与资源配置效率研究"（批准号：72132002）

国家社会科学基金重大项目"国企混合所有制改革的实现路径选择研究"（批准号：20&ZD073）

国家社会科学基金重点项目"碳中和背景下我国制造业企业供应链低碳转型研究"（批准号：21AGL003）

国家社会科学基金重点项目"环境监管科技化驱动企业绿色发展的机制与路径研究"（批准号：23AGL014）

国家自然科学基金面上项目"基于文本分析与机器学习的分析师行为决策研究：影响因素、利益冲突与经济后果"（批准号：71972088）

Environmental

Social

Governance

主　编 ● 宋献中　李晓溪

副主编 ● 刘莎莎　沈洪涛　肖红军

ESG二十年：重点文献导读

经济管理出版社

ECONOMY & MANAGEMENT PUBLISHING HOUSE

图书在版编目（CIP）数据

ESG 二十年：重点文献导读 / 宋献中，李晓溪主编.
北京：经济管理出版社，2024. -- ISBN 978-7-5096
-9965-2

Ⅰ．X322.2
中国国家版本馆 CIP 数据核字第 20243DE961 号

组稿编辑：申桂萍
责任编辑：申桂萍
助理编辑：张　艺
责任印制：张莉琼
责任校对：熊兰华

出版发行：经济管理出版社
　　　　　（北京市海淀区北蜂窝 8 号中雅大厦 A 座 11 层　100038）
网　　址：www. E-mp. com. cn
电　　话：(010) 51915602
印　　刷：北京市海淀区唐家岭福利印刷厂
经　　销：新华书店
开　　本：720mm×1000mm/16
印　　张：16.5
字　　数：305 千字
版　　次：2024 年 11 月第 1 版　　2024 年 11 月第 1 次印刷
书　　号：ISBN 978-7-5096-9965-2
定　　价：88.00 元

前　言

一、本书的目的

ESG，即环境（Environmental）、社会（Social）和治理（Governance）。自2004年联合国全球契约组织（United Nations Global Compact，UNGC）首次提出ESG概念以来，ESG已经逐步被整合进企业的运营和投资决策中，并作为衡量企业可持续发展能力的评价体系在全球范围内获得了广泛认可。从财务绩效体系向ESG体系的转变，是商业文明的一次重大变革。党的二十大报告提出了"推动绿色发展，促进人与自然和谐共生""积极稳妥推进碳达峰碳中和"的战略目标，与ESG核心价值观高度一致。ESG是推动企业可持续发展和加速绿色低碳转型的关键工具和重要载体。

随着ESG研究的快速发展，这一领域已成为财务、会计和审计研究的重要分支，产生了大量的学术成果。然而，目前ESG相关教材未能充分反映这些最新进展，尤其在介绍ESG研究体系和进展方面相对匮乏。不仅如此，新进入该领域的学生也面临较大挑战，难以从众多复杂文献中挑选出既具有代表性又能覆盖ESG主要研究领域的论文，学生需要投入大量的时间去反复阅读英文学术文章，才能准确理解内容，这无疑增加了学习难度；学术文章通常是基于已有文献展开研究，但学生往往因缺乏对整个研究体系的宏观了解，难以准确评估文章的价值或从中挖掘新的研究机会。因此，本书汇集了2004~2024年的ESG重要报告，以及经济学、管理学、金融学和会计学国际顶尖期刊上ESG相关的代表性论文；遴选标准包括文章引用量、文章对ESG主要议题的覆盖度等。经过多轮讨论和筛选，最终选入了23篇具有重要影响力的文献或报告。本书按照ESG的主要研究方向组织内容，分为五章：揭开序幕、ESG表现专题、ESG披露专题、

ESG 投资专题和 ESG 评级专题。每章不仅包含对选定文章的深入分析，还提供了该方向的详细导读。章节导读包含概念起源、文献回顾、经典研究概述和未来研究方向，全面介绍相关文献的内容、贡献及其在整个 ESG 体系中的地位。

正如马克·吐温所言："历史不会重演细节，过程却会重复相似。"希望读者能从这些文献中找到 ESG 研究的核心规律。本书旨在帮助对 ESG 研究感兴趣的读者理解和把握 ESG 领域的知识体系和学科前沿，同时激发他们开展相关研究。此外，本书希望能帮助读者快速掌握每篇文章的核心内容和方法论，降低阅读原始英文文献的难度，并促进对未来研究方向的探索。更希望将这些知识与中国的国情结合起来，为"建设绿色中国"这一国家重大战略贡献智慧。本书不仅是梳理 ESG 重点文献的传声筒，更是启发读者探索新话题的催化剂。

二、本书的体系脉络

2024 年是 ESG 概念正式提出二十周年。在过去的二十年里，ESG 的理论研究和实践发展取得了显著进展，但围绕 ESG 的学术争论和实际挑战也日益增多。应对这些争论和挑战不仅需要对当前情况和未来趋势进行深入分析，还应回顾历史，回到起点，重新审视 ESG 理念的初衷，探究其形成的基本理论问题。为此，本书第一章选择了两份关键报告和一篇文章，重温这些基础问题，从而为当下的思考提供启示。第一章主要回顾了这方面的研究。

第二章回顾了以下内容：ESG 表现反映了企业在环境、社会和治理三个维度的具体绩效和实践。这一概念是绿色和负责任投资理念的延伸，现已成为评估企业可持续发展能力的重要指标。随着社会对企业角色和责任的认知逐步加深，对可持续发展问题的关注也不断增长。目前，关于 ESG 表现的研究主要集中在其影响因素和经济后果上，涵盖了制度环境、利益相关者压力、企业内部治理等因素的作用。第二章详细回顾了这些内容。

ESG 披露概念的起源可以追溯到 20 世纪中叶。随着全球对可持续发展议题的关注度不断上升，企业的社会责任逐渐成为各界关注的焦点。ESG 披露研究从外部环境和企业内部动力两个维度深入探讨了其驱动因素，包括国家政策、市场波动和文化影响等。ESG 披露的经济后果研究主要聚焦于 ESG 披露对企业绩效、企业投融资活动及外部利益相关者的影响。第三章全面梳理了这些研究成果。

ESG 投资，作为一种综合考虑 ESG 标准的投资方法，揭示了 ESG 偏好如何影响资产价格和企业行为。现有研究为阐释 ESG 投资的动机、经济效应等方面提供了理论支撑。第四章详细回顾了这方面的研究。

ESG 评级是评价企业在环境、社会和治理维度综合表现的方法，旨在全面、客观地展现企业的 ESG 表现，帮助企业和投资者识别和管理风险。关于 ESG 评级的研究聚焦于评级的性质、影响因素和经济后果，以及评级分歧的影响因素和经济后果。第五章综述了这些研究，为深入理解 ESG 评级提供了全面的分析视角。

三、本书的读者对象

本书主要面向从事 ESG 研究的博士、硕士研究生及高年级本科生。对于教授相关课程的教师而言，本书可作为教学参考书或课程教材。在教授研究生课程时，可以安排两名到三名学生分别深入研读指定的学术文章，并通过小组汇报的形式在课堂上进行讲解。此后，教师将引导学生讨论文章的贡献、指出其不足，并一同探索潜在的研究方向和题目。这种方法不仅促使学生深入理解文章内容，还有助于他们长期积累研究素养，从而快速提升学术能力。本书同样适合于相关监管部门工作人员和业界人士阅读，尤其是那些对 ESG 研究领域感兴趣的专业人士。对于这些读者，本书可以作为一个宝贵的资源，帮助他们在掌握历史文献的基础上，发展自己的研究思路。

在撰写每个研究方向的概述时，本书力求使用简明扼要的语言，以便读者在深入阅读具体文章之前，能够更好地理解该研究方向的理论和实践意义。本书的目标是让读者在理解理论和实证研究的基础上，能够明确这些研究为市场参与者、政策制定者和学术界所带来的具体启示。这种方法不仅增强了教材的应用价值，也使其能够作为一个有效的学术和实践指南，帮助读者在 ESG 领域取得实质性进展。

四、其他

尽最大努力避免错误，但由于专业水平和视角的限制，书中可能存在疏漏，恳请读者包涵和批评指正。特别是在探讨未来研究方向时，本书的讨论可能带有一定的主观性，仅供读者参考。

我们特此感谢团队成员的辛勤工作和精益求精！感谢暨南大学管理学院、暨南大学人与自然生命共同体重点实验室对本书写作的支持！感谢国家自然科学基金重点项目"数字经济下公司财务决策与资源配置效率研究"（批准号：72132002）、国家社会科学基金重大项目"国企混合所有制改革的实现路径选择研究"（批准号：20&ZD073）、国家社会科学基金重点项目"碳中和背景下我国制造业企业供应链低碳转型研究"（批准号：21AGL003）和"环境监管科技化驱动企业绿色发展的机制与路径研究"（批准号：23AGL014），以及国家自然科学基金面上项目"基于文本分析与机器学习的分析师行为决策研究：影响因素、利益冲突与经济后果"（批准号：71972088）对本书出版的资助！

通过此书，我们希望建立一个学术与实践交流的桥梁，在促进学者对 ESG 研究领域深入理解的同时，激发新的研究兴趣和探索。期待读者能从中获得启发，并为进一步推动这一领域的发展做出贡献。

本书编写组

2024 年 8 月

目　录

第一章　揭开序幕

第一节　导读

一、ESG 术语的提出及概念演进

进入 21 世纪，面对日益严峻的可持续发展挑战，世界各国和国际社会纷纷行动，政府、企业、金融机构、非政府组织、社会公众等多元主体都试图寻找应对全球挑战的解决方案，其中金融机构被认为是应对可持续发展挑战的重要力量。虽然金融机构认识到在核心业务流程中考虑可持续发展议题的重要性，但对于如何将这些议题更好地融入资产管理、证券交易等投资决策和活动中仍然缺乏共识（The Global Compact，2004）。在这一背景下，2004 年 1 月时任联合国秘书长科菲·安南致信 55 家世界领先金融机构的首席执行官，邀请他们参与一项旨在将环境、社会和公司治理议题融入投资决策和活动指南的联合行动。作为这一联合行动的成果，联合国全球契约组织在当年 6 月召开的全球契约领导人峰会上发布了《在乎者赢：连接金融市场与变化中的世界》的报告，首次明确提出了 ESG 术语和概念，系统阐述了金融机构为什么以及如何将环境、社会和治理议题融入投资决策和活动中（The Global Compact，2004）。在此峰会上，虽然联合国环境规划署金融倡议组织（United Nations Environment Programme Finance Initiative，UNEPFI）也发布了《环境、社会和公司治理议题对权益定价的实质影响》报告，提出要开发新工具以用于对环境、社会和公司治理标准进行财务分析

（UNEPFI，2004），但其并没有将环境、社会和公司治理三者进行缩写，也没有明确提出 ESG 术语和概念。

ESG 是由环境（Environmental）、社会（Social）和治理（Governance）三个单词的首字母组合而成，最早出现时被定位成主流投资实践的新概念、新理念（The Global Compact，2004），意指将环境、社会和治理议题融入财务分析与投资决策。其后，随着 ESG 理念和实践的逐渐兴起，ESG 概念的内涵与外延不断丰富和拓展，形成了对 ESG 概念的多元化理解。从已有的定义来看，目前对 ESG 概念的界定大体上有两类观点：作为评价标准与框架，即评价观；作为义务要求与考虑因素，即行为观。对于评价观，现有绝大多数定义都将 ESG 看作一种新的评价标准、方法、框架和体系。ESG 被认为是一种用于评价企业可持续发展的投资概念，是投资者用于评价企业行为和未来财务绩效的标准与战略（Li et al.，2021），或是投资者用于评估企业在环境、社会和治理因素方面集成努力的一种策略（Gupta，2022）。也有学者认为，ESG 是非财务绩效的关键要素（Park et al.，2023），是投资者和利益相关者对企业可持续发展和影响进行评价的非财务绩效指标（Kaźmierczak，2022），是衡量企业可持续发展水平的重要标准（Baker et al.，2021），或者是评估企业对环境保护和社会责任所做承诺的度量标准（Chen et al.，2023），属于对企业负责任影响投资进行评估的标准。

对于行为观，其他定义将 ESG 看作主体决策或活动需要考虑的因素、满足的义务要求以及达到的行为目标。一方面，ESG 被看作是一种责任投资原则，是需要纳入投资分析的一系列议题（Pollman，2022），是长期价值投资需要考虑的因素（Edmans，2023）；另一方面，ESG 被认为是企业可持续发展行动的构成领域（Jain and Tripathi，2023），是用于定义和描述企业希望达成的非财务结果（Baid and Jayaraman，2022）。ESG 是企业履行对增进社会福利和利益相关者长期利益的义务而开展的环境、社会和治理相关活动（Mohammad and Wasiuzzaman，2021），或为公司、股东和利益相关者的绩效而开展的环境、社会和治理相关活动（Park et al.，2023）。Pollman（2022）概括了企业视角的三类 ESG 行为观：第一类观点是从角色功能角度将 ESG 看作风险管理（Koh et al.，2014），认为 ESG 的任务就是监控和管理企业所面临的源于环境和社会影响的风险；第二类观点是从行为性质角度将 ESG 看作责任义务，认为 ESG 是企业为了股东、其他利益相关者和社会整体的利益而承担的自愿性道德责任（LoPucki，2022），是企业履行的为增进社会福利和利益相关者长期利益的义务（Mohammad and Wasiuzzaman，2021）；第三类观点是从心理动机角度将 ESG 看作意识形态偏好，认为 ESG 就像消费者或投资者"用钱投票"一样，是偏好的一种表达（Curtis et al.，2021），是企业对超越纯粹财务议题的其他议题予以关注的模糊性标示。

二、ESG 的合理性与正当性

ESG 理念和概念是否合理，对于企业和机构投资者来说是否具有正当性，是一个关乎 ESG 存在必要性和可能性的问题，也一直是一个极具争议性的话题。学者和业界从多个角度对这一问题进行了探讨，形成了分歧明显甚至完全相悖的观点。例如，The Global Compact（2004）在提出 ESG 理念和概念时，从宏观的角度认为 ESG 能够带来更优的投资市场和更可持续的社会；UNEPFI（2004）从微观的角度研究发现，ESG 议题会对企业的长期股东价值产生影响，在某些情况下这种影响非常深远；UNEPFI（2006）进一步研究发现，ESG 议题对企业的短期股东价值和长期股东价值均产生影响，投资者和资产管理者将 ESG 议题融入投资决策可以更好地管理风险和潜在地增加利润。其后，大量学者从践行 ESG 能否增进企业财务绩效、ESG 投资相对传统投资方式是否有更优回报的视角对 ESG 的正当性进行了大量的实证研究，尽管多数研究结论是积极的，但也有部分否定性结论和无关系结论（Friede et al.，2015；Coelho et al.，2023），因此尚没有明确一致的证据表明 ESG 是否能提高企业财务绩效、ESG 投资组合能否带来正向超额收益（Rau and Yu，2024）。除从现实观察和实证研究视角对 ESG 正当性进行探讨外，更深层次、更为本质的讨论则是从理论逻辑角度予以展开，即从回答 ESG 与企业目的、信义义务的相符性这两个根本问题角度进行研究，这也是自 ESG 概念被提出以后一直受到广泛争论的两个问题。

（一）ESG 与企业目的的相符性

ESG 与企业目的的相符性研究不仅是企业社会责任与企业目的关系研究的延续，也是股东至上主义与利益相关者主义争论的持续。历史上，关于企业社会责任是否具有正当性的争论经历了四次：第一次大争论是 20 世纪 30 年代至 50 年代 Berle 与 Dodd 关于管理者受托责任的论战；第二次大争论是 20 世纪 60 年代 Berle 与 Manne 关于现代公司作用的论战；第三次大争论是 20 世纪 70 年代至 80 年代 Friedman 与 Drucker 关于企业社会责任与自由市场经济之间关系的讨论；第四次大争论是 2005 年 Mackey、Friedman 与 Rodgers 关于利润是手段还是目的的辩论。作为关于企业社会责任四次大争论的延续，2010 年以来 ESG 支持者与反对者仍然围绕股东至上主义与利益相关者主义展开争论。ESG 反对者继续沿着 Friedman（1970）的路线，将 Friedman 主义作为信奉的教条，认为 ESG 与长期以来的股东至上主义相悖，不符合企业作为经济组织或商业组织的本质特征和股东利润最大化的目的，因此企业践行 ESG 将会偏离于企业目标和设立初衷。Orlitzky（2015）认为，Friedman 对企业社会责任的批判尽管经常受到企业社会责任支持者的不公平攻击，但它一直是正确的，时至今日仍然有效。Ramanna（2020）也认为，Friedman 提出的"企业社会责任就是要增加企业利润"的论断在 50 年后依然成立，企业的事业就是商业，不应期望企业解决社会的非市场问题。Bebchuk 和 Tallarita（2020）甚至对 Friedman 主义进行拓展，认为股东至上理论能够鼓励管理者负责任。在 ESG 反对者来看，ESG 会阻碍与自由市场资本主义相关的增长、创新和繁荣，破坏个人、机构和国家层面的自由利益（Padfield，2023）。

ESG 支持者则认为，现代企业存在的目的应当超越纯粹的商业利润，由股东利益至上转向企业与利益相关者、企业与社会的价值共赢，而 ESG 与这一企业目的转向相匹配。ESG 支持者对否定 ESG 赖以存在的理论根基，即对 Friedman 主义进行了再批判，认为其经济学基础已经不适应时代要求了。Friedman 主义的立论基础，即完全自由市场下个体利益与社会福利具有一致性在现实中并不成立，自由企业的利润最大化不足以产生健康的社会与经济，企业目的应以社会福利为基础，从更广泛的社会视角予以界定（Bagha and Laczniak，2015）。Mayer 等（2020）对这一论断进行了驳斥，认为在过去半个世纪里，Friedman 主义对社会造成了严重的负面影响，现在需要的是确保企业履行与其影响力相匹配的社会责任，Friedman 的股东至上信条实际上"已死"。Edmans（2023）认为，股东利益与社会利益并不冲突，通过渴望为社会创造价值的目的驱动，企业可以同时增加股东价值和利益相关者价值。

（二）ESG 与信义义务的相符性

信义义务是受托人（如养老基金）对其受益人（如现在和未来的退休养老金领取者）负有义务的通用术语（Sandberg，2011），即受托人在法律和道德上都有义务为其受益人的最大利益服务（Held，2023）。尽管不同国家和机构对信义义务的法律界定与对投资机构的具体要求不同，且"信义义务"一词从技术上讲确实只适用于普通法系管辖区，但大多数国家（包括普通法系和大陆法系管辖区）在一定程度上都对作为他人资金受托人的机构投资者施加了一套大致相似的核心责任（Sandberg，2011），因此信义义务被认为是机构投资最基本和最重要的原则。信义义务包括顺从义务、忠实义务、注意或审慎义务和公正义务（Gary，2019），其中忠实义务和审慎义务是机构投资中最为重要的信义义务。忠实义务有"唯一利益"或"排他性利益"规则和"最佳利益"规则两种类型，信托法中通常默认的是"唯一利益"规则，即要求受托人必须仅为受益人的利益管理信托，受托人对受益人有义务不受任何第三方的利益或实现信托目的以外动机的影响。审慎义务要求受托人必须遵循"审慎投资者规则"，有责任像一个审慎的人那样行事。

自社会责任投资运动兴起以来，机构投资者有目的地考虑 ESG 因素与信义义务要求是否一致一直是激烈争论的问题。早在 2005 年，UNEPFI 就委托 Freshfields Bruckhaus Deringer 律师事务所研究 ESG 投资与信义义务的相符性，其后发布了著名的"Freshfields 报告"，认为 ESG 投资与信义义务在某些情况下相一致，许多人认为这一报告已经解决了 ESG 投资与信义义务是否冲突的问题（Sandberg，2011）。然而，Sanders（2014）认为这一结论是基于对 ESG 投资的误解和对判例法的误读，事实却恰恰相反，忠实义务和审慎义务都要求阻止 ESG 投资。2015年联合国负责任投资原则（United Nations Principles for Responsible Investment，UNPRI）等机构在《21 世纪的信义义务》（*Fiduciary Duty in the 21st Century*）报告中声称，它们已经结束了关于 ESG 投资与信义义务的争论，得出的结论认为投资者有积极责任去整合 ESG 议题（Sullivan et al.，2015），但它们也承认 ESG 在股东或唯一利益信义规则下是有问题的。为了厘清信义义务是否妨碍 ESG 投资实践和决策，2016 年 UNPRI 和 UNEPFI 两家机构发起了一个为期四年的项目，并在《21 世纪的信义义务》最终报告中得出结论，重申投资者有义务和责任在投资实践和决策中整合 ESG 议题（Sullivan et al.，2015）。不过，他们所宣称的"结束了关于 ESG 投资与信义义务的争论"并没有真正实现，在美国，许多受托人对 ESG 投资仍然持怀疑态度（Schanzenbach and Sitkoff，2020）。

在 ESG 反对者看来，ESG 投资掺杂了追求社会与环境价值等其他目的而做出投资决定，具有混合动机，违反了唯一利益规则，不符合忠实义务要求。与此同时，ESG 投资决策具有极强的主观性，ESG 投资策略的运用伴随一定的风险性，ESG 投资的风险和回报目标与信托往往难以合理匹配，违反了审慎投资者规则，不能满足审慎义务要求。由此，ESG 反对者断言，考虑 ESG 因素会造成不适当的信托责任敞口，除非法律特别允许或强制要求，否则 ESG 投资与信义义务相违背（Martin，2009）。一些学者也认为，如果受托人考虑 ESG 因素，那么他们必然会违背信托义务（Muir，2022），至少附属利益型 ESG 投资不符合忠实义务要求（Schanzenbach and Sitkoff，2020）。Pollman（2022）认为，投资组合经理和其他受托人将 ESG 议题纳入投资非常模糊，而且往往因为认为考虑这些问题会在法律上被阻止而遭到抵制。

ESG 支持者对于反对者的观点进行了驳斥，认为 ESG 投资与信义义务并非一定有冲突，可以通过多种方式实现 ESG 投资与信义义务的协调。Held（2023）对"ESG 投资一定违背信义义务原则"的论断进行了批判，认为这一论断是建立在错误的前提假设基础上的，包括它假设所有投资者都是相同的，用于投资的钱是投资顾问的而非投资者的；如果将投资 ESG 表现更优的企业认定为非法，那么这是政府对自由市场体系的严重过度干预；如果将信义义务简单地界定为客户获取最高的回报，那么他们的计算是基于不完备的信息，因为财务收益率并未考虑"做生意"的全部成本。Gary（2019）认为，只要投资策略不涉及牺牲财务回报，那么即使忠实义务被定义为仅为受益人的财务利益行事的义务，使用包含 ESG 标准的投资策略也不会违背忠实义务。同时，由于 ESG 整合策略将传统财务指标与企业 ESG 行为或风险相关的信息结合起来，以改进对企业投资潜力的分析，因此审慎投资者应在投资决策中考虑 ESG 因素。Schanzenbach 和 Sitkoff（2020）认为，风险回报型 ESG 投资与任何其他积极的投资策略相同，符合忠实义务要求和审慎投资者规则，是被允许的。

三、ESG 的内驱力

无论是投资者还是企业，其践行 ESG 的决策，除受到外部压力因素影响外，更重要和更深层次的驱动力来源于内生。在 ESG 的内驱力方面，一直存在价值驱动和价值观驱动两种观点（Starks，2023），由此分别形成基于价值的 ESG（Value-Based ESG）和基于价值观的 ESG（Values-Based ESG）两种模式（Schulp，2023）。Starks（2023）进一步认为，ESG 投资也可能受到价值与价值观的混合驱动，ESG 投资方式可以看作一个线性的韦恩图，即存在第三种模式"价值与价值观混合驱动的 ESG"。

价值驱动指的是投资者和企业的 ESG 决策受到财务价值的驱动，主要考虑的是企业的风险和回报机会，如环境、声誉、人力资本、诉讼、管制、腐败、气候等具有重要财务影响的风险（Starks，2023）。相应地，基于价值的 ESG 就是在评价企业的经济发展前景时，将对企业财务价值具有实质影响的 ESG 因素纳入考虑（Schulp，2023）。The Global Compact（2004）在最早提出 ESG 概念时就指出，投资市场在以有助于全球社会可持续发展的方式更好地管理环境和社会影响方面有着明显的自身利益，并在投资原则中将"管理好那些有助于股东价值创造的 ESG 议题"作为商业情境。基于价值的 ESG 模式隐含的假设是将企业的负外部性看作定价错误，因此需要企业将这些成本内化（Eccles et al.，2020）。这种模式是投资组合经理、分析师和数据公司多年来对 ESG 投资的理解，也就是在试图评估资产潜在的经风险调整后的回报时考虑 ESG 议题，属于"ESG 投入"（Kirk，2022）。

价值观驱动指的是投资者和企业的 ESG 决策受到价值观或非金钱偏好的驱动，如能够反映其宗教价值观但无法有效支持其目标产品、行为和商业的意愿（Starks，2023）。相应地，基于价值观的 ESG 就是寻求实现与特定价值观一致的结果，如减少碳足迹或增加董事会的多样性。无论价值观是进步的还是保守的，这种类型的 ESG 都可以牺牲投资回报来换取非财务结果（Schulp，2023）。从行为性质角度来看，这一模式隐含地认为 ESG 包含了道德价值或伦理价值，是将社会意识嵌入企业和个人投资决策的规范性要求（Pollman，2022），是一种自愿性道德责任（LoPucki，2022）。从心理动机角度来看，这一模式隐含地将 ESG 看作偏好的一种表达（Curtis et al.，2021），是投资者和企业对非财务议题偏好的一种标示。在这一模式下，投资者和更广泛的利益相关者努力将其行为与所表达的政治的、伦理的、社会的价值观相协调。这一模式也是大多数人对 ESG 的看法，即试图用他们的钱做正确的事情，投资于"道德""绿色""可持续资产"，属于"ESG 产出"（Kirk，2022）。

进一步来看，ESG 产生的基础是企业与社会关系，其最基本和最实质的关系则是"影响"关系。基于价值的 ESG、基于价值观的 ESG、价值与价值观混合驱动的 ESG 三种模式对"影响"关系的认识存在显著差异，这也是每一种模式之所以形成的根基。基于价值的 ESG 认为，ESG 关注环境和社会可持续发展因素对企业运营的影响，即"环境与社会→企业"的单向影响，典型的是国际可持续准则理事会（International Sustainability Standards Board，ISSB）在《国际财务报告可持续披露准则第 1 号——可持续相关财务信息披露一般要求》（IFRS S1 General Requirements for Disclosure of Sustainability-related Financial Information）中强调财务实质性。基于价值观的 ESG 认为，ESG 关注企业运营对环境和社会可持续发展的影响，即"企业→环境与社会"的单向影响，典型的是全球报告倡议组织（Global Reporting Initiative，GRI）在其颁布的可持续发展报告标准中强调影响实质性。价值与价值观混合驱动的 ESG 认为，ESG 既关注企业运营对环境和社会可持续发展的影响，又关注环境和社会可持续发展因素对企业运营的影响，即"企业←→环境与社会"或者"企业→环境与社会""环境与社会→企业"的双向影响，典型的是欧盟委员会在《欧洲可持续发展报告准则》（*European Sustainability Reporting Standards*，*ESRS*）中同时强调影响实质性与财务实质性。

四、经典文献概述

2024 年是 ESG 概念正式提出的 20 周年，20 年来 ESG 的理论研究和实践发展取得了长足进展，但围绕 ESG 的学术争论和现实挑战也很多。如何走出这些争论和应对这些挑战，不仅需要立足当下和着眼未来"往前看"，而且应当回顾历史、回归起点，重新审视 ESG 理念和概念出现的历史逻辑，重温 ESG 的初衷和机理，回答 ESG 是什么、是否正当、如何形成等最基础的理论问题。为此，本书选择了分别涉及这三个问题的三份报告，试图循迹经典对这些问题再次审视，以对当下的理性思考给予更多启示。

第一篇报告是 UNGC 于 2004 年发布的《在乎者赢：连接金融市场与变化中的世界》。该报告最早提出了 ESG 概念，首次将环境、社会和治理三个英文单词组合起来并形成"ESG"缩写，明确提出将 ESG 因素、议题、标准纳入投资决策的理念。该报告阐述了机构投资中考虑 ESG 因素的价值意义，认为将 ESG 因素融入投资决策有助于构建一个更加稳定、可预测的市场环境，企业管理 ESG 问题则是企业长期成功的关键。该报告回答了如何更有效地将 ESG 因素纳入金融分析，认为有必要对现有的金融分析模型和工具进行调整，其是将定性分析纳入企业竞争优势框架或新的风险影响评估框架中，以全面深入地评估 ESG 因素对企业长期价值和投资风险的影响。更为根本地，则是金融机构要从有效整合 ESG 议题出发，设定长远目标、实现组织学习与变革，以及为分析师和基金经理提供适当的培训与激励机制。该报告还对企业的 ESG 信息披露进行了强调，认为信息披露成为推动金融市场在 ESG 领域发挥效力的关键要素，应该多方努力共同促进企业提升 ESG 信息披露质量。

第二篇报告是 UNEPFI 于 2005 年发布的著名的"Freshfields 报告"，即《将

ESG 议题融入机构投资的法律框架》（A Legal Framework for the Integration of Environmental, Social and Governance Issues into Institutional Investment）。该报告通过深入分析澳大利亚、加拿大、法国、德国、意大利、日本、西班牙、英国和美国的法律框架，试图回答两个问题：将 ESG 因素整合到投资政策中是自愿的还是法律要求的；法律是否允许投资者在追求利润最大化的同时考虑其他目标，是否允许在投资决策中考虑 ESG 因素。该报告研究发现，受托人在追求财务回报最大化的同时，应考虑受益人的长期利益，包括环境保护和社会福祉等非财务因素，在某些情况下考虑 ESG 因素符合受益人的长期利益；在多数司法管辖区中，法律允许或要求机构投资者在投资决策中考虑 ESG 因素，这有助于消除普遍存在的误解，即法律限制受托人考虑 ESG 因素；在普通法系管辖区，受托责任规则更为灵活，在大陆法系管辖区，受托责任规则通常更加固定；在所有司法管辖区，投资决策应在事先考虑决策者可获得的所有信息，并根据合理的决策标准制定，而非事后进行评估。

第三篇报告是美国金融学会主席劳拉·斯塔克斯（Laura Starks）在 2023 年美国金融学会年会上所作的主旨演讲，即《可持续金融与 ESG 议题——价值与价值观》。该报告旨在对可持续金融及其相关术语，如 ESG、SRI、CSR 等所存在的误解进行澄清，揭示了投资者和管理者实施可持续金融和 ESG 议题的真实动机。该报告研究发现：第一，投资者和管理者的动机会决定他们如何理解和应用 ESG、SRI 和 CSR。投资者和管理者的动机可以分为两大类：基于价值观的动机，即出于对社会、环境的关心或个人道德；基于价值的动机，即看重 ESG 因素对财务绩效的直接影响。第二，价值观投资者通常采用负面筛选方法，这一方法会限制其投资选择范围。相对而言，价值投资者通过 ESG 考量可以实现更有效的风险管理和发掘潜在的收益机会。第三，价值观投资者更关心企业的商业决策如何影响环境和社区，价值投资者则专注于业务流程，尤其是企业的风险管理。第四，价值投资者对待 ESG 风险的态度不一。一部分价值投资者将 ESG 风险视为基本风险因素，希望避免或减轻这些风险，并寻求有效的风险定价方法；另一部分价值投资者更加关注 ESG 相关的监管风险，以及如何降低公司面临的风险。

五、未来研究展望

ESG 概念正式提出以后，学术界对 ESG 的研究成果不断增多，涉及 ESG 投资、ESG 表现、ESG 信息披露、ESG 评级评价等多个领域，为推动 ESG 实践深入发展提供有益指导。然而，目前 ESG 研究领域仍然存在许多待解之谜，一些基础性的概念问题和理论问题尚没有清晰的、共识性的答案，这也是现实中不断出现对 ESG 批评和反对声音的重要原因。未来除需要对 ESG 投资、ESG 表现、ESG 信息披露、ESG 评级评价等重要问题进行深化研究外，更需要加强对 ESG 概念、正当性和内驱力等存在诸多分歧的基础理论问题进行研究。

首先是深化对 ESG 概念的研究，形成对 ESG 理解的最低限度共识。学术研究和现实中之所以出现各种 ESG 争论，一个不容忽视的问题是人们对 ESG 的认识完全缺乏共识（Larcker et al.，2022），甚至许多认识严重偏离真实的 ESG。ESG 概念相关的定义和应用具有多样性（Clément et al.，2023），在学术界众说纷纭，目前并未形成在全球范围内被认可的、清晰的统一定义（Li et al.，2021；Pollman，2022）。一项对机构投资者的调查显示，3/4 的被调查者认为 ESG 这一术语的含义不清晰（Gupta-Mukherjee，2020）。无论是学术界还是企业界，每个人都在谈论 ESG，但他们所谈论的 ESG 可能指代完全不同含义、不同期望和不同影响的事情（Struck，2023），结果是造成缺乏对话基础。未来需要对 ESG 做出更加清晰准确、相对科学、较为统一的界定。

其次是深化对 ESG 基础理论的研究，形成对 ESG 健康可持续发展的理论支撑。ESG 作为一个不同于企业社会责任的独立概念，应当有其区别于企业社会责任的理论基础，这一理论能够回答 ESG 存在的正当性、合理性、合意性，可以解释 ESG 各元素的内在逻辑关系，为 ESG 的范围边界界定提供理论支撑。然而，目前还缺乏真正的、科学严谨的、令人信服的 ESG 支撑性基础理论，制约了对 ESG 的深刻认识，未来应当加强对 ESG 基础理论的研究，打造支撑 ESG 存在和发展的理论根基。

最后是对 ESG 的复杂性特点与内隐的多重风险有待进一步研究。虽然 ESG 已经成为一个炙手可热的"词语"，ESG 相对于既有企业社会责任形态表现出了更多优越性，但 ESG 具有目标复杂性、价值复杂性、衡量复杂性和生态复杂性特点，相应的是导致 ESG 内隐了漂移极化风险、合成谬误风险、失真失据风险和制度冲突风险，这些风险容易引发企业 ESG 实践的偏离甚至与其初衷背道而驰。特别是 ESG 内驱力的多元性极大增加了 ESG 的复杂性和不确定性，基于价值的 ESG 和基于价值观的 ESG 之间仍然会持续存在模式之争。ESG 的有效落地和健康发展离不开对 ESG 复杂性与内隐风险的深刻认识，这也是未来深化 ESG 研究的一个重要方向。

参考文献

［1］Bagha J, Laczniak E R. Seeking the real adam smith and milton friedman ［J］. *Philosophy of Management*, 2015, 14 （3）: 179-191.

［2］Baid V, Jayaraman V. Amplifying and promoting the "S" in ESG investing: The case for social responsibility in supply chain financing ［J］. *Managerial Finance*, 2022, 48 （8）: 1279-1297.

［3］Baker E D, Boulton T J, Braga-Alves M V, Morey M R. ESG government risk and international IPO underpricing ［J］. *Journal of Corporate Finance*, 2021 （67）: 101913.

［4］Bebchuk L A, Tallarita R. The illusory promise of stakeholder governance ［J］. *Cornell Law Review*, 2020, 106 （1）: 91-178.

［5］Chen S, Song Y, Gao P. Environmental, social and governance （ESG） performance and financial outcomes: Analyzing the impact of ESG on financial performance ［J］. *Journal of Environmental Management*, 2023 （345）: 118829.

［6］Clément A, Robinot É, Trespeuch L. The use of ESG scores in academic literature: A systematic literature review ［Z］. 2023.

［7］Coelho R, Jayantilal S, Ferreira J J. The impact of social responsibility on corporate financial performance: A systematic literature review ［J］. *Corporate Social Responsibility and Environmental Management*, 2023, 30 （4）: 1535-1560.

［8］Curtis Q, Fisch J, Robertson A Z. Do ESG mutual funds deliver on their promises? ［J］. *Michigan Law Review*, 2021 （120）: 393-450.

［9］Eccles R G, Lee L E, Stroehle J C. The social origins of ESG: An analysis of innovest and KLD ［J］. *Organization & Environment*, 2020, 33 （4）: 575-596.

［10］Edmans A. The end of ESG ［J］. *Financial Management*, 2023, 52 （1）: 3-17.

［11］Friede G, Busch T, Bassen A. ESG and financial performance: Aggregated evidence from more than 2000 empirical studies ［J］. *Journal of Sustainable Finance & Investment*, 2015, 5 （4）: 210-233.

［12］Friedman M. The social responsibility of a business is to increase its profits ［J］. *New York Times Magazine*, 1970 （13）: 122-126.

［13］ Gary S N. Best interests in the long term: Fiduciary duties and ESG integration ［J］. *University of Colorado Law Review*, 2019, 90（3）: 731–801.

［14］ Gupta Dr S. Environmental, social and governance: A citation and mapping analysis based on bibliometric methods ［J］. *IOSR Journal of Business and Management*, 2022, 24（5）: 5–19.

［15］ Gupta-Mukherjee S. climate action is too gig for ESG mandates ［J］. *Stanford Social Innovation Review*, 2020（29）.

［16］ Held K. Defending ESG fiduciary duty ［J］. *Aisthesis*, 2023, 14（1）: 33–41.

［17］ Jain K, Tripathi P S. Mapping the environmental, social and governance literature: A bibliometric and content analysis ［J］. *Journal of Strategy and Management*, 2023, 16（3）: 397–428.

［18］ Kaźmierczak M. A literature review on the difference between CSR and ESG ［J］. *Scientific Papers of Silesian University of Technology Organization and Management Series*, 2022（162）: 275–289.

［19］ Kirk S. ESG is existentially flawed and must be split into two ［N］. *Financial Times*, 2022–09–02.

［20］ Koh P S, Qian C, Wang H. Firm litigation risk and the insurance value of corporate social performance ［J］. *Strategic Management Journal*, 2014, 35（10）: 1464–1482.

［21］ Larcker D F, Tayan B, Watts E M. Seven myths of ESG ［J］. *European Financial Management*, 2022, 28（4）: 869–882.

［22］ Li T T, Wang K, Sueyoshi T, Wang D D. ESG: Research progress and future prospects ［J］. *Sustainability*, 2021（13）: 11663.

［23］ LoPucki L M. Repurposing the corporate through stakeholder markets ［J］. UC Davis Law Review, 2022, 55（3）: 1445–1512.

［24］ Martin W. Socially responsible investing: Is your fiduciary duty at risk? ［J］. *Journal of Business Ethics*, 2009, 90（4）: 549–560.

［25］ Mayer C, Leo E, Strine Jr, Winter J. 50 Years later, Milton Friedman's shareholder doctrine is dead ［Z］. 2020.

［26］ Mohammad W M W, Wasiuzzaman S. Environmental, social and governance（ESG）disclosure, competitive advantage and performance of firms in malaysia [J]. *Cleaner Environmental Systems*, 2021（2）: 100015.

［27］ Muir D M. Sustainable investing and fiduciary obligations in pension funds: The need for sustainable regulation [J]. *American Business Law Journal*, 2022, 59（4）: 621-677.

［28］ Orlitzky M. The politics of corporate social responsibility or: Why Milton Friedman has been right all along [J]. *Annals in Social Responsibility*, 2015, 1（1）: 5-29.

［29］ Padfield S J. An introduction to Anti-ESG legislation [J]. *Transactions: The Tennessee Journal of Business Law*, 2023, 24（2）: 291-329.

［30］ Park J G, Park K, Noh H, Kim Y G. Characterization of CSR, ESG and corporate citizenship through a text mining-based review of literature [J]. *Sustainability*, 2023, 15（5）: 3892.

［31］ Pollman E. The making and meaning of ESG [R]. *ECGI Working Paper Series in Law*, 2022.

［32］ Ramanna K. Friedman at 50: Is it still the social responsibility of business to increase profits? [J]. *California Management Review*, 2020, 62（3）: 28-41.

［33］ Rau P R, Yu T. A Survey on ESG: Investors, institutions and firms [J]. *China Finance Review International*, 2024, 14（1）: 3-33.

［34］ Sandberg J. Socially responsible investment and fiduciary duty: Putting the freshfields report into perspective [J]. *Journal of Business Ethics*, 2011, 101（1）: 143-162.

［35］ Sanders W. Resolving the conflict between fiduciary duties and socially responsible investing [J]. *Pace Law Review*, 2014, 35（2）: 535-579.

［36］ Schanzenbach M M, Sitkoff R, H. Reconciling fiduciary duty and social conscience: The law and economics of ESG investing by a trustee [J]. *Stanford Law Review*, 2020, 72（2）: 381-454.

［37］ Schulp J J. Anti-ESG legislation is demonstrating the peril of meddling in Markets [Z]. 2023.

［38］ Starks L T. Presidential address: Sustainable finance and ESG issues—Value versus values [J]. *The Journal of Finance*, 2023, 78（4）: 1837-1872.

［39］Struck D J. What we talk about when we talk about ESG ［J］. *Board Leadership*, 2023（186）：1-8.

［40］Sullivan R, et al. Fiduciary duty in the 21st century ［R］. UNGC, UNEP Finance Initiative, PRI and UNEP Inquiry, 2015.

［41］The Global Compact. Who cares wins：Connecting the financial markets to a changing world? ［R］. United Nations, 2004.

［42］UNEPFI. Show me the money：Linking environmental, social and governance issues to company value ［R］. United Nations Environment Programme, 2006.

［43］UNEPFI. The materiality of Social, Environmental and corporate governance issues to equity pricing ［R］. United Nations Environment Programme, 2004.

第二节　在乎者赢：连接金融市场与变化中的世界*

一、报告的背景

在世界日益复杂化的背景下，新兴的环境和社会风险不断增多，同时公众对企业社会责任与公司治理的期望持续提升。对此，企业必须采取有效措施，将社会责任与公司治理紧密结合，并妥善应对环境和社会风险，这不仅关乎其日常运营效率，更对其长期可持续发展具有深远影响。

同样，新兴的环境和社会风险也会对投资组合的构建与管理产生影响。金融界已经采取一系列措施来应对环境和社会风险。部分金融机构在信贷业务中建立了环境风险管理体系，其他机构也提升了对环境与社会问题的责任意识和治理水平。尽管如此，在如何将 ESG 议题有效整合到资产管理、证券交易和买卖双方研究机构业务方面，金融行业尚未达成共识。

随着越来越多的分析师和基金经理开始将 ESG 议题纳入考量，金融行业内人员的 ESG 意识正逐步提高。同时，投资者对于在产品和服务中融入 ESG 议题

＊　The Global Compact. Who cares wins：Connecting financial markets to a changing world ［R］. United Nations, 2004.

的需求也在日益增长。鉴于此,时任联合国秘书长安南认为,当时是指导业界将 ESG 议题纳入投资决策的最佳时机。

2004 年 1 月,安南邀请了全球 50 家大型金融机构的首席执行官参与 UNGC、国际金融公司和瑞士政府共同举办的会议,该会议旨在倡导金融机构在投融资决策中考虑 ESG 议题。

该报告是应时任联合国秘书长安南的倡议,由全球多家金融机构共同撰写并签署,旨在为 ESG 议题在金融分析、资产管理和证券交易中的应用提供指导与建议。参与报告撰写的机构超过 20 家,来自 9 个国家,管理的总资产超过 6 万亿美元。UNGC 负责协调机构间的合作,瑞士政府为该报告的研究提供必要的资金支持。

二、报告的目的与意义

该报告的目的可以归纳为以下四点:①助力构建一个更完善的金融市场;②推动可持续发展;③加强利益相关者的 ESG 意识和共识;④提高公众对金融机构的信任。

该报告的意义可以归纳为以下三点:①强调 ESG 议题在金融市场和企业发展中的重要作用;②促使金融市场参与者提高 ESG 意识和增加 ESG 实践;③推动金融界与社会的可持续发展。

三、报告的内容

该报告的核心内容包括如下六个部分:第一部分为概述,梳理了 ESG 议题的重要性及其在金融行业的应用现状;第二部分为投资原理,分析了 ESG 议题在投资决策中的价值;第三部分为满足顾客的需求,探讨了机构投资者如何推动将 ESG 议题融入投资决策;第四部分为将 ESG 议题引入金融分析,讨论了 ESG 议题在金融行业中的全面考量与在新兴市场中的重要性;第五部分为信息披露,论述了公司加强 ESG 信息披露的必要性;第六部分为实施变革,分析了金融机构强化 ESG 议题整合的关键性。

(一)概述

投资的成功本质上依赖于市场的活力,市场的活力则源于一个健全的公民社会。公民社会的健全性是全球可持续发展的基石。因此,促进全球可持续发展和妥善管理企业对环境和社会的影响,是金融市场追求长期利益的必然选择。将

ESG 议题融入投资决策有助于构建一个更加稳定、可预测的市场环境，这与金融市场所有参与者的利益息息相关。

虽然金融市场已经或正在逐步将环境和社会议题纳入投资决策的考量，但这种纳入往往限于短期内环境和社会议题对价值创造或风险规避产生实质影响的情况，市场对于 ESG 议题并未形成充分认识。

越来越多的观点认为，将 ESG 议题纳入投资决策是金融市场参与者的责任，金融市场参与者包括托管机构、财务顾问、资产管理者和中介机构等。现实中存在一系列障碍，阻碍了 ESG 议题在投资决策中的有效整合。世界经济论坛指出，将 ESG 议题纳入投资决策面临的挑战包括以下五点：①ESG 定义的模糊性；②ESG 研究和评估的缺乏；③ESG 信息质量和数量的不足；④ESG 评估技能和能力的欠缺；⑤不同时间范围的问题。此外，分析师和基金经理在过往的调查中也提到 ESG 议题的长期属性和未来监管政策的不确定性所带来的挑战。

因此，本报告首先提出以下建议：

第一，建议将 ESG 议题纳入金融分析，这一举措不仅符合投资者、资产管理公司及证券经纪公司的长远利益，还有助于投资市场健康发展，并推动全球可持续发展。

第二，建议所有金融市场参与者，包括投资者、资产管理人、分析师、财务顾问和咨询师，提高对 ESG 趋势及其潜在影响的认知和重视。

第三，建议投资者和其他金融市场参与者以长远的眼光看待投资，深入理解与 ESG 有关的价值创造机制。

第四，建议监管机构在颁布与 ESG 相关的条例时，保证条例的透明公开性，明确条例的具体内容和实施时间表。ESG 条例的透明公开有助于金融市场更好地预测和评估法规变化，促进 ESG 议题在财务分析中的有效整合。

（二）投资原理

众多研究表明，公司管理 ESG 问题的方式通常反映其风险控制和管理的整体能力，这是公司长期成功的关键。例如，Goldman Sachs 在关于油气产业的报告中指出，具备良好企业社会责任记录且对低碳市场前景有深刻见解的公司，通常能在战略性项目上取得更大市场份额，并保持竞争优势。ESG 表现优异的公司通过有效控制新兴 ESG 风险、准确预测监管法规或消费趋势的变化、开拓新产品市场或降低成本，能够实现股东价值的提升。

成功的公司会全面考虑业务中与 ESG 相关的各个方面，以最大化价值创造。此外，ESG 议题还对公司价值的重要组成部分——信誉和品牌产生了深远影响。

值得注意的是，无论是投资者、资产管理者还是公司管理者，在谈及 ESG 问题时，都认同 ESG 对股东价值的重要性。例如，Capgemini Ernst 和 Young（已更名为 Capgemini）公司的调查显示，有 81% 的全球 500 强公司将环境、健康和安全问题列为公司十大价值驱动要素之一。CSR Europe 公司、Deloitte 公司和 Euronext 公司的另一项调查显示，超过 40% 的基金经理和分析师以及超过 50% 的投资关系主管，都认可 ESG 在价值创造中的重要作用。因此，将 ESG 议题更严格地纳入金融分析，不仅是投资决策中的一项重要考量，更是实现企业可持续发展和长期利益最大化的关键所在。

因此，该报告提出以下建议：

第一，建议金融分析师在进行研究和投资决策时，积极主动地验证并提炼将 ESG 议题纳入投资决策的原理。该报告期望分析师不仅关注 ESG 问题可能带来的风险及其管理策略，还应将 ESG 议题视为公司潜在的重要竞争优势。

第二，建议学术机构、商学院和研究智囊团等各界力量支持金融分析师的工作，参与 ESG 领域的前瞻性研究、商业案例和投资案例研究，共同推动 ESG 理念在金融行业中的深入应用和发展。

（三）满足顾客的需求

机构投资者作为金融市场上的重要资金提供者，实质上是公司的"顾客"，通过购买公司的金融产品，投资机构为公司提供资本支持，促进公司业务扩张、研发和创新。此外，机构投资者也密切关注公司的运营状况、财务状况和治理水平，以确保其投资决策的合理性。基于资金供求关系视角，机构投资者的需求和期望对公司经营和发展具有重要影响。投资者会运用其专业能力和资源，推动公司提升信息披露透明度、完善治理结构，并引导公司重视 ESG 议题，从而助力公司可持续发展。

在撰写该报告的前几年，机构投资者已发起多项联合自律行动，强烈呼吁企业提高信息披露的透明度，并鼓励投资者和资产管理者在投资决策或与公司交往中充分考虑 ESG 议题。这些自律行动涵盖了广泛的话题和行业，包括但不限于气候变化、公司治理、制药行业、政府支付的披露问题以及腐败和贿赂管理问题等。机构投资者的自律行动不仅有助于企业建立健全的信息披露机制，还能推动金融市场参与者更加重视 ESG 议题在投资价值链中的作用。

机构投资者是推动金融行业变革的强大力量。投资者不仅应要求企业更好地融入 ESG 议题，还应明确要求并奖励在 ESG 问题上表现出色的金融研究和投资服务。

鉴于退休金托管在资产管理领域占据重要地位，退休金托管机构及咨询师在投资决策和潜在研究中纳入 ESG 议题的考量能够推动金融界的可持续发展。同样，咨询师和财务顾问也能通过创造更大、更稳定的 ESG 议题需求，为行业贡献自己的力量。

卖方分析师已经展示了他们对机构投资者需求的快速响应能力。例如，UN-EPFI 资产管理工作组曾要求某金融研究机构深入研究金融领域的 ESG 问题。不到八个月的时间，该研究机构便完成了覆盖多个行业和议题的报告，展示了其高效和专业的研究能力。

鉴于此，该报告提出以下建议：

第一，建议退休金托管机构及其投资选择咨询师，在形成投资决策和选拔投资经理时，将 ESG 议题纳入考量，并充分履行对参与者和受益者的受托人责任。

第二，鼓励咨询师和财务顾问将 ESG 研究与行业研究相结合，并与金融市场参与者和企业分享相关经验，以提升他们关于 ESG 议题的报告水平。

第三，敦促投资者明确认可包含 ESG 议题的研究，对在 ESG 管理方面表现良好的公司给予肯定，并将此类研究融入投资决策。

第四，鼓励券商和资产管理者积极与已公开声明关注 ESG 议题或有意关注的机构投资者建立合作关系，并提升机构投资者对 ESG 议题在投资中的认知。

第五，邀请投资者制定"代理投票"指南，明确表达在 ESG 问题上的立场，以支持资产管理者和分析师开展相关研究并实施代理投票策略。

（四）将 ESG 议题引入金融分析

ESG 议题在金融分析中的整合在能源、炼油、汽车、电力、制药和化工行业中已越来越普遍。关注上述行业的分析师正积极收集信息，深化对 ESG 议题的理解，并提升其分析能力，其经验对于其他行业具有重要的参考价值。

鉴于新兴市场在全球经济增长中的重要角色，应特别关注新兴市场，并确保 ESG 标准与新兴市场的特定情况相契合。新兴市场国家不仅为投资者提供持续增长和多元化的投资机会，还在可持续发展中发挥关键作用。

为了更有效地将 ESG 议题纳入金融分析，有必要对现有的分析模型和工具进行调整。尤其是将定性分析纳入公司竞争优势框架或新的风险影响评估框架，以全面深入地评估 ESG 议题对企业长期价值和投资风险的影响。

因此，该报告提出以下建议：

第一，金融分析师应将从主要行业获得的对 ESG 议题的认识扩展至其他行业。签署该文的机构鼓励金融机构积极探索将 ESG 议题更系统地融入金融研究的路径。

第二，鼓励分析师在分析过程中根据 ESG 议题对财务价值的影响以及 ESG 议题在不同行业中的差异效应，对 ESG 议题进行优先级排序。在任何情况下，与 ESG 相关的关键问题应深入分析。金融机构应通过提供必要的培训、资源和工具，全面支持分析师的工作。

第三，金融分析师应加强对新兴市场 ESG 问题的理解，并积极探索如何将 ESG 议题引入这些市场的分析中。在此过程中，分析师需要考虑将 ESG 标准和方法与新兴市场国家的特定情况相适应。

第四，呼吁金融机构拓宽对 ESG 整合问题的视野，将 ESG 整合的应用范围扩展至受 ESG 议题影响的各类资产。

第五，鼓励分析师进一步完善 ESG 评价方法，以更好地处理与 ESG 议题相关的定性信息和不确定性影响。在评价过程中，分析师可以运用专业技术，如情景模型、期权定价等，以提升评价的准确性和有效性。

（五）信息披露

金融市场在将 ESG 议题整合至金融分析和投资决策的过程中，若缺乏充分的信息披露，可能会面临较大的阻碍。因此，信息披露成为推动金融市场在 ESG 领域发挥效力的关键要素。

在撰写该报告的前几年内，企业 ESG 报告在数量和质量上均呈现出快速增长的趋势。毕马威会计师事务所指出，ESG 报告逐渐成为主流。2002 年毕马威的调查显示，在《财富》杂志评选的全球 250 强企业中，45% 的公司已经公开披露 ESG 相关信息，但在 1999 年，仅有 35% 的全球 250 强企业披露 ESG 相关信息。

然而，当基金经理和分析师被询问对 ESG 信息的满意度时，超过 55% 的受访者表示"不满意"，表明公司和金融市场在 ESG 问题上的沟通机制存在问题。分析师指出，虽然获取 ESG 信息不难，但 ESG 信息并未以一致、有意义的方式披露，且公司也未能清晰阐述 ESG 信息与其核心业务之间的联系。因此，ESG

信息往往未能引起分析师的兴趣。

为改变上述现状，UNGC 从四个方面提出建议：①公司应积极与投资者传达公司领导层对价值管理的承诺；②公司应强调核心业务对社会的贡献；③增加商业案例研究；④以一致、连贯的方式向投资者传达公司的变化。

同时，该报告认为，监管机构对公司 ESG 信息披露责任的要求将提高 ESG 数据的可获得性和可比性，从而推动 ESG 议题在金融分析中的应用。例如，证券交易所可以明确列出公司必须遵守的 ESG 标准。

此外，国内外会计团体、评级机构和非政府组织可以制定更完善的 ESG 信息标准、提高信息质量、改善信息可用性，并通过为公众和金融界提供与公司有关的客观 ESG 信息，促进企业提升 ESG 信息披露质量。

因此，该报告提出以下建议：

第一，呼吁公司积极响应 ESG 政策，以更加一致和标准化的方式提供 ESG 信息和报告，并明确阐释 ESG 信息与公司价值创造之间的联系。同时，鼓励公司主动分享在 ESG 实践过程中遇到的主要挑战，并对 ESG 驱动因素进行优先级排序。

第二，鼓励公司与资产管理者、分析师针对 ESG 问题开展对话，并希望公司能够以开放的心态接受正面反馈和负面评价。

第三，分析师应深入理解 ESG 议题与公司价值创造之间的关系，并主动与公司沟通，积极探讨 ESG 相关问题。

第四，监管机构应明确公司关于 ESG 信息披露的最低要求。

第五，鼓励金融分析师积极参与现有的自律组织行动，如 GRI 的行动，助力分析师完善报告框架。同时，期望 GRI 能与国内外的金融分析师协会加强合作。

第六，建议证券交易所在公司上市时列出 ESG 标准，以明确上市公司在信息披露方面的最低要求，并与上市公司沟通，提高上市公司对 ESG 重要性的认识。同时，其他专业机构、会计标准组织、公共会计组织、评级机构和指数制定者应共同努力，建立关于 ESG 的一致标准和框架。

（六）实施变革

由于 ESG 问题具有战略重要性，并与客户、监管机构及其他利益相关者相关联，金融机构的董事会和高级管理层必须为分析师和基金经理将 ESG 议题纳入金融分析中的工作提供有力支持。为有效整合 ESG 议题，应设定长远目标、实现组织学习与变革，以及为分析师和基金经理提供适当的培训与激励机制。

金融机构应根据自身的结构和文化，选择适宜的发展路径。这些路径可能包括多种战略，如购买外部研究、聘请专业的 ESG 团队支持金融分析师和基金经理、对分析师和经理进行 ESG 相关的培训，以及调整盈利评估和激励机制，最终将 ESG 议题融入核心业务流程中。

若所有市场参与者能够共同努力，深入理解并整合投资中的 ESG 议题，可持续发展目标是可实现的。市场参与者对 ESG 问题的理解将极大影响 ESG 议题在投资决策中的应用。金融分析师和机构投资者应向其他市场参与者阐释 ESG 议题如何影响公司价值和投资决策。

鉴于此，该报告提出以下建议：

第一，金融机构应当根据自身特点探索独特路径，实现组织学习和变革，明确公司的长远目标及组织的变革过程。

第二，为了支持分析师和基金经理的工作，金融机构应当将具有实质性影响的 ESG 议题融入盈利评估和激励机制。

第三，金融机构的高级管理层和董事会成员应充分认识到自己在 ESG 问题上的领导角色，并对此作出坚定承诺。

四、报告的结论与展望

该报告深入探讨 ESG 议题在金融市场分析、资产管理和证券交易中的应用，旨在指导金融行业在投资决策中全面纳入 ESG 议题，以促进可持续发展。研究与分析表明，融入 ESG 议题不仅能提高企业的社会责任感，还能增强其竞争力和市场吸引力，进而推动金融行业在全球可持续发展中扮演更积极的角色。随着 ESG 理念的普及，预计越来越多的企业和金融机构将参与 ESG 实践，共同推动经济绿色、低碳和可持续发展。

撰写该报告的机构承诺将启动后续行动，以完善和实施报告中的各项建议。具体措施如下：

第一，撰写该报告的机构计划主动与会计准则机构、行业协会、证券交易所等进行接触，确保后续行动得到全面理解和支持。

第二，撰写该报告的机构计划利用 UNEPFI、The Conference Board 等搭建的平台，与报告中提及的主要利益相关者（投资者、公司、监管机构、证券交易所、会计师、咨询师和非政府组织等）展开深入对话，并吸收主要利益相关者的想法，开展交流与学习，以推动该报告建议的落实。

第三，撰写该报告的机构还将积极接触其他机构投资者，评估其他机构投资者对 ESG 研究的兴趣与需求，并在提供的研究和投资服务中加强对 ESG 议题的考量。

第四，撰写该报告的机构鼓励分析师通过个人与团队协作，不断开发和完善将 ESG 议题融入金融分析所需的专业知识与工具，并承诺为分析师提供必要的资源和培训支持。

第五，撰写该报告的机构还将邀请 UNGC 或其执行机构在未来一年内对本报告建议的执行情况进行回顾评估，以衡量市场参与者对各项建议的响应程度。这一评估还将探讨如何更好地将 ESG 议题引入金融分析、资产管理和证券交易领域，并在必要时对此建议进行调整与完善。

第三节　将 ESG 议题融入机构投资的法律框架[*]

一、问题提出

2005 年，全球投资管理行业的资产现值估计超过 42 万亿美元，美国和英国的养老基金投资总额达到 7.4 万亿美元，全球共同基金行业在 2003 年底的资产总额已达到 14 万亿美元（基于原文作者统计）。这些庞大资产的投资决策并非由资产所有者直接作出，而是由机构负责人及其代理人决定。在决策过程中，法律因素通过影响投资方式，对被投资实体的行为以及这些投资与环境和社会的互动产生深远影响。多年来，UNEPFI 一直致力于与金融服务行业及其利益相关者合作，深入了解投资与环境、社会的双向互动。UNEPFI 的资产管理工作组特别关注 ESG 问题在证券估值中的重要性。

越来越多的证据表明，ESG 议题可能对公司的财务绩效产生重大影响。人们越来越认识到评估 ESG 相关风险的重要性。然而，那些在投资决策中更多考虑 ESG 议题的人往往会遇到阻力，因为普遍观念认为机构负责人及其代理人在法律

---

[*]　Deringer F B. A legal framework for the integration of environmental, social and governance issues into institutional investment [R]. United Nations Environment Programme, 2005.

上不用考虑 ESG 问题。

该报告的主要目的是回答 UNEPFI 的资产管理工作组提出的问题：将 ESG 议题整合到投资政策中（包括资产配置、投资组合构建和选股或选债）是自愿的还是法律要求的。此外，该报告还旨在揭示任何反对 ESG 整合的常见误解，并探讨法律是否允许投资者在追求利润最大化的同时考虑其他目标，如保护环境等。考虑到不同的投资时间跨度可能导致不同的投资分析和策略，该报告还讨论了法律在多大程度上承认与环境损害相关的长期风险对长期投资者的影响。最后，该报告梳理了澳大利亚、加拿大、法国、德国、意大利、日本、西班牙、英国和美国的法律框架，以了解这些地区的法律是否允许在投资决策中考虑 ESG 议题。

二、研究发现与贡献

该报告的主要研究发现与贡献包括：第一，该报告通过深入分析澳大利亚、加拿大、法国、德国、意大利、日本、西班牙、英国和美国的法律框架，探讨这些国家在机构投资者整合 ESG 议题至投资决策中的法律要求和限制，为相关法律制定提供了指导。同时，随着 ESG 投资需求的不断增长，政策制定者可能面临更大的压力，推动其他司法管辖区进行改革。第二，该报告为受托责任的现代化理解作出贡献，强调受托人在追求财务回报最大化的同时，也应考虑受益人的长期利益，包括环境保护和社会福祉等非财务议题。第三，该报告明确指出，在多数司法管辖区中，法律允许或要求机构投资者在投资决策中考虑 ESG 议题，有助于消除普遍存在的误解，即法律限制受托人考虑 ESG 议题。

三、研究内容

（一）机构投资者概述

1. 全球机构投资市场

该报告指出，全球投资行业的资产总估值超过 42 万亿美元。其中，美国投资行业约占 53%、欧洲约占 33%、亚洲约占 10%。在这些资产中，机构投资者占据主导地位。从历史视角看，机构投资者主要关注股票和债券，但撰写该报告的近几年内，投资变得更加多元化，涵盖了房地产、对冲基金和私募股权等领域。机构投资者持有投资组合规模对被投资公司的财务绩效和行为产生明显影响，进而对整体经济环境产生深远影响。

2. 机构投资者的类型

机构投资者因其庞大的资金规模，在全球经济中具有重要的影响力。机构投资者的资本投入不仅能影响被投资公司的管理方式，还能影响其整体运营策略。该报告将重点分析养老基金、共同基金和保险公司三类主要的机构投资者，以探讨三类机构投资者的特点及其对投资领域的具体影响。

（1）养老基金。养老基金通过雇主和雇员的预缴资金建立，并由受托人或管理人负责投资以产生预期回报。养老基金设立在信托机构下，由受托人控制和管理资产。受托人与基金管理人之间的关系通常通过投资管理协议进行规范。养老基金在全球资本市场中占有重要地位，其投资决策会对所投资公司及整个经济产生重大影响。

（2）共同基金。共同基金汇集个人和公司的资金，由基金经理管理，并投资他们认为有助于实现基金财务目标的各种金融产品。投资者在共同基金中获得股份，成为股东。共同基金通常是开放式投资公司，股票可以根据当前净资产价值进行回购或赎回，以适应新投资者的需求。截至 2004 年底，全球共同基金的资产总值达到了 16.06 万亿美元，较上年增长了 14.3%。[①]

（3）保险公司。保险公司通过投资收到的保费来产生利润。由于保险公司持有庞大的保险储备规模，它们是全球主要的机构投资者之一。例如，加拿大的人寿保险公司持有国内资产 2500 亿美元，在国家金融行业中排名第三，仅次于银行和共同基金。在英国，1999 年保险公司管理的资产总额达到 1.1 万亿英镑，其中寿险业务占主要部分，为 9770 亿英镑。

（二）投资决策中的 ESG 议题

随着公众逐渐意识到企业活动对环境和社会的影响，资本市场对 ESG 议题的关注度也随之上升，ESG 投资逐渐成为主流。多种议题促使在投资决策中考量 ESG 议题，包括越来越多的研究表明 ESG 绩效与财务绩效之间存在相关性等。此外，该报告指出 ESG 议题可以通过筛选投资和股东积极主义的方式纳入投资决策过程中。

该报告还强调，并非所有机构投资者都接受 ESG 投资。机构投资者将 ESG 议题纳入其决策过程的意愿差异较大。一部分机构投资者持保留态度，他们认为基金应专注于财务收益最大化，并对 ESG 表现与财务绩效之间的正相关性持怀

---

① 详见 www. ici. org/stats/mf/arcglo/ww 12 04. html#TopofPage。

疑态度。

（三）司法管辖区分析

鉴于机构投资者对资本市场运作的影响力日益增强，以及其作为资产持有者所拥有的重要权力，该报告分析了不同司法管辖区对机构投资者在考虑 ESG 议题时的法律限制和要求。

1. 国际层面

该报告指出，各国似乎更倾向于在国际层面上接受具有法律约束力的新的承诺，尽管这些义务在国内法中的重要性各不相同，如包括承诺反对核武器扩散、接纳并保护外国难民、放弃单方面开采深海海底矿产资源的权利等。国际法在可持续发展和人权等领域逐渐发展，并开始纳入非国家实体等新的法律主体，这些行为者可能在国际法中享有权利和承担义务。这种趋势至少可以追溯到 1972 年在联合国人类环境会议中通过的《斯德哥尔摩宣言》（以下简称《宣言》），该《宣言》包含一些原则，强调必须通过仔细的规划和管理来保护自然资源，以造福当代和未来世代。

该报告讨论了人权法的发展，特别是跨国公司等实体可能承担的国际法律义务。虽然目前尚无普遍适用的国际法义务，但 UNGC 和经济合作与发展组织（Organization for Economic Co-operation and Development，OECD）的跨国企业指南等倡议已经开始尝试为跨国公司设定尊重人权的国际法律义务。

尽管国际法逐步接受对非国家实体的约束性义务，但除非这些行为者有明确的期望指示，否则这些义务的实际效益是有限的。在此问题上，国际组织正在发挥着领导作用，与商界成员合作，寻求具体化国际法的要求，以指导非国家实体在处理 ESG 议题时的行为。

2. 欧盟

在欧盟成员国内，将 ESG 议题纳入投资决策的讨论已经被置于可持续发展和企业社会责任的背景下。欧盟委员会将 SRI 视为促进企业社会责任的重要工具。

为了推动 ESG 议题在投资决策中的整合，欧盟通过了多种政策和行动计划。1993 年，欧盟理事会及成员国政府代表批准了第五环境行动计划，该计划采用全球性的方法解决可持续性问题，并强调金融机构在实现可持续发展方面的作用。2001 年，欧盟委员会发布的《欧洲企业社会责任框架绿皮书》回应了金融机构在企业社会责任领域的重要作用，并旨在开展关于如何在欧洲和国际层面推动企业社会责任的广泛辩论。2002 年，欧盟委员会发布了一份通信文件，重申了企业对可持续商业成功和股东价值的认识，指出这不能仅仅通过最大化短期利润实现，而应通过市场导向且负责任的行为来实现。2006 年，欧盟通过了职业养老金指令，该指令要求职业退休金计划机构制订并定期审查投资政策声明，并要求投资决策符合"谨慎人"原则。在职业养老金指令的谈判过程中，经济和货币事务委员会提出对第 12 条的修正案，要求投资政策声明中必须包含机构的"道德和社会责任投资原则"。

除官方政策和行动计划外，欧盟还有一些非官方的倡议。例如，欧洲社会责任投资论坛和欧洲企业社会责任网络等非官方组织致力于推动可持续和负责任的金融服务的发展，并支持在投资决策中整合 ESG 议题。

3. 澳大利亚

澳大利亚的机构投资主要包括养老基金、寿险公司的法定基金、集合投资计划三种类型。其中，养老基金以信托形式运作；寿险公司的法定基金只能与该基金内的寿险业务相关，且保险合同持有人的权利优先于寿险公司的债权人；集合投资计划会集了个人投资，并使投资者能够获得该计划所产生利益的权利。

2001 年，澳大利亚的《公司法》为所有公司及其董事和高级职员设定了一系列法定职责，这些职责适用于作为受托人的公司、保险公司和集合投资计划的负责人，包括需谨慎勤勉地履行自己的职责。

澳大利亚的 ESG 投资增长相对较慢，其原因包括对 ESG 定义的混淆、缺乏确凿证据表明 ESG 基金业绩优于非 ESG 基金以及投资者需求不足等。截至报告撰写之日，澳大利亚还没有判例法用于专门处理受托责任与 ESG 考量在投资决策中的应用。然而，英国的相关案例为澳大利亚法院提供了处理此类问题的指导。澳大利亚基金经理传统上认为，ESG 投资与履行其受托责任不一致，主要原因是与更传统的投资相比，ESG 投资在财务回报上不如传统投资，且传统观点认为道德投资可能导致投资组合更加不稳定。不过，在撰写该报告的近期内，有评论显示，如果根据"现代投资组合"理论做出投资决策，只要总体投资产生积极的财务结果，就有理由将各种风险和非风险投资选择纳入考虑范围，从而受托人可以不违反其义务并实施 ESG 战略。

2001 年，在澳大利亚《公司法》中引入了投资披露法，要求披露在具有投资成分的产品中，在选择、保留或实现投资时从多大程度上考虑了劳工标准或环境、社会或伦理议题。上述披露要求存在一个主要争议，即在选择投资时考虑劳工标准或环境、社会或道德议题是否会与基金管理人的受托责任发生冲突。一些评论者认为，"合乎道德"的投资和遵守信义义务并不可兼得。

4. 加拿大

首先，加拿大的养老基金投资遵循普通法和省级或联邦养老金福利立法中规定的受托责任或类似义务。受托人立法主要由各省负责管辖，不同省份对受托人的投资标准有所不同，但通常要求受托人必须按照谨慎投资者的标准行事。除受托责任外，受托人还受到法定投资规则的约束，这些规则要求受托人为养老金计划制订并定期审查投资政策和程序的声明，规定投资类别和确保投资组合的多样化。此外，加拿大的保险公司在管理其投资时不受受托责任约束，但必须遵循谨慎人投资方法，以避免不必要的损失风险并获得合理回报。其次，加拿大的共同基金在省级层面受到监管，并受制于一些全国性规则，如国家工具 81-102 共同基金，该规则限制了共同基金可以进行的投资类型。

该报告指出，加拿大没有立法或政府指导明确授权养老金受托人在受益人的财务利益之前考虑 ESG 议题。2002 年，加拿大养老金计划投资委员会制定了社会投资政策，该政策声明委员会不会因为非投资标准（如宗教、社会或环境标准）而拒绝投资，并指出负责任的公司行为通常有助于提升长期投资收益。

尽管面临在投资决策中考虑 ESG 议题的压力，加拿大的一些大型养老金计划和养老金计划投资委员会并未朝此方向发展。管理人或受托人有义务以计划成员的最佳利益行事，专注于财务回报，并且他们担心 ESG 投资可能会使他们面临违反受托责任的风险。然而，加拿大对 ESG 投资策略的立法尝试表明，将 ESG 议题纳入投资决策得到相当多的支持，表明加拿大机构投资者可能会在未来投资决策过程中越来越重视 ESG 议题。

5. 法国

法国的养老金体系由强制性的养老金计划和补充养老金计划构成。2001 年法律改革赋予了退休储备基金管理公共资金的职责，以加强基本养老金计划的效力。在法律形式上，保险公司可以选择成为有限责任公司或共同保险公司，其中共同保险公司属于非营利性法人实体。集体投资计划则分为投资公司和资本投资基金两种类型，这些基金由独立的托管人持有资产，并由基金管理公司管理。

关于投资政策，退休储备基金的监督管理委员会制定了一套全面的投资指导方针，鼓励管理者在分析金融资产和公司治理透明度时考虑社会和环境发展的价值。法国的保险法及共同投资基金的相关法律既未具体限制或禁止在投资决策中考虑 ESG 议题，也没有明确鼓励基于 ESG 议题的投资。因此，共同投资基金可以根据自身的判断，在自愿基础上考虑 ESG 议题。

法国拥有超过 120 家道德共同投资基金，这些基金或采取团结基金的形式支持团结经济项目，或作为共享基金，将部分收益与慈善组织或非政府组织共享，表明法国机构投资者对 ESG 考量的兴趣明显增加，并可能持续增长。总而言之，法国法律并没有明确要求或禁止在投资决策中考虑 ESG 议题。只要投资决策符合法律原则和义务，退休储备基金、共同投资基金和保险公司都被允许（但非法律要求）在自愿基础上考虑 ESG 议题。

6. 德国

德国法律对养老基金的投资原则设定了明确要求，强调必须确保最高的安全性和盈利性，保证充分的流动性，并通过投资分散来适当降低风险。对于共同基金，德国投资法规定资本投资公司必须以谨慎人的义务来管理基金，为投资者的集体利益服务，并需以专业知识和勤勉的态度为所管理基金的最佳利益服务。

德国的法律框架为机构投资者提供了在遵守安全性和盈利性原则的前提下，考虑 ESG 议题的自由度。对于共同基金而言，除非合同条款明确包含 ESG 议题，否则投资决策者应致力于实现最大化回报，这通常不包括对 ESG 议题的考虑。尽管德国法律并未明确要求养老基金在其决策过程中考虑 ESG 议题，也未禁止这样做。若养老基金选择进行伦理投资，需向员工明确披露此决定。与此类似，保险准备金机构也有义务向投保人披露是否以及在何种程度上考虑 ESG 议题。

尽管德国政府在其最近的可持续发展战略中强调了全球责任、环境保护和促进创新业务的重要性，但股东积极主义在德国并不普遍。大型保险公司和共同基金往往未能充分利用其作为股东的影响力，但许多专注于 ESG 投资的基金正在尝试通过股东积极主义来影响公司决策，表明德国政府的"绿色战略"雄心与其在共同基金投资行为上相对保守的法律框架之间存在的明显区别。

7. 意大利

意大利的养老基金体系主要由强制性退休计划、补充养老金基金和附加养老金基金组成。上述基金由专业资产管理者和保险公司管理，但不通过信托方式运作，因为在意大利法律体系中，信托的法律概念的相关性有限。养老金基金管理者需遵循特定的投资限制和合格资产要求，他们被期望按照"家庭好父亲"的关怀标准来履行其义务，这涉及根据其专业活动的性质评估履行义务的合规性。意大利保险公司管理者在管理保险储备时必须遵循健全和审慎的管理标准。在选择投资时，需考虑到投资的安全性、盈利性、流动性及其多样化和分散化。

意大利的法律和监管框架在将 ESG 议题融入投资决策方面提供的指导有限，但这一领域正在积极发展。例如，意大利资产管理协会将投资基金归类为道德基金，这些基金在投资决策中优先考虑社会、道德和环境议题，而非仅仅追求最大的财务回报。被动筛选策略在意大利日益流行，越来越多的养老金基金在与投资组合经理签订的资产管理协议中，要求经理投资于被纳入各种社会责任公司指数的公司发行的证券。

意大利议会已委托政府改革退休系统。意大利退休制度的新规则要求养老基金在其年度报告及对参与者的通信中明确指出，是否以及在多大程度上优先考虑社会、伦理或环境议题。

8. 日本

日本的养老基金体系包括国家养老金、员工必须加入的福利养老金保险、私人公司设立的养老金。国家养老金的资金来源主要由政府收入资助，而非投资。福利养老保险计划的资金由政府养老金投资基金投资管理。私人养老金通常由独立经理或受托人管理的投资组成。日本的保险公司必须为浮动保险持有的资金设立特定账户，并遵守特定的资产隔离和客户披露要求。此外，《投资信托和投资公司法》规定了共同基金的管理。投资信托涉及投资者与受托人之间的信托协议，投资公司则由投资者作为公司成员，与投资经理签订合同。

在日本《民法典》中关于管理他人业务或财产的一般职责要求管理人员履行类似于"谨慎人"规则的义务。尽管日本法律框架对于 ESG 问题的讨论仍处于初期阶段，但一些投资管理公司已经引入了考虑 ESG 议题的金融产品。公共养老金没有法律规则或官方指导规定或鼓励将 ESG 议题整合到投资决策中。投资管理者需按照卫生部、劳动部和福利部制定的投资原则行事，因此，能否将 ESG 议题纳入投资决策，取决于这些部门的政策。目前，政府禁止养老金投资基金投资股票。企业养老金的管理者被鼓励考虑社会、伦理和环境议题，以保护基金的价值。保险公司在得到受益人同意的情况下，可以在管理浮动保险账户时考虑 ESG 议题。对于共同基金，其投资政策由其投资者决定。因此，只要经过受益人同意，共同基金的受托人在筛选投资时可以考虑 ESG 议题。

目前，阻碍 ESG 融入日本投资决策的一个主要问题是相关法律法规的高度复杂性和模糊性。日本政府正计划修改《信托法》，并制定《投资服务法》，以建立适用于养老金市场各方的一致受托责任制度，预计这些立法将明确受托责任的范围和适用性。然而，目前的法律提案并未将 ESG 议题纳入考虑范围。在市场研究方面，预计将进行大量实证检验以探究 ESG 与盈利能力的关系，若二者为正相关关系，那么在构建投资组合时考虑 ESG 议题将变得更加合适。

9. 西班牙

西班牙养老基金由管理公司和托管实体在控制委员会的监督下运作。根据西班牙法律，养老基金的投资必须多样化，以防止对单一投资、单一发行人或公司集团的过度依赖。西班牙保险公司可以采取有限责任公司、互助社、合作协会或社会保障互助基金等法律形式，相关准备金须得到恰当计算，并投资于适当的资产。此外，西班牙共同投资基金分为投资基金和投资公司两种法律形式，它们根据特定的契约和管理条例运作，这些条例包含投资标准和选择投资基金组合证券的规则。

西班牙法律为养老基金、保险公司储备和共同投资基金的投资决策制定了包括流动性、风险分散和明确的投资策略在内的一系列原则和义务。尽管法律未明确要求或禁止考虑 ESG 议题，但在遵守法定原则和义务的前提下，ESG 议题可被纳入投资决策。事实上，西班牙一些养老基金如 2003 年由西班牙电信创建的养老金计划，已经开始将资产的一部分投入道德、社会或生态基金中。

10. 英国

英国设有多种类型的养老金，其中大型公司通常为员工提供"职业年金计划"。一些公共养老基金，如国家卫生事业单位职工的养老金计划，是非资金提前准备型，依赖投资收益来支付，个人养老基金则由金融机构提供。英国的保险公司需为长期准备金设立独立的基金，并在某些投资类别上遵守投资限制，但在其他方面，如何投资这些准备金并没有特定的法律要求。此外，英国的共同基金被称为"单位信托"，通常对投资者承诺基金的投资将限于特定的资产配置，如房地产或上市股票。

英国的政策制定者和利益相关者越来越认识到，机构投资者掌握的经济力量应该通过更广泛地整合 ESG 议题来满足社会和环境需求。英国法律也对控制这些基金的机构投资者施加了一系列义务和责任。受托责任是最重要的义务之一，适用于以信托形式设立的基金，如职业养老金基金和某些公共部门养老金，要求受托人及其代理人必须谨慎行事。非受托责任包括合同法和过失法下的义务，适用于所有基金机构。

英国政府和行业主导的一些倡议旨在鼓励更广泛地采纳 ESG 原则，支持社会责任投资市场的发展，并鼓励机构投资者更有效地推动商业变革。此外，英国法律提供了一定的灵活性，允许机构投资者在追求财务回报的同时考虑社会和环境影响，以评估投资决策的适当性，包括是否遵循了正确的程序以及决策是否出于正当目的。

11. 美国

美国的机构投资者广泛涵盖私人和公共养老基金、保险公司、共同基金、慈善信托和非营利公司，它们在美国投资领域扮演着重要角色。美国的养老基金分为私人和公共两类，其中私人养老基金受 1974 年《雇员退休收入保障法》的联邦法律管辖，公共养老基金则由各州法律规范。共同基金需遵循 1940 年《投资公司法》的规定，并受到美国证券交易委员会的监管。保险公司的投资选择受到所在州法律的严格限制，以确保其偿付能力。非营利性企业适用的法律则依赖于州法，多数州是根据《统一机构基金管理法》的框架修订其法律。此外，私人信托和慈善信托也受州法律的约束。

美国投资法律中的现代谨慎投资者规则强调应用现代投资组合理论，要求投资者在作出决策时考虑整体投资组合的风险与回报，推崇多样化的投资并强调事前评估。尽管关于将 ESG 议题纳入投资决策是否违反谨慎投资者规则的争议一直存在，但按照美国投资法律的总体指导原则，只要 ESG 议题的考虑出于正当目的且不对投资组合的整体财务表现产生负面影响，则是可接受的。

美国法律环境具有灵活性，允许机构投资者在遵守谨慎投资者规则的同时考虑 ESG 议题。法律框架和商业实践共同倡导多样化的投资策略，要求所有投资决策必须以基金或受益人的最佳利益为依据。

四、研究结论

传统的投资分析侧重于价值，即财务绩效：首先，该报告指出，ESG 议题与财务绩效之间的关联日益被重视。在此基础上，将 ESG 考虑纳入投资分析能够更准确地预测财务绩效。其次，该报告强调，受托责任的现代解释已不仅限于追求最大化财务回报。在某些情况下，考虑 ESG 议题可以符合受益人的长期利益，如通过保护环境来为受益人创造更好的社会条件。已有研究表明，ESG 议题在投资价值分析中起着关键作用。因此，投资者若忽视 ESG 议题，可能导致投资估值出现偏差。此外，许多司法管辖区已经或计划要求投资者，特别是养老金，披露他们在多大程度上考虑了 ESG 议题。该报告还比较了普通法系和大陆法系司法系管辖区在受托责任方面的差异。在普通法系管辖区，受托责任规则更为灵活，在大陆法系管辖区，受托责任规则通常更加固定。最后，该报告指出，在所有司法管辖区，投资决策应在事先考虑决策者可获得的所有信息，并根据合理的决策标准制定，而非事后进行评估。决策者对各个考虑议题或议题类别所赋予的权重应由投资经理根据具体情况自行决定，确保投资决策的综合性和适应性。

第四节　可持续金融与 ESG 议题

——价值与价值观*

一、问题提出

可持续金融吸引了机构和散户投资者、监管机构、政治家、企业管理者和员工的关注，但其定义或与之相关术语，如 ESG、SRI、CSR 等并未达成明确共识。上述术语的定义不清晰和使用不一致会导致对投资者和管理者动机的误解，进而影响对相关投资行为的理解和法规的制定。

由于上述术语和动机的误解，金融学界有责任采取更明确和系统的方法来研究和解释可持续金融。该文旨在解决这些误解并推动可持续金融领域的发展，阐明可持续金融术语的具体含义和应用，以及投资者和管理者的真实动机。

二、研究发现与贡献

该文的主要研究发现有以下五个方面：

第一，投资者和管理者的动机会决定他们如何理解和应用 ESG、SRI 和 CSR。投资者和管理者的动机可以分为两大类：第一类是基于价值观的动机，即出于对社会、环境的关心或个人道德；第二类是基于价值的动机，即看重 ESG 议题对财务绩效的直接影响。混淆上述两种动机可能导致投资者和管理者在策略

＊　Laura T S. Presidential address: Sustainable finance and ESG issues—value versus values ［J］. *The Journal of Finance*, 2023, 78（4）: 1837-1872.

执行上的混乱和执行效果评估上的困难。

第二，价值观投资者通常采用负面筛选方法，这一方法会限制其投资选择范围。相对而言，价值投资者通过 ESG 考量实现更有效的风险管理和发掘潜在的收益机会。

第三，价值观投资者更关心公司的商业决策如何影响环境和社区，价值投资者则专注于业务流程，尤其是公司的风险管理。

第四，价值投资者对待 ESG 风险的态度不一。一部分价值投资者将 ESG 风险视为基本风险议题，希望避免或减轻这些风险，并寻求有效的风险定价方法。另一部分价值投资者更加关注 ESG 相关的监管风险，以及如何降低公司面临的风险。

第五，反对 ESG 投资的观点可以分为两类：一类是基于价值观动机的立场，认为投资者不应将个人价值观（如宗教信仰）作为投资决策的依据；另一类是基于价值动机的立场，反对使用 ESG 信息来评估公司的风险和收益，认为这种方式可能带来偏见或不准确的评估。

该文的研究贡献主要体现为两个方面：第一，该文深化了对价值和价值观动机及其如何影响投资者、公司和社会之间关系的理解。第二，该文提出了未来研究方向，包括深入探讨 ESG 指标在高管薪酬中的作用、人口统计学变化对 ESG 偏好的影响，以及社会与治理议题的具体影响。

三、研究内容

（一）ESG 投资兴趣和动机的增长

1. ESG 投资兴趣的增长

在过去十年，ESG 概念逐渐成为全球关注的焦点。特别在过去五年，谷歌中全球范围内的 ESG 主题相关搜索量快速上升。同时，CSR 也受到较多关注。相较之下，SRI 的关注度相对较低。

该文研究发现，美国传统共同基金投资组合经理对 ESG 投资的兴趣增加。具体地，传统共同基金持有高 ESG 评级公司的股份比例逐年增加，这种增加趋势不仅体现在持有高 ESG 综合评级公司的股份上，也体现在持有高单一维度评级公司的股份上，表明传统共同基金对高 ESG 评级公司的投资兴趣不断增强，且这种增长似乎不受行业或其他市场议题影响。

2. 投资者的 ESG 投资动机

为了理解 ESG 投资兴趣增长的原因及其影响，首先需要区分投资者的动机——价值和价值观。价值投资者关注 ESG 如何有助于提升公司价值，即改善公司的风险收益前景，这些投资者不仅在投资决策中利用公司的 ESG 信息，且经常与公司管理层针对 ESG 问题进行交流，以寻求更低的风险或更高的回报。相比之下，价值观投资者的动机源自他们的非金钱偏好，这些投资者特别关注公司对社会和环境的影响，如果他们认为公司涉及不良产品或行为，便不愿持有该公司股份。当然，部分投资者同时具备价值和价值观动机，因此会采用多种投资策略。

随着 ESG 风险受到越来越多的关注，相关的学术研究也日益增多。关于 ESG 的理论研究通常分为两类：一类研究关注具有非金钱偏好的投资者，这些投资者出于价值观动机购买 ESG 股票，他们的行为与纯粹基于财务动机的投资者形成对比。在这种情况下，具有非金钱偏好的投资者在市场均衡中通常扮演着重要角色。另一类研究关注至少基于部分财务动机进行 ESG 投资的价值投资者。现有研究需要进一步发展理论框架，以探讨价值和价值观 ESG 投资者群体的内部动机差异，如这两类投资者是否相辅相成或存在竞争关系。尽管已有研究探讨了重视 ESG 投资者和不重视 ESG 投资者的差异，但对于价值 ESG 投资者与价值观 ESG 投资者的区别，尚未有深入的研究。

散户和机构投资者可能出于价值动机或价值观动机而选择进行 ESG 投资。研究表明，与其他类型的共同基金相比，ESG 共同基金表现出较低的资金流动性与绩效敏感性，说明 ESG 投资与非 ESG 投资之间存在系统性差异。价值投资者普遍预期，将 ESG 问题纳入投资决策能够带来较低的风险或较高的回报。

3. 管理者的 ESG 投资动机

除理解投资者的 ESG 投资动机外，还需要深入分析企业董事会和管理层的 ESG 投资动机。以往关于公司 ESG 或 CSR 的研究显示，ESG 或 CSR 领域的许多研究在假设和结果上存在矛盾，特别是关于公司的 ESG 或 CSR 概况及其活动与市场、领导层、所有权特征、风险、表现和价值之间的关系，实证结果存在较大的差异性。

部分分析表明，如果管理层为了降低资本成本以满足价值投资者的需求而采取更环保的措施，其股票可能会因此获得"绿色溢价"，说明管理者在响应投资者 ESG 需求时，其动机和行为对股票定价具有重要影响。

4. 动机与国家文化差异

研究不同地区的 ESG 基金与非 ESG 基金的管理资产（Assets Under Management，AUM）和资金流，不仅能揭示 ESG 投资兴趣的变化趋势，还能反映投资者在 ESG 投资动机上的地域差异。研究数据表明，随着时间的推移，美国和欧洲市场 ESG 基金的 AUM 普遍呈增长趋势，其资金流入增加和回报率上升。然而，ESG 与非 ESG 投资在地理分布上存在显著差异，由于价值观投资者与价值投资者在 ESG 投资动机上的差异，相较于美国和其他市场，欧洲的共同基金和交易所交易基金（Exchange Traded Fund，ETF）市场的投资者对 ESG 基金的兴趣更高。

ESG 基金市场增长模式中显示的地域差异也体现在企业处理 ESG 问题时的政策影响和行动差异上。在欧洲，企业通常在环境维度上表现得更为出色，这与该地区政府在环保政策和行动上强有力的推动密切相关。除政策影响，企业社会责任表现也明显受到人均收入、法律制度、文化和谐度和文化自主性议题的影响。

（二）价值与价值观：绩效与结果

1. ESG 投资绩效

ESG 投资绩效领域的核心问题之一是投资绩效与实际投资绩效之间的关系。要解决 ESG 投资绩效的问题，需要考虑投资者的期望。基于价值动机和价值观动机的投资者有不同的回报预期，其中价值观投资者通常采取负面筛选方式，导致这类投资者面临的投资机会较少。如果 ESG 投资框架以价值观为导向，那么不应期望 ESG 投资组合的绩效会超过传统投资组合的绩效。与此相反，如果 ESG 投资框架以价值为导向，即基于风险与回报视角，则 ESG 投资者的基础框架取决于 ESG 投资可以带来更高的风险管理水平或可以识别回报机会的理念。

已有大量研究探讨了 ESG 或 SRI 投资组合（或公司）的表现，但关于 CSR、SRI、ESG 议题是否增加企业价值及可能产生的风险溢价，尚未形成一致结论。该文关注当 ESG 投资被众多投资策略所混淆时，是否能合理判定 ESG 能带来优异的绩效。通过对 ESG 共同基金或 ETF 进行初步分析，可以发现不同基金在投资策略上有明显差异。例如，一些基金的目标是以价值观为导向，专注于社会公正、可持续发展目标、循环经济，以及根据伊斯兰教法或天主教价值观进行负面筛选；另一些基金的目标是以价值为导向，将 ESG 纳入投资流程或采取 ESG 的积极倾斜策略。

关于 ESG 或 SRI 基金的实证研究通常不会区分基金投资动机——价值观（非金钱偏好）和价值（风险因素），而是将具有不同目标的基金混合研究，ESG 投资决策影响的理解难度使从财务角度评估投资组合公司对社会的影响变得更加困难。即使研究范围限于价值观导向基金，即专注于非金钱偏好的基金，基金中的股东 ESG 偏好也存在异质性。那么将 ESG 基金与传统基金进行比较是否合理？鉴于 ESG 基金种类众多，应当深入分析 ESG 基金的目标和投资策略差异，以提高我们对投资动机的理解。

2. 企业结果

许多利用 ESG 议题了解公司风险的价值投资者，通常对公司的业务流程尤其是风险管理流程感兴趣。这些投资者通常是大多数 ESG 评级服务的主要对象，因为 ESG 评级服务主要关注与 ESG 活动相关的公司风险。注重价值观的投资者则更关注公司业务决策对环境和社区的影响。

注重企业运营结果的价值观投资者通常希望其投资组合中的公司遵守联合国可持续发展目标。价值观投资者一个典型的关注点在于公司对生物多样性的影响。全球生物多样性框架的目标包括解决生物多样性的丧失、恢复生态系统和保护土著权利。自然相关的财务披露特别工作组已提供有关披露生物多样性风险的指导，金融研究人员可以提供有关金融市场如何定价生物多样性风险的见解。

3. 超越股权资产类别的 ESG 问题

金融经济学研究在探究 ESG 问题时，虽然常常集中于股票领域，但也越来越关注到其他资产类别，如固定收益和房地产。在固定收益资产方面，对于公司的负外部性是否会为这些资产的投资者带来更多的尾部风险，尚无清晰回答。

实际上，ESG 问题和股票以外的其他资产类别之间的联系仍有较多探寻空间，尤其是在风险和定价方面，研究基于价值动机和价值观动机的投资者之间的差异应有助于深入了解这些问题。例如，与 ESG 相关的创新债券类型需要进一步研究。尽管关于绿色、社会、可持续及可持续性相关（Green, Social, Sustainability and Sustainability-linked, GSSS）债券的研究逐渐增多，但市场对这些新型金融工具的反应还未完全明确。部分投资者偏好 GSSS 债券，因为他们从价值的角度考虑市场，其他投资者则从价值观的角度评估 GSSS 债券。对绿色公司债券和市政债券的研究虽然有所增加，但仍然有限，随着债券类别的成熟，投资者的反应和发行人的策略可能会发生变化。无论 GSSS 债券是由企业还是主权国家发行，进一步增强对价值与价值观如何影响 GSSS 债券定价的理解都是非常有价值的。

4. ESG 问题的框架

ESG 虽然是一个通用的术语，但在实际应用中，投资者的偏好往往不会将环境、社会和治理问题整合在一起。例如，许多 ESG 基金只关注特定的环境、社会或治理问题。此外，公司管理者与投资者、客户和员工对 ESG 问题的处理方式并不相同。该文使用 Sustainalytics 和 Standard & Poor's ESG 评级数据进行相关性分析，结果表明公司在处理环境和社会问题方面的相关性更为密切。该文认为，金融研究人员需要更好地理解这些相关性差异的内在逻辑，以及在评估单个环境、社会和治理问题的重要性时，需要考虑价值投资者与价值观投资者之间的区别。

尽管已有大量关于公司治理的文献，环境问题特别是气候融资的研究数量也在不断增长，学术界和媒体依然倾向于以 ESG 作为一个整体。但是，从价值和价值观的角度考虑，未来可能更合适将环境、社会和治理视为单独的风险因素或偏好，进而更能反映出投资者和管理者在面对具体 ESG 问题时独立的考量和行动策略。

(三) 价值、价值观和环境问题，包括气候风险

气候风险被视为公司及其投资者面临的一种 ESG 风险。已有研究表明，由于披露不足，气候风险难以评估，因此很难定价和对冲。这是因为气候风险具有系统性特点，难以找到合适的对冲工具。

在 2017 年之前，关于气候融资的研究较少，近年来，相关的学术研究明显增加。然而，对于市场如何处理气候风险以及企业如何管理这些风险的了解仍然有限。金融研究人员需要深入研究投资者和管理者对各种气候风险的看法、他们在不同时间范围内的反应，以及他们如何区分气候变化的风险和不确定性。同时，要理解不同投资者群体和管理者是出于财务绩效考虑还是非金钱偏好做出的与气候相关的决策。

此外，为了了解投资者和管理者如何对气候风险和其他 ESG 问题的变化做出反应，还需要提升对信息披露动机和效果的理解，但目前这方面的研究还处于起步阶段，需要更多探索。部分研究指出，ESG 信息披露可以针对更广泛的受众，并可能在企业外部产生重要的外部效益。对一些投资者来说，披露 ESG 问题的目的是通过 ESG 视角更好地理解公司；对另一些投资者来说，披露 ESG 问题是希望通过披露机制推动更广泛的变革。因此，研究人员需要考虑 ESG 信息

披露对以价值为导向的投资者和以价值观为导向的投资者不同的重要性。

在如何看待气候和其他 ESG 风险方面，价值投资者之间也存在差异。例如，一部分价值投资者视 ESG 风险为基本的风险因素，希望通过了解其定价方式来避免或减轻 ESG 风险，价值投资者对改进 ESG 披露和监管特别感兴趣；另一部分价值投资者更关注 ESG 问题可能引发的监管风险，以及如何减少公司面临的监管风险，因此对强制执行 ESG 的合规性感兴趣。

（四）价值、价值观和所有者角色：发声与退出

1. 股东在 ESG 问题上的积极性

股东持续推动公司进行 ESG 改革的一种方式是股东提案。最初，与环境和社会问题相关的股东提案主张基于道德、伦理或社会原因投赞成票。但随着时间推移，提案的支持者开始主张基于经济理由投票，认为企业社会责任能够影响公司绩效。近期的研究证据表明，股东的积极参与可以影响管理者决策，导致管理者改变公司的环境和社会决策。

股东的激励和公司的参与动机在以价值为导向和以价值观为导向的投资者之间存在差异，即一些以价值为导向的投资者的动机可能不同于以价值观为导向的投资者。因此，根据股东的不同价值取向和价值观取向，股东的 ESG 参与策略和结果应有所不同。

2. 排除与撤资策略

在气候风险及其他 ESG 问题上，排除和撤资策略是重要的讨论方面，涉及价值和价值观的核心问题。一方面，以价值为导向的投资者可能因担心财务影响而认为某些公司或行业的投资风险过高，资产可能会搁浅。另一方面，以价值观为导向的投资者可能不愿向那些导致气候变化或被认为对社会造成伤害的公司提供资金。部分价值观投资者会通过撤资来迫使公司改变商业模式，以消除或减轻负面外部影响。这种策略认为，撤资会提高公司的资本成本，从而激励管理层采取纠正措施。

关于排除和撤资成本的研究尚未达成一致结论。早期研究指出，"罪恶股票"由于投资者的回避，获得风险溢价，这意味着投资者撤资需要承担一定的成本。此外，除从财务视角分析投资者排除或撤资的成本与收益，金融研究人员也应进一步研究撤资是否能带来持久的或有意义的变化。由于投资者在撤资后无法直接参与公司治理或对代理提案投票，因此对撤资策略的潜在影响存在一些疑问。现有的实证研究结果存在差异，有学者指出投资者或受益人的撤资成本相对

较高；也有学者指出撤资对公司价值几乎没有明显影响；但也有学者支持在特定条件下，如存在具有环境和社会意识的机构投资者的情况下，撤资可能是有效的。

3. 政治、ESG 议题及人口统计

一些政治家公开反对 ESG。从价值和价值观的对比来看，反对 ESG 的人士认为投资者不应根据个人价值观进行投资，并反对使用公司的 ESG 信息来评估公司的风险和回报。从政治立场的角度来看，对金融市场参与者施加价值观的成本可能因政治立场的不同而存在差异。此外，需要研究投资人群的人口统计地位及其偏好如何影响企业对 ESG 问题的关注，这可能影响资产配置和市场动态。

（五）社会和治理问题

社会问题由于缺乏明确定义，其含义在价值投资者与价值观投资者之间，甚至在同一投资者群体内部也常存在差异。对于价值投资者和价值观投资者来说，社会问题的复杂性超过了环境问题，人们对同一社会问题的看法可能截然不同，通常双方均认为自己的立场是"正确"的。这一现象给企业带来了实际挑战，因为它们经常发现自己卷入与社会问题相关的争议中。金融研究者有必要在定义上保持准确，并明确是从价值还是价值观的角度审视特定的社会问题。

在关于"什么是良好的公司治理"这一问题上仍然存在分歧。根据以往研究，ESG 评级服务在治理方面的平均相关性较低，远低于环境与社会评级之间的相关性，这表明治理难以衡量，或者对于什么是良好治理存在重大分歧。

通过观察委员会结构的变化和一些董事会将 ESG 指标纳入高管薪酬的现象，发现公司董事会越来越重视 ESG 问题。目前，将 ESG 指标纳入高管薪酬的有效性存在争议，但研究显示总体而言使用环境和社会指标的公司在业绩、环境和社会绩效方面表现更佳。现有研究通常未将多个 ESG 指标组合使用，而是倾向于关注单一的 ESG 要素。随着越来越多的 ESG 指标被采纳，未来需要在 ESG 领域进行更多研究。

尽管关于公司治理的研究已相当广泛，但仍有很多知识需要深入了解。例如，种族、民族和性别多样性如何以及在多大程度上对公司领导层（包括董事会）和对公司绩效造成影响。我们也没有完全理解机构投资者（包括对冲基金）在公司治理中的作用。未来研究应从价值和价值观的角度出发，探讨它们如何影响公司的社会和治理绩效。相关问题包括董事会是否应更多地考虑技能或性别多样性，女性董事是否会引入新的企业社会责任活动，董事会的差异如何影响公司价值和绩效，以及这种差异是否与董事会的咨询或监督角色相关联。尽管目前在这些领域取得了进展，但仍需进一步研究。最重要的研究问题可能是，一个公司在没有良好治理的情况下是否能实现良好的环境和社会绩效，即在缺乏良好公司治理的情况下，管理层如何在环境和社会问题上做出恰当的决策。

四、研究结论

ESG 价值强调 ESG 活动在财务上的重要性，尤其是对长期投资者而言，这种价值可以通过风险管理和回报来实现，ESG 价值观则与重要的非金钱因素相关联。ESG 价值与价值观的差异对于理解 ESG 投资的含义及如何解释 ESG 绩效都极为重要。在 ESG 价值、ESG 价值观或两者皆有动机的情况下，ESG 投资的方法可能会明显不同。

金融研究人员对 ESG 问题与金融市场之间复杂关系的理解，被价值与价值观的双重动机所混淆。作为金融经济学研究者，应深入探究价值和价值观的取向及其相互作用如何影响投资者、公司与社会之间的关系。

第二章　探索绩效：ESG 表现专题

第一节　导读

一、概念起源

ESG 表现是指企业在环境、社会和治理三个维度的具体绩效和实践。这三个维度分别包括企业对环境的影响、对社会责任的履行以及企业在完善内部治理方面的成效。ESG 表现是绿色投资与负责任投资理念的丰富与延伸，代表了企业实现可持续发展的能力和水平，现已逐渐成为资本市场评估企业核心发展实力和前景的重要指标。ESG 表现概念的提出和发展反映了社会各界对企业角色和责任认知的深化，代表了对可持续发展问题日益增长的关注。

二、文献总体回顾

目前，国内外关于 ESG 评级的研究主要集中于 ESG 表现的影响因素、经济后果等方面。在企业 ESG 表现的影响因素的相关研究中，制度文化环境、利益相关者压力和风险冲击等外部因素，以及企业内部治理结构、战略行动和数字化等内部因素共同影响着企业的 ESG 表现。关于企业 ESG 表现的经济后果研究主要集中于企业价值、企业经营活动、融资活动和投资活动等方面。

（一）ESG 表现的影响因素

1. 企业外部因素

现有文献重点关注了制度文化环境、利益相关者压力和外部风险冲击等外部驱动力量对 ESG 表现的影响。

（1）制度文化环境对企业 ESG 表现的影响。制度文化环境可以影响企业所面临的社会规范和其自身经营价值理念，从而影响企业 ESG 表现。在不同国家的制度差异方面，Ortas 等（2015，2019）将不同制度背景的国家纳入研究，考察制度差异对企业 ESG 表现的影响。研究发现，在监管严格国家以及在发达股票和信贷市场的企业有着更好的 ESG 表现。Garcia 和 Ortas（2020）的研究同样证明了制度对企业 ESG 表现的影响，并进一步提出新兴国家的企业可能更会优先考虑资本积累而忽略了 ESG 的潜在战略利益。在制度型开放方面，沪深港通实施、A 股成功纳入 MSCI 等重要事件不断提升中国资本市场发展程度，并通过吸引更多外资持股、倒逼上市公司加强 ESG 信息披露等方式，有效推动企业 ESG 表现的提升（宋献中等，2024；Huang and Duan，2024；Wang et al.，2023a；Yin et al.，2023）。也有学者以中国绿色金融改革试点为准自然实验，研究发现政府主导的绿色金融政策可以显著提升试点地区企业的 ESG 表现（Lei and Yu，2023；Qian and Yu，2024；Zhang and He，2024）。陈琪和李梦函（2023）、Wang 等（2023b）将中央环保督察作为准自然实验，发现中央环保督察通过地方政府加强监管、媒体关注度提升等外部压力传导机制，以及促进企业增加环保投资、实施绿色创新等内生动力响应路径，显著提升了企业 ESG 表现。在文化环境方面，Qoyum 等（2022）以印度尼西亚和马来西亚的上市公司为研究对象，研究发现拥有伊斯兰标签的企业有着更好的 ESG 表现，且突出体现在环境和社会绩效两个方面。

（2）利益相关者压力对企业 ESG 表现的影响。利益相关者理论指出，企业 ESG 表现通常是平衡多元利益相关者期望的结果。国内外学者普遍发现，来自政府、投资者、供应商、媒体和公众等利益相关方的外部压力会对企业 ESG 表现产生影响。

其一，政府可以通过在环境治理、信息披露等方面加强监管和政策引导，有效推动企业提升 ESG 表现。He 等（2023）聚焦环境保护税改革，发现出台环境保护税法能够显著提升企业的 ESG 表现，且这种影响存在一定的滞后性和创新补偿效应，为"波特假说"在中国的成立提供了新证据。王珮等（2021）的研究也提供了环境保护税能显著提升企业 ESG 表现的证据，并发现绿色技术创新在其中的中介效应。Cicchiello 等（2023）评估了欧盟非财务报告指令的实施效果，结果表明强制性 ESG 信息披露显著提升了企业的 ESG 表现。但政府行为也并非全然对企业 ESG 表现发挥积极作用，张曾莲和邓文悦扬（2022）指出，地方政府债务会挤占信贷资源，提高企业的融资成本，从而使企业降低在绿色治理方面的资金投入，造成企业 ESG 表现显著降低。

其二，机构投资者作为资本市场的重要力量，在"唤醒"上市公司 ESG 意识、提升其可持续发展能力方面发挥着突出作用。Jiang 等（2022）发现机构投资者所访问的公司后续 ESG 绩效显著提高，机构投资者可通过提高企业会计信息质量、增加企业环保投入和提升媒体关注度来驱动公司提高 ESG 表现。Alda（2019）聚焦于更具体的社会责任养老基金这一机构股东，同样证明机构投资者对被投资企业 ESG 表现的积极作用。何青和庄朋涛（2023）研究发现，共同机构投资者能够通过发挥治理效应和协同效应提升企业 ESG 表现。这些研究表明，机构投资者对企业可持续发展具有监督和激励作用，对于优化市场 ESG 生态具有重要意义。

其三，客户和供应商等利益相关方也可能促使企业提高 ESG 表现。张济平和李增福（2023）从供应链权力结构切入，研究发现处于供应链中心地位的企业出于对声誉和风险管理的考量，往往更有动机通过加强 ESG 管理来获取合作伙伴的信任和支持。Chen 和 Wang（2023）进一步探讨了议价能力较强的大客户对其供应商 ESG 行为的影响，发现供应商企业会保持成本刚性以满足主要客户的需求，从而对 ESG 投入呈现出保守倾向。

此外，媒体和公众关注也可以有效地发挥外部监督作用，迫使企业呈现出较优的 ESG 表现。在媒体关注方面，He 等（2024）肯定了媒体报道在改善企业 ESG 表现方面的监督作用，且这一效应通过增加分析师关注和降低代理成本而得到强化。郭檬楠等（2023）的研究在支持媒体发挥"扩音器"效应来促进 ESG 表现提升的同时，发现了优化内部控制是该效应中的机制。关于公众关注的影响，已有研究分别利用地级市环境关键词百度搜索指数、微信公众号和在线搜索量等数据，提出公众关注可以通过加强外部监督压力和提高信息传播效率的双重机制，显著提高企业的 ESG 表现（陈洪涛等，2023；陶云清等，2024；Zhao et al.，2023），凸显了互联网时代公众参与对于推动企业可持续发展的独特价值。

综上所述，政府、投资者、供应商、媒体和公众等多元利益相关者已越来多地参与企业运营，在推动企业 ESG 表现提升中的作用日益凸显。

（3）外部风险冲击对企业 ESG 表现的影响。围绕企业面临的外部风险冲击，现有文献主要探讨了气候风险、环境风险和政策不确定性风险对企业 ESG 表现的影响。气候风险是 ESG 的重要议题之一。Naseer 等（2024）通过考察气候变化风险对企业价值和 ESG 表现的影响发现，气候风险上升会对公司价值造成负面冲击，同时会倒逼管理层加大 ESG 投入力度以缓冲该风险，这种风险缓冲效应主要体现在拥有较强财务灵活性、风险管理能力更强的企业中。在环境风险方面，潘玉坤和郭萌萌（2023）研究发现，空气污染通过强化企业的环境风险感知而显著促进企业 ESG 表现提升，即空气污染加剧了企业经营的不确定性，倒逼企业积极进行 ESG 战略调整。Vural-Yavas（2021）则聚焦经济政策不确定性视角，探讨了宏观经济冲击如何影响欧洲企业的 ESG 表现，研究发现经济政策不确定的增加会激励企业在环境保护、资源利用效率等方面的投入，从而提升企业整体 ESG 表现，并进一步指出，这种正向效应主要源于经济不确定性驱使企业通过加强与利益相关者的沟通、改善社会形象等非市场策略来抵御潜在的声誉和业绩风险。

综上所述，由于良好的 ESG 表现可以提升企业形象、维护利益相关者关系、增强组织合法性等，因此，可被企业视为在外部风险冲击时发挥"保险"作用的工具。

2. 企业内部因素

关于企业 ESG 表现的内部驱动因素研究主要从内部治理结构、企业战略行动以及数字化等展开。

（1）内部治理结构对企业 ESG 表现的影响。公司治理架构的优化是推动企业 ESG 表现的内在制度保障，主要表现在高管特征、薪酬激励、董事会结构及其内部管理流程等方面。在高管特征及其激励方面，Heubeck（2024）的研究指出，女性比例较高的高管团队更能平衡复杂的利益相关者期望进而提高 ESG 表现；Fan 等（2024）认为，管理层短视显著降低了企业的 ESG 绩效，这种负面影响会因企业内部治理水平和外部监管压力得到缓解，激烈的产品市场竞争则会加剧负面影响；Liu 等（2023）关注高管的特殊成长背景，发现具有贫困经历的 CEO 其公司表现出更优异的 ESG 表现，且这种"贫困印记"效应会受 CEO 任期预期、绿色投资者比例和薪酬水平的调节。高管薪酬契约设计也是影响企业 ESG 表现的重要因素，Cohen 等（2023）指出，将 ESG 指标纳入薪酬方案有助于实现高管目标与利益相关者诉求的契合，进而带动 ESG 表现的提升。在董事会层面，Abdullah 等（2024）检验了董事会下设可持续发展委员会的作用，发现提高会议频率和成员年龄多元化有助于改善公司治理层面的 ESG 表现；Cambrea 等（2023）关注女性董事比例对 ESG 的影响，研究表明女性董事任职数量存在显著的"临界质量"效应，超过该临界值企业 ESG 表现将显著提升。在内部管理流程优化方面，Gebhardt 等（2023）关注了 ESG 因素与内部控制及绩效评估体系的融合，指出在绩效评估与激励机制中嵌入 ESG 指标，对改善企业环境与社会层面的可持续表现具有积极意义。郭檬楠等（2023）的研究发现，高质量的内部控制能够通过加强 ESG 事务管理、规范经营行为等途径，显著提升企业的可持续发展水平。特别地，产权结构是中国企业内部治理特征的特色表现，国家和政府赋予的政策性负担使国有资本的运营目标除获取经济效益外，还要兼顾环境效益和社会效益。因此，一些研究认为，对于民营企业来说，引入国有资本，通过发挥治理效应和资源效应可以有效提高民营企业的 ESG 表现（魏延鹏等，2023；郭檬楠和田雨薇，2024）。

（2）企业战略行动对其 ESG 表现的影响。战略行动视角为理解 ESG 驱动因素带来了新的思路。Ren 等（2024）基于资源基础观和企业行为理论，研究发现企业寻求差异化战略将增强其参与 ESG 的动机，企业历史业绩不佳则加强了差异化战略对企业 ESG 参与的积极影响。并购作为企业成长的重要战略选择，对推动 ESG 发展具有积极作用。Barros 等（2022）基于全球范围内的大样本面板数据，发现并购活动对企业 ESG 评分具有显著的正向影响，且这种 ESG 表现提升效应存在一定的滞后性。Tampakoudis 和 Anagnostopoulou（2020）则从并购双方互动的角度切入，研究发现并购方收购高 ESG 表现公司的行为有助于提升自身的 ESG 表现，且并购后 ESG 改善幅度与并购方市场价值呈正相关。

（3）数字化对企业 ESG 表现的影响。企业数字化变革成为推动企业可持续发展的新动力。王海军等（2023）、Ren 等（2023）均发现数字化转型能够显著提升企业的 ESG 表现，王应欢和郭永祯（2023）则发现企业数字化转型程度与 ESG 表现呈倒"U"形关系，创新导向型企业和国有企业能在更高的数字化转型程度上实现最佳 ESG 表现。聚焦于作用机制，Fang 等（2023）指出，数字化主要通过降低代理成本来提高治理表现（G），通过改善外部信誉来提升社会表现（S），而对环境表现（E）并没有显著的影响。Lu 等（2024）提到良好的融资环境能够为数字技术应用创造条件，从而推动企业将数字红利转化为可持续发展动能，为改善企业 ESG 实践提供动力。Zhang（2023）则从数字金融的视角拓展了数字经济时代 ESG 研究的新领域，发现数字金融能够通过缓解融资约束、降低管理成本，有效激发企业参与 ESG 实践的积极性。此外，数字技术在企业外部生态中的应用也为其 ESG 表现提升提供了更广泛的视角。Ma 等（2023）立足信息处理理论，构建了"数字化—协同化—产业链 ESG 表现"的分析框架。研究发现，供应链数字化转型水平的提升显著改善了核心企业在环境保护、产品责任等方面的 ESG 表现，且这种效应主要源于数字技术对企业内部流程优化和外部协同创新的双重赋能，这表明数字化技术正成为重塑产业链可持续价值创造的关键推手。

（二）ESG 表现的经济后果

关于 ESG 表现的经济后果，现有文献研究主要集中于企业价值、企业经营活动、融资活动和投资活动等方面。

1. ESG 表现对企业价值的影响

已有文献较为一致地认为良好的 ESG 表现能够显著提升企业价值。陈红和张凌霄（2023）研究发现，企业 ESG 表现对企业价值产生积极影响，数字化转型在其中起着正向调节作用。王双进等（2022）指出，工业企业 ESG 责任履行对财务绩效的影响呈现"U"形非线性特征，且随着 ESG 投入的持续积累，企业价值将实现显著增长。伊凌雪等（2022）也发现，ESG 实践初期会降低企业价值，而从长期来看，ESG 实践对企业价值存在正向提升作用，并进一步发现企业面临的市场竞争可以显著提升 ESG 实践的价值效应，机构投资者和媒体监督则会削弱此影响。关于 ESG 表现提升企业价值的具体机制，王琳璘等（2022）的研究表明，ESG 表现主要通过缓解融资约束、改善经营效率和降低财务风险三个路径影响企业价值，其中风险管理效应最为显著。席龙胜和赵辉（2022）同样证明了风险管理机制在 ESG 表现提升企业价值中的重要性。Doni 和 Fiameni（2024）、李井林等（2021）的研究认为，ESG 理念的践行能够促进技术升级和产品迭代，进而提高企业的内在价值。

股价表现是企业价值的重要组成部分，企业 ESG 表现能否提高企业股价表现是 ESG 领域的热点议题。Lo 和 Kwan（2017）研究结果表明，股票市场对企业 ESG 表现的反应积极，较高的 ESG 评级可以提高上市公司的股票价值。Zhou 等（2022）的研究同样表明，ESG 表现提升能够推动上市公司的市值增长，财务绩效在其中起中介作用，且这种中介效应在国有企业中更为显著。Feng 等（2022）

使用面板 CADF 和韦斯特伦德检验发现，从长期来看，ESG 表现显著提高了公司的股票收益，但单纯追求 ESG 评级提升而忽视财务基本面，可能会损害股东利益。Wang 等（2023c）则发现，ESG 表现可以通过降低公司风险和获得利益相关者的支持提高公司股票的流动性。

可持续发展绩效已成为衡量企业长期价值创造的重要指标。Tyan 等（2024）、Rajesh 和 Rajendran（2020）的研究表明，ESG 表现对企业可持续发展的促进作用受两个关键因素影响：一是 ESG 要素权重配置的合理性，直接关系到 ESG 表现对可持续发展的促进效果，盲目提高 ESG 评分而不顾及要素间权衡，可能适得其反；二是 ESG 战略能否有效嵌入企业的日常运营和管理中，即 ESG 措施能否得到切实执行以及配套的治理结构是否完善。企业韧性也是企业可持续发展能力的重要体现。刘建秋和徐雨露（2024）指出，良好的 ESG 表现一方面能够增强企业的竞争力和声誉；另一方面能够帮助企业获得更多的外部资源支持，最终提升企业韧性。

2. ESG 表现对企业经营活动的影响

已有关于 ESG 表现对企业经营活动影响的研究主要聚焦于企业创新、企业效率、供应链管理、其他经营活动等方面。

（1）ESG 表现对企业创新的影响。现有文献普遍支持 ESG 表现可以促进企业创新（Broadstock et al.，2020；方先明和胡丁，2023），尤其在推动绿色创新方面的效果更加显著（Fu et al.，2023）。Long 等（2023）、Zheng 等（2023）进一步指出，ESG 表现对绿色创新的促进作用在创新能力较弱的国家更明显，且二者之间存在长期的双向协同关系。ESG 表现还会在行业内产生创新溢出效应，即 ESG 领先企业的示范作用能够带动行业内的更多企业加大创新力度，并且这种溢出效应在非工业企业中更为强烈（Li et al.，2023）。关于 ESG 表现提升企业创新的作用机制，已有文献提到，一方面，ESG 表现能缓解企业面临的融资约束，为创新活动提供资金支持；另一方面，ESG 表现还能通过提高员工创新效率和管理层风险承担等途径来优化创新资源配置，从而显著提高企业创新产出（Zhai et al.，2022；方先明和胡丁，2023）。此外，ESG 表现还会对绿色创新产生积极影响，在高收入和富裕国家、污染密集型行业、大型企业和国有企业中更为显著（Fu et al.，2023；Long et al.，2023）。

（2）ESG 表现对企业效率的影响。诸多文献探索 ESG 表现对企业效率的影响。一些研究发现，ESG 表现的提升能够显著促进企业全要素生产率（符加林和黄晓红，2023）、生态效率和盈利效率（Lu et al.，2023），体现了企业注重提升 ESG 表现有助于其实现经济效益与社会效益双赢。也有学者认为，ESG 表现与企业效率之间可能存在非线性关系，如 Ren 等（2022）发现 ESG 总体表现、社会责任绩效和公司治理绩效与企业效率之间呈"U"形关系，而环境绩效与企业效率之间并无显著关系。符加林和黄晓红（2023）则补充了 ESG 表现提升企业全要素生产力的作用机制主要为缓解融资约束和加大研发投入。

（3）ESG 表现对供应链管理的影响。ESG 表现在供应链管理中的作用也日益凸显：其一，企业良好的 ESG 表现可以提升供应链伙伴关系的稳定度，增强供应链韧性（陈娇娇等，2023）。其二，良好的 ESG 表现是企业获得供应链话语权的重要工具（李颖等，2023）。其三，ESG 表现在供应链上下游企业之间存在显著的溢出效应，Tang 等（2023）发现客户 ESG 表现对供应商 ESG 表现存在正向溢出，且受到政策、市场等因素的调节。

（4）ESG 表现对其他经营活动的影响。相关研究还从高管行为、企业金融化、绿色转型和对外贸易等其他经营活动考察了 ESG 表现的经济后果。He 等（2022）研究发现良好的 ESG 表现能够显著抑制管理者的不当行为，在信息透明度较低、机构投资者持股比例较小以及自愿性披露 ESG 信息的企业中，这一抑制效应更加显著。上官泽明和张媛媛（2023）指出，ESG 表现提升企业金融化水平的主要诱因是投机套利，该效应在业绩压力小、内控质量高、信息透明度高和管理层过度自信程度低的企业中会有所缓解。ESG 表现还是推动企业绿色转型的重要动力，Tan 等（2024）和 Wang 等（2024a）的研究在证明 ESG 表现可以显著促进绿色转型的基础上，进一步揭示加大研发投入、缓解融资约束、提高风险承担能力、鼓励员工创新等是该效应的影响路径。对外贸易是企业重要的经营活动，安然和陈艺毛（2023）发现，中国上市公司的 ESG 表现与出口绩效呈"U"形关系，研发投入在其中起到关键调节作用。

3. ESG 表现对企业融资活动的影响

围绕企业融资活动，已有文献主要探讨了 ESG 表现对企业融资成本、融资效率以及不同融资市场表现的影响。在企业债务融资成本方面，范云朋等（2023）指出，企业 ESG 表现的提升有助于降低债务融资成本，且社会和公司治理维度表现对债券融资成本的降低作用更为显著。Eliwa 等（2021）以欧盟国家为背景，同样印证了 ESG 表现与债务成本之间的负向关系，并发现这一关系在利益相关者导向型国家更为显著。Okimoto 和 Takaoka（2024）的研究发现，ESG

表现显著降低了信用利差，且这一效应在低信用评级企业中更为明显。在提高融资效率方面，邱牧远和殷红（2019）、Bai 等（2022）均发现 ESG 表现可以显著提高企业融资效率，并且该效应可通过提升信息透明度、降低融资约束和吸引机构投资者增持来发挥作用。

企业 ESG 表现同样受到债券市场的广泛关注。在债券市场中，Jiang 等（2023）的研究发现，良好的 ESG 表现降低债权人风险认知，从而降低债券收益率利差。Wang 和 Yang（2023）研究表明，ESG 表现能够通过降低业绩波动性来减轻中国上市公司的信用风险，该作用在成长型企业中更为明显。王翌秋等（2023）从银行更倾向于向 ESG 表现良好的企业提供数额更大、期限更长、利率更低和担保要求更宽松的贷款的角度侧面证实了这一观点。

此外，在股票市场中，ESG 表现对股价崩盘风险和机构投资者行为等均产生影响。Luo 等（2023）、Yu 等（2023）的研究均发现，ESG 表现可以显著降低企业的股价崩盘风险，抑制盈余管理和降低公司风险在其中发挥了机制作用，且这一效应在非国有企业中更为明显。Wang 等（2023d）则指出，ESG 表现较好的公司股价崩盘风险存在显著外溢效应，尤其在经济政策不确定性加剧时更为明显，这表明 ESG 表现的相关信息可以在市场中发挥稳定器作用。此外，Feng 等（2024）发现，公司 ESG 表现的提升显著增强了境外机构投资者持股水平，而经济政策不确定性则会削弱这一效应。

4. ESG 表现对企业投资的影响

围绕企业 ESG 表现与投资的研究主要聚焦于企业投资效率、并购行为、对外直接投资等方面。在投资效率方面，Lin 等（2023）和高杰英等（2021）均发现，良好的 ESG 表现能够通过缓解代理冲突、降低信息不对称等机制，显著提高企业的投资效率，且这一效应可能会受到企业生命周期、信息环境等因素的影响。在并购方面，Hussaini 等（2023）、Kim 等（2022）分别从现金支付率和跨境并购绩效角度，发现 ESG 表现提高有利于并购价值创造。Ma（2023）、毛志宏和李丽（2023）聚焦中国市场，进一步指出目标企业 ESG 表现与并购溢价正相关，并且可以显著抑制并购商誉泡沫的形成。在对外投资方面，谢红军和吕雪（2022）、Wang 等（2024b）基于中国情境的研究发现，良好的 ESG 表现已成为推动企业"走出去"的新型竞争力，不仅能够提升企业对外直接投资规模，还能通过声誉机制和缓解财务约束的途径促进海外投资绩效的提升。

三、经典文献概述

在有关 ESG 表现研究的文献中，以下选取了五篇具有独特视角且创新性强的论文作为经典文献予以推介。

Cohen 等（2023）立足于公司将 ESG 表现纳入高管薪酬方案这一现实趋势，创新性地提出公司推行 ESG 薪酬方案的三大动因，即有效激励合同、迎合利益相关者偏好以及强化 ESG 承诺可信度，构建了兼顾不同利益相关者视角的理论分析框架。结果显示，三大动因都可以为公司采用 ESG 薪酬提供部分解释力。该研究考虑到非财务绩效指标在高管薪酬中的特征以及存在的理由，丰富和补充了现有代理理论等相关理论下企业高管薪酬的文献。

Li 和 Wu（2020）以企业参与 UNGC 这一独特视角切入，首次关注了企业 CSR 行为对 ESG 表现的实质性影响，从实证方面验证了企业在不同所有权类型下的 CSR 脱钩行为，揭示了上市公司和非上市公司在 CSR 行为方面的不同考量以及实际行动的差异，并证实股东与利益相关者的利益冲突程度是企业 CSR 脱钩行为的一个重要驱动因素。研究的创新点在于采用 RepRisk 数据库中的 ESG 负面事件数来衡量企业的 CSR 实质性改进，与采用评级机构发布的 ESG 评级相比，该衡量方式可以更加客观地体现企业的 CSR 绩效，减少由于 ESG 评级主观性所带来的干扰。

Houston 和 Shan（2022）的研究以银企关系为切入点，关注银行对企业 ESG 表现的影响。研究发现，银行会依据 ESG 表现筛选借款企业，表现为银行更有可能向 ESG 表现与自身相似的企业发放贷款；且银行对企业的 ESG 表现有长期影响，在借贷关系建立之后，ESG 表现较好的银行会以"退出威胁"作为手段，促使企业提升 ESG 表现，研究丰富了关于利益相关方在提升企业 ESG 表现中作用的文献。

Ng 和 Rezaee（2015）基于利益相关者理论，提出企业可持续发展需要兼顾包括股东在内的多方利益相关者的诉求，并构建了涵盖财务可持续性表现（Economic Sustainability，ECON）和 ESG 的可持续发展多维分析框架，探究企业可持续发展不同维度的表现（财务和非财务）对权益资本成本的个别和综合影响。研究发现，财务可持续绩效较好的企业具有更低的权益资本成本，ESG 绩效增强了 ECON 与权益资本成本之间的负相关关系，主要体现在环境和治理维度的因素。

Manescu（2011）创新性地分析了ESG表现与股票收益的关系，以及这种关系是由于错误定价还是风险补偿。研究在风险定价框架下严谨检验了ESG因子收益的来源，揭示了当前ESG信息市场化定价的局限，并且引入时间维度刻画了ESG因子作用的动态演进路径。研究发现，ESG各个维度与股票收益之间的关系存在明显差异，社区关系、人权和产品安全等方面存在错误定价；而员工关系与股票收益的关系经历了从错误定价到风险补偿的转变。

四、未来研究展望

综观已有ESG表现的相关文献，未来ESG表现的相关研究可以从以下四个方面进行拓展：

第一，从多元利益相关者视角，深化对ESG实践的情景探讨。既有研究多关注ESG表现与具体利益相关者（如投资者、债权人和管理层等）的影响关系，未来的研究可以融合多方诉求，从利益相关者组合的角度出发，研究企业与多方利益者的博弈动态过程，以及如何在权衡中选择ESG策略，并进一步挖掘多方利益相关者关系对企业ESG表现的影响机理。

第二，建立更加客观有效的ESG表现衡量体系。当前ESG相关研究存在一个普遍桎梏，即对ESG表现的度量过度依赖第三方评级机构发布的主观评分数据，制约了研究结果的真实性和可比性。未来的研究应更多关注企业经营中发生的真实ESG事件，并借助智能化算法等数字工具对ESG事件所反映出的企业ESG表现程度进行合理评估，为评价ESG表现提供更丰富的信息和更真实准确的综合衡量体系。

第三，深入探索ESG因子在资本市场定价中的内在机理和作用路径。一方面，可以将ESG因素嵌入资产定价模型，在均衡模型的框架内，通过效用函数引入"可持续发展偏好"，推导出ESG因素与股票收益和风险之间的内在逻辑；另一方面，可以在多因子定价模型的基础上，将ESG因子纳入已有的风险因子体系中，考察其对资产收益的影响。此外，关注ESG表现与公司股票收益之间是否存在动态演进路径同样是未来值得研究的问题。

第四，将ESG置于中国特色社会主义现代化建设的时代坐标中审视，探索中国特色的ESG表现。在影响因素方面，未来研究可围绕"制度引领、数字赋能、共治共建"的总基调不断深化探索，关注如何实现高水平ESG实践。在经济后果方面，未来研究可紧扣人民就业、共同富裕、新质生产力等攸关民生福祉和国家经济转型等重大议题，立足国家战略、重视 ESG 表现的民生向度，开拓研究中国经济社会可持续发展的现实路径。

参考文献

[1] 安然，陈艺毛．企业 ESG 表现，研发投入与出口绩效提升［J］．经济纵横，2023（8）：98-106.

[2] 陈红，张凌霄．ESG 表现，数字化转型与企业价值提升［J］．中南财经政法大学学报，2023（3）：136-149.

[3] 陈洪涛，何任翔，高小然，崔旭．券商公众号报道对企业 ESG 表现的影响研究［J］．管理学报，2023，20（12）：1762-1770.

[4] 陈娇娇，丁合煜，张雪梅．ESG 表现影响客户关系稳定度吗？［J］．证券市场导报，2023（3）：13-23.

[5] 陈琪，李梦函．垂直型环境监管与企业 ESG 表现——基于中央环保督察的准自然实验［J］．公共管理与政策评论，2023，12（6）：45-62.

[6] 范云朋，孟雅婧，胡滨．企业 ESG 表现与债务融资成本——理论机制和经验证据［J］．经济管理，2023，45（8）：123-144.

[7] 方先明，胡丁．企业 ESG 表现与创新——来自 A 股上市公司的证据［J］．经济研究，2023，58（2）：91-106.

[8] 符加林，黄晓红．企业 ESG 表现如何影响企业全要素生产率？［J］．经济经纬，2023，40（3）：108-117.

[9] 高杰英，褚冬晓，廉永辉，郑君．ESG 表现能改善企业投资效率吗？［J］．证券市场导报，2021（11）：24-34+72.

[10] 郭檬楠，贺一凡，牛建业．内部控制、网络媒体报道与企业 ESG 表现［J］．管理学刊，2023，36（3）：103-119.

[11] 郭檬楠，田雨薇．生态环保审计能提高企业 ESG 表现吗？［J］．审计研究，2024（2）：35-46.

[12] 何青，庄朋涛．共同机构投资者如何影响企业 ESG 表现？［J］．证券市场导报，2023（3）：3-12.

[13] 李井林，阳镇，陈劲，崔文清．ESG 促进企业绩效的机制研究——基于企业创新的视角［J］．科学学与科学技术管理，2021，42（9）：71-89.

[14] 李颖，吴彦辰，田祥宇．企业 ESG 表现与供应链话语权［J］．财经研

究，2023，49（8）：153-168.

[15] 刘建秋，徐雨露. ESG 表现与企业韧性 [J]. 审计与经济研究，2024，39（1）：54-64.

[16] 毛志宏，李丽. 企业 ESG 表现能抑制并购商誉泡沫吗 [J]. 现代经济探讨，2023（7）：71-83.

[17] 潘玉坤，郭萌萌. 空气污染压力下的企业 ESG 表现 [J]. 数量经济技术经济研究，2023，40（7）：112-132.

[18] 邱牧远，殷红. 生态文明建设背景下企业 ESG 表现与融资成本 [J]. 数量经济技术经济研究，2019，36（3）：108-123.

[19] 上官泽明，张媛媛. 企业 ESG 表现与金融资产配置：刺激还是抑制？[J]. 上海财经大学学报，2023，25（6）：44-58.

[20] 宋献中，潘婧，韩杰. 资本市场国际化的鞭策效应：A 股纳入 MSCI 指数与企业 ESG 表现 [J]. 数量经济技术经济研究，2024，41（4）：153-172.

[21] 陶云清，侯婉玥，刘兆达，阳镇. 公众环境关注如何提升企业 ESG 表现？——基于外部压力与内部关注的双重视角 [J]. 科学学与科学技术管理，2024，41（7）：88-109.

[22] 王海军，王淞正，张琛，郭龙飞. 数字化转型提高了企业 ESG 责任表现吗？——基于 MSCI 指数的经验研究 [J]. 外国经济与管理，2023，45（6）：19-35.

[23] 王琳璘，廉永辉，董捷. ESG 表现对企业价值的影响机制研究 [J]. 证券市场导报，2022（5）：23-34.

[24] 王珮，杨淑程，黄珊. 环境保护税对企业环境、社会和治理表现的影响研究——基于绿色技术创新的中介效应 [J]. 税务研究，2021（11）：50-56.

[25] 王双进，田原，党莉莉. 工业企业 ESG 责任履行，竞争战略与财务绩效 [J]. 会计研究，2022（3）：77-92.

[26] 王翌秋，谢萌，郭冲. 企业 ESG 表现影响银行信贷决策吗——基于中国 A 股上市公司的经验证据 [J]. 金融经济学研究，2023，38（5）：97-114.

[27] 王应欢，郭永祯. 企业数字化转型与 ESG 表现——基于中国上市企业的经验证据 [J]. 财经研究，2023，49（9）：94-108.

[28] 魏延鹏，毛志宏，王浩宇. 国有资本参股对民营企业 ESG 表现的影响研究 [J]. 管理学报，2023，20（7）：984-993.

［29］席龙胜，赵辉．企业 ESG 表现影响盈余持续性的作用机理和数据检验［J］．管理评论，2022，34（9）：14.

［30］谢红军，吕雪．负责任的国际投资：ESG 与中国 OFDI［J］．经济研究，2022，57（3）：83-99.

［31］伊凌雪，蒋艺翅，姚树洁．企业 ESG 实践的价值创造效应研究——基于外部压力视角的检验［J］．南方经济，2022（10）：93-110.

［32］张曾莲，邓文悦扬．地方政府债务影响企业 ESG 的效应与路径研究［J］．现代经济探讨，2022（6）：10-21.

［33］张济平，李增福．欲戴王冠，必负其重：供应链网络中心企业的责任与担当——基于 ESG 视角的研究［J］．外国经济与管理，2024，46（7）：86-101.

［34］Abdullah A，Yamak S，Korzhenitskaya A，Rahimi R，Mcclellan J. Sustainable development：The role of sustainability committees in achieving ESG targets［J］. *Business Strategy and the Environment*，2024，33（3）：2250-2268.

［35］Alda M. Corporate sustainability and institutional shareholders：The pressure of social responsible pension funds on environmental firm practices［J］. *Business Strategy and the Environment*，2019，28（6）：1060-1071.

［36］Bai X，Han J，Ma Y，Zhang W. ESG performance，institutional investors' preference and financing constraints：Empirical evidence from China［J］. *Borsa Istanbul Review*，2022（22）：157-168.

［37］Barros V，Matos P V，Sarmento J M，Vieira P R. M&A activity as a driver for better ESG performance［J］. *Technological Forecasting and Social Change*，2022（175）：121338.

［38］Broadstock D C，Matousek R，Meyer M，Tzeremes N G. Does corporate social responsibility impact firms' innovation capacity? The indirect link between environmental & social governance implementation and innovation performance［J］. *Journal of Business Research*，2020（119）：99-110.

［39］Cambrea D R，Paolone F，Cucari N. Advisory or monitoring role in ESG scenario：Which women directors are more influential in the Italian context?［J］. *Business Strategy and the Environment*，2023，32（7）：4299-4314.

［40］Chen L-Y，Wang T-S. Effect of supplier cost stickiness on environmental, social, and governance: Moderating role of customer bargaining power [J]. *Corporate Social Responsibility and Environmental Management*, 2023, 30 (5): 2304-2314.

[41] Cicchiello A F, Marrazza F, Perdichizzi S. Non-financial disclosure regulation and environmental, social, and governance (ESG) performance: The case of EU and US firms [J]. *Corporate Social Responsibility and Environmental Management*, 2023, 30 (3): 1121-1128.

[42] Cohen S, Kadach I, Ormazabal G, Reichelstein S. Executive compensation tied to ESG performance: International evidence [J]. *Journal of Accounting Research*, 2023, 61 (3): 805-853.

[43] Doni F, Fiameni M. Can innovation affect the relationship between environmental, social, and governance issues and financial performance? Empirical evidence from the STOXX200 index [J]. *Business Strategy and the Environment*, 2024, 33 (2): 546-574.

[44] Eliwa Y, Aboud A, Saleh A. ESG practices and the cost of debt: Evidence from EU countries [J]. *Critical Perspectives on Accounting*, 2021 (79): 102097.

[45] Fan Z, Chen Y, Mo Y. Management myopia and corporate ESG performance [J]. *International Review of Financial Analysis*, 2024 (92): 103071.

[46] Fang M, Nie H, Shen X. Can enterprise digitization improve ESG performance? [J]. *Economic Modelling*, 2023 (118): 106101.

[47] Feng G F, Long H, Wang H J, Chang C P. Environmental, social and governance, corporate social responsibility, and stock returns: What are the short-and long-run relationships? [J]. *Corporate Social Responsibility and Environmental Management*, 2022, 29 (5): 1884-1895.

[48] Feng J, Tang S, Zhong J. Can corporate environmental, social and governance performance influence foreign institutional investors to hold shares? Evidence from China [J]. *Business Strategy and the Environment*, 2024, 33 (5): 4310-4330.

[49] Fu P, Ren Y-S, Tian Y, Narayan S W, Weber O. Reexamining the relationship between ESG and firm performance: Evidence from the role of Buddhism [J]. *Borsa Istanbul Review*, 2024, 24 (1): 47-60.

[50] Fu Q, Zhao X, Chang C-P. Does ESG performance bring to enterprises' green innovation? Yes, evidence from 118 countries [J]. *Oeconomia Copernicana*,

2023, 14 (3)：795-832.

[51] Garcia A S, Orsato R J. Testing the institutional difference hypothesis：A study about environmental, social, governance and financial performance [J]. *Business Strategy and the Environment*, 2020, 29 (8)：3261-3272.

[52] Gebhardt M, Thun T W, Seefloth M, Zuelch H. Managing sustainability-Does the integration of environmental, social and governance key performance indicators in the internal management systems contribute to companies' environmental, social and governance performance? [J]. *Business Strategy and the Environment*, 2023, 32 (4)：2175-2192.

[53] He F, Du H, Yu B. Corporate ESG performance and manager misconduct：Evidence from China [J]. *International Review of Financial Analysis*, 2022 (82)：102201.

[54] He F, Guo X, Yue P. Media coverage and corporate ESG performance：Evidence from China [J]. *International Review of Financial Analysis*, 2024 (91)：1-19.

[55] He Y, Zhao X, Zheng H. How does the environmental protection tax law affect firm ESG? Evidence from the Chinese stock markets [J]. *Energy Economics*, 2023 (127)：107067.

[56] Heubeck T. Walking on the gender tightrope：Unlocking ESG potential through CEOs' dynamic capabilities and strategic board composition [J]. *Business Strategy and the Environment*, 2024, 33 (3)：2020-2039.

[57] Houston J F, Shan H. Corporate ESG profiles and banking relationships [J]. *Review of Financial Studies*, 2022, 35 (7)：3373-3417.

[58] Huang R, Duan K. Research on the influence of capital market liberalization on the ESG performance of listed companies-A quasinatural experiment based on the Shanghai-Hong Kong and Shenzhen-Hong Kong Stock Connects [J]. *Pacific-Basin Finance Journal*, 2024 (83)：102221.

[59] Hussaini M, Rigoni U, Perego P. The strategic choice of payment method in takeovers：The role of environmental, social and governance performance [J]. *Business Strategy and the Environment*, 2023, 32 (1)：200-219.

[60] Jiang Y, Wang C, Li S, Wan J. Do institutional investors' corporate site visits improve ESG performance? Evidence from China [J]. *Pacific-Basin Finance Journal*, 2022 (76)：1018-1031.

[61] Jiang Z, et al. How does the bond market price corporate ESG engagement? Evidence from China [J]. *Economic Analysis and Policy*, 2023 (78): 1406-1423.

[62] Kim B-J, Jung J-Y, Cho S-W. Can ESG mitigate the diversification discount in cross-border M&A? [J]. *Borsa Istanbul Review*, 2022, 22 (3): 607-615.

[63] Lei X, Yu J. Striving for sustainable development: Green financial policy, institutional investors and corporate ESG performance [Z]. 2023.

[64] Li J, Lian G, Xu A. How do ESG affect the spillover of green innovation among peer firms? Mechanism discussion and performance study [Z]. 2023.

[65] Li J, Wu D A. Do corporate social responsibility engagements lead to real environmental, social and governance impact? [J]. *Management Science*, 2020, 66 (6): 2564-2588.

[66] Lin Y, Lu Z, Wang Y. The impact of environmental, social and governance (ESG) practices on investment efficiency in China: Does digital transformation matter? [J]. *Research in International Business and Finance*, 2023 (66): 102050.

[67] Liu Y, Zhang H, Zhang F. The power of CEO growing up in poverty: Enabling better corporate environmental, social and governance (ESG) performance [J]. *Corporate Social Responsibility and Environmental Management*, 2023, 31 (3): 1610-1633.

[68] Lo K Y, Kwan C L. The effect of environmental, social, governance and sustainability initiatives on stock Value-examining market response to initiatives undertaken by listed companies [J]. *Corporate Social Responsibility and Environmental Management*, 2017, 24 (6): 606-619.

[69] Long H, Feng G-F, Gong Q, Chang C-P. ESG performance and green innovation: An investigation based on quantile regression [J]. *Business Strategy and the Environment*, 2023, 32 (7): 5102-5118.

[70] Lu W-M, Kweh Q L, Ting I W K, Ren C. How does stakeholder engagement through environmental, social and governance affect eco-efficiency and profitability efficiency? Zooming into Apple Inc.'s counterparts [J]. *Business Strategy and the Environment*, 2023, 32 (1): 587-601.

[71] Lu Y, Xu C, Zhu B, Sun Y. Digitalization transformation and ESG performance: Evidence from China [J]. *Business Strategy and the Environment*, 2024, 33

（2）：352-368.

［72］Luo W，Tian Z，Fang X，Deng M. Can good ESG performance reduce stock price crash risk? Evidence from Chinese listed companies ［J］. *Corporate Social Responsibility and Environmental Management*，2023（28）：505-518.

［73］Ma R. The sustainable development trend in environmental，social and governance issues and stakeholder engagement：Evidence from mergers and acquisitions in China ［J］. *Corporate Social Responsibility and Environmental Management*，2023，30（6）：3159-3173.

［74］Ma Y M，et al. Firms' multi-sided platform construction efforts and ESG performance：An information processing theory perspective ［J］. *Industrial Marketing Management*，2023（115）：455-469.

［75］Manescu C. Stock returns in relation to environmental，social and governance performance：Mispricing or compensation for risk? ［J］. *Sustainable Development*，2011，19（2）：95-118.

［76］Naseer M M，Khan M A，Bagh T，Guo Y，Zhu X. Firm climate change risk and financial flexibility：Drivers of ESG performance and firm value ［J］. *Borsa Istanbul Review*，2024，24（1）：106-117.

［77］Ng A C，Rezaee Z. Business sustainability performance and cost of equity capital ［J］. *Journal of Corporate Finance*，2015（34）：128-149.

［78］Okimoto T，Takaoka S. Sustainability and credit spreads in Japan ［J］. *International Review of Financial Analysis*，2024（91）：103052.

［79］Ortas E，Alvarez I，Jaussaud J，Garayar A. The impact of institutional and social context on corporate environmental，social and governance performance of companies committed to voluntary corporate social responsibility initiatives ［J］. *Journal of Cleaner Production*，2015（108）：673-684.

［80］Ortas E，Gallego-Alvarez I，Alvarez I. National institutions，stakeholder engagement and firms' environmental，social and governance performance ［J］. *Corporate Social Responsibility and Environmental Management*，2019，26（3）：598-611.

［81］Qian S，Yu W. Green finance and environmental，social and governance performance ［J］. *International Review of Economics & Finance*，2024（89）：1185-1202.

［82］Qoyum A, Sakti M R P, Thaker H M T, Alhashfi R U. Does the islamic label indicate good environmental, social and governance (ESG) performance? Evidence from sharia−compliant firms in Indonesia and Malaysia ［J］. *Borsa Istanbul Review*, 2022, 22 (2): 306−320.

［83］Rajesh R, Rajendran C. Relating environmental, social and governance scores and sustainability performances of firms: An empirical analysis ［J］. *Business Strategy and the Environment*, 2020, 29 (3): 1247−1267.

［84］Ren C, Ting I W K, Lu W−M, Kweh Q L. Nonlinear effects of ESG on energy−adjusted firm efficiency: Evidence from the stakeholder engagement of apple incorporated ［J］. *Corporate Social Responsibility and Environmental Management*, 2022, 29 (5): 1231−1246.

［85］Ren G, Zeng P, Zhong X. Differentiation strategies and firms' environmental, social and governance: The different moderating effects of historical and social performance shortfalls ［J］. *Corporate Social Responsibility and Environmental Management*, 2024, 31 (1): 719−740.

［86］Ren X, Zeng G, Zhao Y. Digital finance and corporate ESG performance: Empirical evidence from listed companies in China ［J］. *Pacific−Basin Finance Journal*, 2023 (79): 102019.

［87］Tampakoudis I, Anagnostopoulou E. The effect of mergers and acquisitions on environmental, social and governance performance and market value: Evidence from EU acquirers ［J］. *Business Strategy and the Environment*, 2020, 29 (5): 1865−1875.

［88］Tan X, Liu G, Cheng S. How does ESG performance affect green transformation of resource−based enterprises: Evidence from Chinese listed enterprises ［J］. *Resources Policy*, 2024 (89): 104559.

［89］Tang J, Wang X, Liu Q. The spillover effect of customers' ESG to suppliers ［J］. *Pacific−Basin Finance Journal*, 2023 (78): 101947.

［90］Tyan J, Liu S−C, Fu J−Y. How environmental, social and governance implementation and structure impact sustainable development goals ［J］. *Corporate Social Responsibility and Environmental Management*, 2024, 31 (4): 3235−3250.

［91］Vural−Yavas C. Economic policy uncertainty, stakeholder engagement and environmental, social and governance practices: The moderating effect of competition [J]. *Corporate Social Responsibility and Environmental Management*, 2021, 28 (1): 82-102.

[92] Wang K, Li T, San Z, Gao H. How does corporate ESG performance affect stock liquidity? Evidence from China [J]. *Pacific–Basin Finance Journal*, 2023c (80): 102087.

[93] Wang L, Ji Y, Ni Z. Spillover of stock price crash risk: Do environmental, social and governance (ESG) matter? [J]. *International Review of Financial Analysis*, 2023d (89): 102768.

[94] Wang L, Le Q, Peng M, Zeng H, Kong L. Does central environmental protection inspection improve corporate environmental, social and governance performance? Evidence from China [J]. *Business Strategy and the Environment*, 2023b, 32 (6): 2962-2984.

[95] Wang L, Yang L. Environmental, social and governance performance and credit risk: Moderating effect of corporate life cycle [J]. *Pacific–Basin Finance Journal*, 2023 (80): 102105.

[96] Wang X, Ren K, Li L, Qiao Y, Wu B. How does ESG performance impact corporate outward foreign direct investment? [J]. *Journal of International Financial Management and Accounting*, 2024b, 35 (2): 534-583.

[97] Wang Y, Liu X, Wan D. Stock market openness and ESG performance: Evidence from Shanghai–Hong Kong connect program [J]. *Economic Analysis and Policy*, 2023a (78): 1306-1319.

[98] Wang Z, Chu E, Hao Y. Towards sustainable development: How does ESG performance promotes corporate green transformation [J]. *International Review of Financial Analysis*, 2024a (91): 102982.

[99] Yin Z, Li X, Si D, Li X. China stock market liberalization and company ESG performance: The mediating effect of investor attention [J]. *Economic Analysis and Policy*, 2023 (80): 1396-1414.

[100] Yu H, Liang C, Liu Z, Wang H. News–based ESG sentiment and stock price crash risk [J]. *International Review of Financial Analysis*, 2023 (88): 102646.

[101] Zhai Y, et al. Does better environmental, social and governance induce

better corporate green innovation：The mediating role of financing constraints ［J］. *Corporate Social Responsibility and Environmental Management*，2022，29（5）：1513-1526.

［102］Zhang D. Can digital finance empowerment reduce extreme ESG hypocrisy resistance to improve green innovation？［J］. *Energy Economics*，2023（125）：106756.

［103］Zhang Y，He Y. How does the green financial system affect environmentally friendly firms' ESG？Evidence from Chinese stock markets ［J］. *Energy Economics*，2024（130）：107287.

［104］Zhao X，Fang L，Zhang K. Online search attention，firms' ESG and operating performance ［J］. *International Review of Economics and Finance*，2023（88）：223-236.

［105］Zheng M，Feng G-F，Jiang R-A，Chang C-P. Does environmental，social and governance performance move together with corporate green innovation in China？［J］. *Business Strategy and the Environment*，2023，32（4）：1670-1679.

［106］Zhou G，Liu L，Luo S. Sustainable development，ESG performance and company market value：Mediating effect of financial performance ［J］. *Business Strategy and the Environment*，2022，31（7）：3371-3387.

第二节　与 ESG 表现挂钩的高管薪酬*

一、问题提出

在全球范围内，很多公司表示开始将高管薪酬方案与 ESG 表现挂钩（以下简称 ESG 薪酬）。ISS ECA 数据库的统计显示，2010 年，将 ESG 表现指定为高管关键绩效指标（KPI）的公司占比仅为3%，到2021 年已经超过30%。

该文的主要目的是提供全球范围内采用和未采用 ESG 薪酬公司的实证证据，

＊ Cohen S，Kadach I，Ormazabal G，Reichelstein S. Executive compensation tied to ESG performance：International evidence ［J］. *Journal of Accounting Research*，2023，61（3）：805-853.
文中引用文献请参考原作。

进而考察企业选择基于 ESG 指标制定高管薪酬的三个潜在原因（三个原因相互关联，并不互斥）：①有效的激励合同。如果 ESG 指标被视为预测未来财务表现和潜在风险的指标，那么现有的代理模型就为 ESG 薪酬提供了有效的合同理由。②利益相关者偏好的一致性。如果公司的当前或潜在股东对改善 ESG 相关结果有内在偏好，那么采用 ESG 薪酬可能作为一种机制，使公司的管理目标与所有者的偏好保持一致。③加强 ESG 承诺的可信度。公司可能寻求吸引某些外部利益相关者群体，如客户或债权人，公司通过采用 ESG 薪酬可以向这些利益相关者发出信号，表明它们关注 ESG 表现。

二、研究发现与贡献

该文研究发现：第一，将 ESG 纳入高管薪酬的做法在国家、行业和公司层面上存在差异，与有效的激励合同相一致。第二，高管薪酬方案中对 ESG 表现的依赖与机构投资者的参与、投票和交易有关，表明公司采用这种做法可能是为了使管理层的目标与某些股东群体的偏好相一致。第三，ESG 薪酬的采用伴随着关键 ESG 成果的改善，但并未伴随着财务绩效的改善。

该文的研究贡献主要体现在两个方面：第一，立足全球视野，研究公司将 ESG 表现纳入薪酬合同这一新趋势。第二，尽管该文发现 ESG 薪酬与机构股东的参与、投票和交易活动相关的结论是描述性的，但结论与现有文献相一致，丰富了有关投资者在实现 ESG 目标中作用的文献。

三、理论分析

公司采用 ESG 薪酬可能有三个理由（三个理由相互关联，并不互斥）：

（一）有效的激励合同（理由 1）

在传统的代理理论框架中，公司所有者只关心公司的财务绩效，并不关心更广泛的社会衡量标准，但是公司当前的 ESG 表现可以在一定程度上反映一家公司未来的财务表现。因此，公司选择将 ESG 表现纳入高管薪酬的理由与将其他非财务变量包含在管理激励合同中的理由相似。在某些情境下，ESG 指标也可能被视为预测未来潜在风险的指标，因此传统的代理模型提供了一个框架，用以解释为何在高管薪酬合同中包含 ESG 指标是有价值的。

然而，与 ESG 薪酬可被视为高效激励合同工具的理念相反，Bebchuk 和 Tallarita（2022）认为，将 ESG 表现包含在高管薪酬中，体现的是高管提取额外管理租金的动机。具体来说，在高管薪酬合同中包含 ESG 指标可能是一种掩盖管理者过高薪酬的方式，因为 ESG 具体结果对外部人来说是难以衡量和验证的。

传统的委托代理框架也为公司未将 ESG 表现纳入关键绩效指标提供理由。如果 ESG 表现所蕴含的噪声超过其体现的有用信息，最优激励合同将会在公司关键绩效指标中排除这些变量（Lambert and Larcker，1987）。

（二）利益相关者偏好的一致性（理由2）

Hart 和 Zingales 在 2017 年的一篇论文中提出，公司应当最大化利益相关者的福祉。将 ESG 表现纳入高管薪酬方案可以被视为指导管理者平衡多个利益相关者群体利益的步骤。

股东不仅关心公司的财务绩效，还越来越关心公司的 ESG 表现，甚至有一些投资者团体会放弃财务回报，以推动公司改善 ESG 绩效（Riedl and Smeets，2017；Hartzmark and Sussman，2019），这促使公司改变管理目标，采用 ESG 薪酬方案。因此，即使机构投资者对 ESG 持不了解或者不关心的态度，也可能推动其投资组合公司采纳 ESG 指标进入高管薪酬计划。如果不这样做，机构投资者可能会失去具有 ESG 偏好的客户。

采用 ESG 薪酬也可能是为了使管理层的目标与公司所有者之外的利益相关者的利益保持一致。一些 ESG 指标，特别是"E"和"S"类别中的指标，反映了公司活动产生的外部成本，专注于提高公司财务绩效的管理层可能并不会过多考虑公司 ESG。通过激励管理层关注 ESG 表现，公司可能会得到利益相关者的支持，如债权人将会向公司提供更多贷款、公司员工会对公司更加忠诚、客户会更加信赖公司，进而提高企业的财务绩效。

（三）加强 ESG 承诺的可信度（理由3）

与某些 ESG 表现因素相关的外部成本问题已经促使公司承诺提高其 ESG 水平。例如，大部分公司已提出到 2050 年将其碳排放降至零的目标。尽管其中一些公司通过加入像科学基础目标倡议（Science Based Targets initiative，SBTi）计划来寻求证实其承诺，但批评者认为这些承诺往往缺乏可信度，只是纯粹的企业"漂绿"行为（Comello，Reichelstein and Reichelstein，2021）。因此，公司可能希望通过将高管薪酬与 ESG 指标挂钩，来增强企业自愿承诺改善 ESG 指标的可信度。

一些公司可能会在名义上采用 ESG 薪酬方案，以获得外界好评，但实际上并不开展 ESG 相关的工作，这种现象被称为"橱窗粉饰"。虽然这种"橱窗粉饰"不太可能在多个时间段内持续保持均衡，但在短期内很难被发现，因为外界观察者通常没有关于不同绩效指标的相对权重、使用目标和阈值以及管理者薪酬函数的确切形式的信息。如果企业采用 ESG 仅仅是为了获得外界好评，即表现为纯粹的"橱窗粉饰"行为，那么公司采用 ESG 薪酬将不具有任何促使企业提高 ESG 实际行动的价值（Melumad and Shibano，1991），也不是一种代价高昂的信号。

四、研究思路与结果

（一）数据来源

该文的样本包括 2011~2020 年被 ISS ECA 数据库覆盖的国际公共公司。ISS ECA 数据库提供了关于激励性奖励的详细、可比数据，包括绩效指标、绩效目标和所有激励性奖励的支付结构，涵盖美国、加拿大、英国、欧洲、澳大利亚、新西兰和南非的 9000 多家公司。尽管 ISS ECA 数据库从 2008 年开始，但用于薪酬合同中绩效指标的全面覆盖数据才从 2011 年开始。2020 年，是在研究时可用的具有完整所需数据的最后一年。

该文还纳入了关于温室气体排放、ESG 评级和机构所有权的数据来源。Trucost 是一家为企业碳排数据提供商业服务的公司，是企业界广泛使用的公司碳排放数据来源，也是联合国环境规划署金融倡议组织等著名国际组织的重要数据来源，可收集来自公开来源的碳排放数据，包括 CDP。其他碳排放数据来源还包括公司的网站、年度报告（10-K）、CSR 报告以及与公司的直接沟通。当被覆盖的公司没有公开披露其碳排放时，Trucost 根据环境概况模型估算公司的年度碳排放量。

从 FactSet/LionShares 数据库获取机构所有权数据。FactSet/LionShares 从美国证券交易委员会（United States Securities and Exchange Commission，SEC）的强制性申报文件中收集美国股票的机构所有权信息。对于在美国以外交易的股票，FactSet/LionShares 从国家监管机构和证券交易所公告、共同基金的直接披露、共同基金行业目录以及公司代理声明和年度报告中收集机构所有权数据。从 Datastream/WorldScope 获得会计和市场数据，这个数据集为大量国际公司提供了股价、资产负债表和损益表信息。该文从 Refinitiv、Sustainalytics 和 MSCI（ESG KLD）收集商业 ESG 评级数据。样本包括 22603 个观察值，对应于 21 个国家的 4395 家公司。

（二）实证思路与结果

在实证部分，该文通过三个相互支撑的检验来验证公司采纳 ESG 薪酬的三个理由：第一，检验采用 ESG 薪酬的企业、行业和国家特征；第二，检验机构投资者在公司采纳 ESG 薪酬中的作用；第三，考察采纳 ESG 薪酬的经济后果。最后，该文还对涉及公司融资和 ESG 薪酬合同特征的变量进行进一步的分析。

1. 采用 ESG 薪酬的企业、行业和国家特征

该部分探讨与 ESG 薪酬相关的国家、行业和企业特征。该文采用模型（1）进行检验：

$$ESG\ Pay_{it+1} = \alpha + \beta_1 \times X_{ct} + \beta_2 \times Y_{kt} + \beta_3 \times Z_{it} + t_t + g_c + \delta_k + \varepsilon_{it} \qquad (1)$$

模型（1）中，因变量是 ESG 薪酬（$ESG\ Pay$），如果公司在当年高管薪酬合同中纳入了任何 ESG 标准，则该变量等于 1，否则为 0。

为了衡量采用 ESG 薪酬是否由合同因素驱动（理由 1），该文构建了一组旨在捕捉 ESG 对股东价值潜在影响的横截面变化的变量，包括可能与 ESG 的成本和效益相关的国家（X_{ct}）、行业（Y_{kt}）和公司特征（Z_{it}）。在行业和国家层面，包括以下变量：①具有重大环境足迹的行业，该指标是一个指示变量，指运输、公用事业、钢铁和石油及石油产品行业的公司；②ESG 披露要求，被定义为在有强制性 ESG 披露政策的国家上市公司的指标；③国家 ESG 敏感性，环境绩效指数的值（Dyck et al.，2019）。在公司层面，考虑到污染更严重的公司在改善 ESG 绩效方面有更高的动力（其面临更高的排放成本，并且可能遭受搁浅资产的影响），设置变量 log（CO_2），使用公司直接（范围 1）温室气体排放量的自然对数衡量，温室气体排放量是指排放的二氧化碳当量的公吨数；考虑到当波动性较高时，当前的 ESG 成果可以作为预测一家公司未来财务绩效的一个指标，该文设置波动性变量，使用一年内股票回报的标准差（以百分比表示）衡量。

为了衡量采用 ESG 薪酬是否由迎合股东的可能性驱动（理由 2），该文构建了一个变量：机构所有权，用机构投资者持有的股份比例衡量。机构投资者关心 ESG 绩效，因为机构投资者认为这样的绩效可能会影响价格和/或帮助机构投资者吸引或留住对气候风险敏感的客户；如果公司由一个股东控制（拥有超过 50% 的股份），则控股股东的指示变量等于 1。有控股股东的公司对具有 ESG 偏好的股东的施压不那么敏感。

为了衡量企业是否采用 ESG 薪酬来传达他们对改善 ESG 成果的承诺，在分析中包含了以下两个变量：①排放承诺，如果该公司是 SBTi 的签署方，则为 1，

否则为 0；②ESG 评级，即 Refinitiv 授予该公司的评级。SBTi 签署方和高 ESG 评级的公司很可能更需要加强其自愿承诺改善 ESG 指标的可信度：一是通过加入 SBTi，公司将公开承诺减少排放；二是 ESG 评级基于与 ESG 相关的公司政策和结果，因此是公司努力改善 ESG 绩效的一个衡量指标，而评级较高的公司往往对其 ESG 行动发表更多的公开声明。

该部分经过检验发现，能够支持 ESG 薪酬反映有效合同（理由 1）的观点，因为 ESG 薪酬的采用受到 ESG 的成本和效益的影响，并且随着一些证明使用非财务和领先指标为合同目的的公司特征而变化。在行业/国家层面，ESG 薪酬在环境足迹较高的行业以及 ESG 监管较严、对 ESG 敏感度较高的国家更为常见；在公司层面，ESG 薪酬在高碳排放和波动性较大的公司中更为普遍，因为对于这些公司来说，ESG 指标更有可能包含关于未来业绩的信息（领先指标）。此外，该部分结果并不支持 ESG 薪酬可作为掩饰高管薪酬过高的工具性观点。

在支持理由 2（利益相关者偏好一致）方面，该部分结果表明拥有控股股东的公司较少在高管薪酬中采用 ESG 指标，和现有关于非控股股东但对 ESG 敏感的股东无法提高企业 ESG 表现的结论相一致，说明股东对 ESG 的敏感程度与公司是否采用 ESG 薪酬的关系受到股东持有股权的影响。

在支持理由 3（加强 ESG 承诺的可信度）方面，该部分结果表明公司实施 ESG 薪酬是为了加强 ESG 相关目标的可信度，同时有环保承诺和高 ESG 评级的公司更有可能基于 ESG 标准制定薪酬合同。

2. 机构投资者在公司采纳 ESG 薪酬中的作用

该部分将探讨机构投资者的投票、参与度和交易是否与 ESG 薪酬的采用有关以检验三个理由的合理性，机构投资者认为 ESG 绩效会影响价格和/或能够吸引（或保留）具有内在 ESG 偏好的客户。

（1）投票支持（Voting_Support）。为了分析 ESG 薪酬是否与在董事选举和薪酬相关提案中获得更高的投票支持有关，该文设置如下变量：Voting Support，使用公司在财政年度结束后对投票项目的两个类别（董事选举和与薪酬相关的提案）投出的支持票的平均比例衡量。此处的解释变量仍为 ESG 薪酬。如模型（2）所示：

$$Voting\_Support_{it+1} = \alpha + \beta_1 \times ESG\ Pay_{it} + \gamma \times Controls_{it} + t_t + g_c + \delta_k + \varepsilon_{it} \quad (2)$$

（2）股东参与。为了证实机构投资者的作用，该文专注于三家最大的资产管理公司，即 BlackRock、Vanguard 和 State Street。该文从投资者发布的最近的投资管理责任报告（ISRs）中手动收集互动信息，忽略通过信件进行的互动，只包括通过电话和面对面会议进行的全面互动。由 ISRs 涵盖的时间段在三个机构投资者之间存在一些变化：BlackRock 的 ISRs 包含了从 2017 年 7 月 1 日到 2020 年 6 月 30 日的互动数据；Vanguard 的 ISRs 包含了从 2018 年 7 月 1 日到 2020 年 6 月 30 日的互动数据；State Street 的 ISRs 包含了从 2014 年 1 月 1 日到 2020 年 12 月 31 日的互动数据。同时，Vanguard 和 State Street 将互动归类为广泛的类别，并报告互动的原因，BlackRock 则简单地发布了一份自主联系并进行全面互动的公司名单。

该文将模型（2）中的被解释变量替换为三大机构的参与（*Engagement by at least one Big Three*），对一家公司在其高管薪酬合同中包含 ESG 指标的概率进行检验，当公司存在三大机构参与时，高管薪酬合同中包含 ESG 指标的概率是否会更高，即回归 t+1 年的 ESG 薪酬对在 t 年有至少一家三大机构参与的情况。如果该公司在至少一家三大机构的 ISR 中披露的参与名单中（BlackRock、State Street 或 Vanguard），则将指示变量取值为 1。

（3）持股增加（ΔFund ownership）。考虑到即使机构投资者不是公司直接互动的目标，公司也可能实施 ESG 薪酬以吸引和/或保留机构投资者。除直接互动外，机构投资者也可以通过交易决策影响公司，因此该文通过测试 ESG 薪酬是否与公司机构投资者持股的变化相关来探索这种可能性。此处仅采用投资基金的样本，将模型（2）中的被解释变量替换为 Δ*Fund ownership* 重新进行检验，Δ*Fund ownership* 是指基金在某个时间拥有公司的股票数量变化的分数，解释变量仍为 ESG 薪酬。

该部分经过检验并讨论发现，ESG 薪酬与股东参与、投票支持和机构持股增加相关，说明机构投资者支持 ESG 薪酬，因为机构投资者相信 ESG 薪酬将导致更高的回报和/或更低的风险。此证据与 ESG 薪酬反映有效的激励合同（理由 1）和加强 ESG 承诺的可信度（理由 3）是一致的，也可以被解释为机构投资者代表重视 ESG 表现的股东来推动了公司采用 ESG 薪酬（理由 2）。机构投资者在实施 ESG 薪酬中发挥作用的观点也得到了 Pawliczek、Carter 和 Zhong（2023）的支持，他们认为全球"薪酬话语权"法律的引入与 ESG 薪酬的增加有关。

3. 采纳 ESG 薪酬的经济后果

该文还探讨了采用 ESG 薪酬与三个结果变量变化之间的统计关联，通过对 ESG 薪酬经济后果的检验，为 ESG 薪酬的三个理由提供进一步的证据。模型如

（3）所示：

$$\Delta CO_{2it} = \alpha + \beta_1 \times ESG\ Pay_{it} + \gamma \times Controls_{it-1} + t_t + \delta_i + \varepsilon_{it} \tag{3}$$

模型（3）包括三个结果变量：①ΔCO_2，表示公司二氧化碳排放量的变化，以计算为当年二氧化碳公吨数与上年二氧化碳公吨数之差，该文关注的是公司的直接（范围 1）排放量，因为直接排放量是由公司本身而不是供应链上的各方产生的。②$\Delta ESG\ rating$，与上年相比的 ESG 评级的变化，该文使用了三个主要供应商提供的 ESG 评级：Refinitiv、Sustainalytics 和 MSCI（ESG KLD）。后两个评级的覆盖范围远低于 Refinitiv，这导致了样本流失，该文在回归时将模型（3）中被解释变量替换为 $\Delta ESG\ rating$ 重新进行回归。③ΔROA 和 Return，ΔROA 是相对于上年的资产回报率的变化（资产回报率）（ROA 计算为净收入除以总资产）；Return 是公司股票在当年复合的回报率，该文在回归时将模型（3）中被解释变量替换为 ΔROA 和 Return 分别重新进行回归。

该部分经过检验并讨论发现，关于 ESG 薪酬的后果研究与 ESG 薪酬反映的有效合同（理由 1）的观点大体一致；ESG 薪酬实践似乎与 ESG 绩效改进有关。但实证结果中也有与之不太一致地呈现，如实证发现 ESG 薪酬与企业的 ROA 和 Return 不相关。此外，该文呈现的证据也支持 ESG 薪酬是由具有内在 ESG 偏好的股东压力驱动的，即愿意接受较低回报以提高 ESG 的股东（理由 2），证明了"橱窗粉饰"行为，但实证结果仅部分证明了粉饰行为，其他结果存在与之不协调的情况。相反，其他结果说明 ESG 薪酬强化了公司 ESG 承诺的可信度（理由 3）。

4. 进一步分析

由于 ESG 薪酬涉及公司的融资选择以及公司与债权人的互动和对包含 ESG 薪酬的合同进行更完整的描述，进一步分析，该文通过三项检验对公司采纳 ESG 薪酬的三个理由做进一步补充。

第一，该文检验 ESG 薪酬的公司是否更有可能发行基于 ESG 的债务工具。该文检查四种类型的工具："绿色"贷款；ESG 关联贷款；"绿色"债券；以及 ESG 关联债券。"绿色"贷款/债券是用于具有环保重点的项目。ESG 关联贷款/债券没有特定的用途，但合同条款取决于特定的 ESG 条件。该文从 Bloomberg 金融终端和 Refinitiv DealScan 获取这些债务工具的数据。其中，"绿色"贷款用于表示公司当年是否获得"绿色"贷款的指标；ESG 关联贷款用于表示公司当年是否获得 ESG 关联贷款的指标；"绿色"债券用于表示公司当年是否发行"绿色"债券的指标；ESG 关联债券用于表示公司当年是否发行 ESG 关联债券的指标。

经过检验并讨论发现 ESG 薪酬与使用"绿色"债券、ESG 相关贷款和 ESG 相关债券有关，说明 ESG 薪酬可能在债务合同中发挥作用，证明 ESG 薪酬是促进管理层目标与公司股权所有者之外的其他利益相关者的利益一致的一种方式（理由 2）。

第二，该文测试了现金薪酬（定义为年度工资和现金奖金之和的对数）与 ESG 结果（碳排放和 ESG 评级）之间的时序关联。在采用 ESG 薪酬的公司中存在"支付 ESG 绩效"的证据，具体来说，现金薪酬与排放量呈负相关（与 ESG 评级呈正相关）。相反，对于不采用 ESG 薪酬的公司，不存在这种关联。同时，相关结果证明 ESG 薪酬提供增加 ESG 绩效的激励（因此符合有效的激励契约），但效应较小（如排放量的 1% 减少与现金薪酬增加大约 5 个基点有关）。这个发现可能是由于 ESG 指标的信号噪声比相对较低（Lambert and Larcker，1987）。该文对 ESG 绩效的敏感性较小可能是由于数据的局限性导致的。

第三，该文分析了 ESG 薪酬与补偿合同中其他绩效指标权重的关联。在时间序列中，该文观察到使用 ESG 度量标准与财务绩效指标权重之间存在正相关关系，使用 ESG 绩效度量标准与非财务绩效指标权重之间存在负相关关系。该文解释为 ESG 度量标准正在逐渐替代那些最初对实施 ESG 薪酬持保留态度的公司中的其他非财务度量标准，与股东压力的存在（理由 2）一致。

五、研究结论

该文用实证方法探讨了公司实施 ESG 薪酬的三个可能原因：有效的激励合同。利益相关者偏好的一致性，以及加强 ESG 承诺的可信度。

首先，该文考虑了行业、国家和公司层面 ESG 薪酬的变化。其次，探索并采用了 ESG 薪酬的公司是否在其他公司的机构股东参与、投票和交易活动方面存在差异。最后，探讨并实施了 ESG 薪酬与关键结果变量变化之间的统计关联，结果变量包括二氧化碳排放量、ESG 评级和财务绩效。

总体而言，结果显示三个原因都可以为公司采用 ESG 薪酬提供部分解释力。与理由 1 一致的是，该文发现公司之所以出于理由 1 采用 ESG 薪酬，与可能影响 ESG 表现的成本和收益相关的指标有关，也与公司倾向于在薪酬合同中使用非财务指标和前瞻性指标有关。与理由 2 一致的是，该文发现 ESG 薪酬与机构所有权以及机构投资者的参与、投票和交易活动有关。与理由 3 一致的是，该文发现做出 ESG 相关承诺的公司更有可能采用 ESG 薪酬。该文的结论排除了企业为了实现"橱窗粉饰"而采用 ESG 薪酬的可能性，因为 ESG 薪酬与关键 ESG 结果的变化显著相关。

总的来说，该文考虑到非财务绩效指标在高管薪酬中的特征以及存在的理由，丰富和补充了现有代理理论等相关理论下企业高管薪酬的文献。该文的不足之处在于数据均采用 ESG 薪酬中的公开披露数据，导致研究结果对某些情况是不适用的。在未来的研究中，可以考虑其他非财务绩效在高管薪酬中的考量，如企业数字化等，同时中国情境下的 ESG 薪酬与其他国家的 ESG 薪酬是否存在明显的不同也值得深入探讨。

第三节　企业的 CSR 参与行为对 ESG 产生实质性影响吗?*

一、问题提出

当前学界多关注 CSR 与企业财务绩效之间的关系，例如，企业 CSR 行为对企业利润、现金流、估值以及风险的影响，这些研究通常假定企业 CSR 行为会对目标利益相关者产生影响。但是，现有研究对企业 CSR 行为的度量维度不够丰富，并且没有分析与利益相关者密切相关的 ESG 方面，企业 CSR 行为是否能对 ESG 产生实质性影响还有待研究。

这类研究缺乏的主要原因在于企业 ESG 表现难以度量。具体而言，一是企业 ESG 表现涉及众多信息，但是目前只能获取少数与环境表现有关的信息，如碳排放数据、环境标准的采用；二是企业 ESG 表现包含大量非结构化文本信息，分析难度大。

为打破研究瓶颈，该文从 RepRisk 数据库中收集了企业 ESG 负面事件数据，

---

* Li J, Wu D. Do corporate social responsibility engagements lead to real environmental, social and governance impact? [J]. *Management Science*, 2020, 66 (6): 2564-2588.

文中引用文献请参考原作。

用以度量企业 ESG 表现。该数据库包括 2007～2015 年的 548155 个 ESG 相关事件，涉及 54599 个企业。该文的研究问题为企业的 CSR 参与行为对各领域 ESG 的实质性影响，并重点关注了上市公司和非上市公司在其中的表现差异。该文所采用的研究数据与研究情景均契合研究问题：第一，用企业全部的 ESG 负面事件度量企业 ESG 表现，更加客观、全面。第二，该文采用了企业参与 UNGC 作为其 CSR 行为的替代变量。UNGC 是全球最大的企业可持续发展倡议，呼吁企业在制定战略和运营举措时将人权、劳工、环境和反腐败等原则纳入考量，并采取措施推动这些社会目标的实现。UNGC 在 2016 年 8 月已有 22275 个参与方，包括了上市与非上市公司。因此，采用 UNGC 参与作为替代变量使该文的研究不仅关注到上市公司的表现，更关注到非上市公司的表现。

二、研究发现与贡献

该文研究发现：第一，当非上市公司加入 UNGC 后，其会显著降低自身 ESG 负面事件的数量，上市公司则并未采取类似行动，反而更倾向于展现类似脱钩性质的 CSR 行为，即那些参与之后并未产生实质性影响的 CSR 行为；第二，股东与利益相关者之间的利益冲突是这种 CSR 脱钩行为的主要调节机制，且这种利益冲突的强度又进一步受到企业所有权类型、与最终消费者在价值链上的距离以及具体 ESG 事件类型三个因素的影响。

该文在理论层面的研究贡献主要体现在两个方面：第一，该文丰富了 CSR 脱钩行为的研究，并证实股东与利益相关者的利益冲突程度是企业 CSR 脱钩行为的一个重要驱动因素。当前已有较多研究识别了 CSR 中的脱钩行为，包括高管激励和股票回购计划 (Westphal and Zajac，1994，2001)、企业道德计划 (Weaver et al.，1999；Stevens et al.，2005)、食品安全 (Lewin et al.，2006) 以及温室气体排放 (Kim and Lyon，2011)。相比之下，该文研究了广泛的 CSR 领域，包括了上市公司与非上市公司大样本中 CSR 脱钩行为的影响因素和决定因素，验证了在 ESG 方面脱钩行为的普遍性，并进一步揭示了这种脱钩行为的调节因素，如所有权结构、企业在价值链上的位置以及 ESG 负面事件类型。

第二，该文首次关注企业 CSR 行为对 ESG 表现的影响，并且证明企业所有权结构是两者关系的重要调节因素。已有研究多关注企业 CSR 行为对财务和运营的影响，包括股票和共同基金回报 (Cochran and Wood，1984；Barnett and Salomon，2006)、风险暴露或贝塔系数 (Bansal and Clelland，2004；Bansal et al.，

2022）、销售增长（Lev et al.，2010）、消费者评论和忠诚度（Sen and Bhatta-charya，2001；Luo and Bhattacharya，2006）、卖方分析师评级（Ioannou and Se-rafeim，2015）、员工保留率（Jones，2010）、运营效率（Sharma and Vredenburg，1998）、企业声誉和客户商誉（Turban and Greening，1997），这些研究也关注到企业内外部因素的调节作用，其中，内部因素包括公司规模、年龄（Waddock and Graves，1997）和盈利能力（McGuire et al.，1988）等，外部因素包括监管条件（Campbell，2007）、机构股东激进主义（Neubaum and Zahra，2006）以及特定的行业类型（Chatterji and Toffel，2010）等。相比之下，该文采用的独特数据能够全面分析在当前研究中常被忽视的 CSR 绩效本身。此外，以前针对 CSR 绩效的研究多数只基于社会维度行为的量化，该文进一步将 CSR 绩效扩展到广泛的 ESG 维度，补充了 CSR 绩效的相关研究成果。该文的研究结论也证明了企业所有权结构是企业参与 CSR 与相应绩效之间关系的重要调节因素，拓展了CSR 绩效的调节因素研究。

三、理论分析

该文的研究发现上市公司和非上市公司在加入 UNGC 后的 ESG 负面事件数存在显著差异。对于非上市公司，在加入 UNGC 后，其 ESG 负面事件数显著减少，意味其 CSR 绩效得到显著改善；然而，对于上市公司，其加入 UNGC 后的 CSR 绩效改善不明显，ESG 负面事件数并未有显著变化。针对这种现象，该文提出一种可能的影响机制：与非上市公司相比，上市公司的股东与利益相关者之间的利益冲突程度更高，也即股东—利益相关者利益冲突是 CSR 脱钩行为的一个调节因素。基于此，该文用企业所有权类型、企业处于价值链中不同位置、企业 ESG 负面事件类型度量利益冲突强度。

关于企业所有权类型如何影响 CSR 脱钩行为，该文提出两种竞争性假设。从股东限制方面看，上市公司受到股东利益最大化的信托义务约束（Holmstrom and Tirole，1993；Dow and Gorton，1997），因此，如果它们追求的目标被视为与股东价值最大化原则相违背，它们可能面临更多限制。而非上市公司的所有者通常兼任企业管理者，且面临较少的外部股东限制，因此，当企业所有者强烈认同某些社会价值观时，他们更容易追求在底线之上的经营目标。此外，CSR 也可以被视作将资源从短期转移到长期的一种行为（Kacperczyk，2009；Slawinski and Bansal，2012；Flammer and Kacperczyk，2016）。从这方面看，上市公司的管理者往往受到短期股价最大化的激励（Stein，1989；Shleifer and Vishny，1990），因此他们只有较小可能性参与有影响力的、体现长期主义的 CSR 行为。基于此，该文提出如下假设：

H1a：与非上市公司相比，上市公司更有可能参与 CSR 脱钩行为。

然而，上市公司通常具有较高知名度，这使它们更可能受到媒体、关注社会的激进消费者及投资者的监管（Gillan and Starks，2000；David et al.，2007；Reid and Toffel，2009），从而迫使它们比非上市公司更急切地兑现承诺，包括 CSR 相关的承诺。此外，上市公司管理者参与有效的 CSR 行为而不是脱钩行为的另一个动机是，参与那些有利于内部利益相关者的 CSR 行为，可能会加强管理者与代理人之间的关系，从而加强企业管理（Cespa and Cestone，2007）。基于此，该文提出竞争性假设：

H1b：与非上市公司相比，上市公司不太可能参与 CSR 脱钩行为。

关于企业在价值链中的位置如何影响 CSR 脱钩行为，该文认为和处于价值链下游的企业相比，处于价值链上游的企业更可能采取 CSR 脱钩行为。虽然股东与利益相关者之间的利益冲突程度可以影响企业的 CSR 脱钩行为，但企业与价值链上最终消费者的接近程度可能会进一步地调节这种影响。由于媒体对 ESG 负面事件的报道主要由最终消费者买单，因此，下游企业更有可能因有效减少 ESG 负面事件而受到来自消费者的"奖励"，如销售额增加、获得顾客忠诚度和正面评价等（Sen and Bhattacharya，2001；Khanna and Damon，1999；Lev et al.，2010）。这种情况下，即使下游企业的股东对提高利益相关者的利益不感兴趣，但仍然期望实现企业现金流的增加。然而，对于上游企业来说则不同，它们的产品销售给中间商而不是最终消费者，因此参与产生实质性影响的、有效的 CSR 行为的直接奖励可能需要更长时间才能沿着价值链向上游传播。基于此，参与 CSR 更有可能对下游企业的利润产生积极影响，下游企业在参与 UNGC 后，股东与利益相关者的利益冲突得到缓解，更有助于改进 CSR 绩效。

关于企业 ESG 负面事件类型如何影响 CSR 脱钩行为，该文认为企业更愿意参与那些股东和利益相关者的利益较为一致的 CSR 行为，并做出实质性改进，而在利益较为不一致的其他 CSR 类别中更易出现脱钩行为。在 RepRisk 数据库中的 ESG 负面事件的 30 种问题类型中，一些负面事件类别展现出股东和利益相关者利益的高度一致，如逃税、高管薪酬、资源过度使用与资源浪费，这些事件对企业运营和盈利等方面产生负面影响，进而对投资者和利益相关者的财富产生负面影响。因此，上市公司管理者在参与这些 CSR 行为时将面临较少的来自股东的限制。而在另一些负面事件类别中，股东与利益相关者之间的利益存在高度不一致，如结社自由和集体谈判、供应链 ESG 问题及有争议的产品和服务。企业参与这些 CSR 行为无法同时保障股东和利益相关者的利益，导致二者之间产生利益冲突。因此，该文预计上市公司在这些问题上面临较大的来自股东的阻力，其在参与 UNGC 后，这些领域的后续表现将会比非上市公司差，并且比利益较为一致的 CSR 事件类型差。

四、研究思路与结果

（一）数据来源与主要变量

该文的被解释变量为企业 ESG 表现，采用了 RepRisk 数据库的 ESG 负面事件数据进行衡量。RepRisk 公司从 2007 年开始追踪企业的 ESG 表现，每天监控超过 8 万家媒体、监管机构以及商业文件中的 ESG 负面事件，并进一步识别该事件的具体内涵，从而将其归为 30 种提前定义好的 ESG 类别中的一类。该文从 RepRisk 数据库获取 2007 年 1 月至 2015 年 7 月上市公司和非上市公司的 ESG 负面事件数及其类型，用企业月度的总 ESG 负面事件数及 30 个 ESG 类别中具体到每一类的事件数作为 ESG 表现的衡量，即该文采用 ESG 表现来衡量 CSR 绩效，具体地，ESG 表现的提升体现为 ESG 负面事件数的减少。

该文的解释变量为企业 CSR 行为，用企业是否参与 UNGC 项目来衡量。UNGC 项目始于 2000 年，作为一个全球性倡议，UNGC 鼓励商业企业采用与社会责任和环境可持续相关的政策，并鼓励企业定期披露其在相关领域取得的进步。目前，UNGC 是全球最大的企业可持续发展倡议。截至 2016 年 8 月，UNGC 共有 22275 个参与方，其中 6240 个参与方为企业。从 UNGC 网站上获取所有企业参与方的数据，包括首次参与日期、退出或被除名日及其终止参与的具体原因，此外还包括企业的所有权类型（上市、非上市、其他）、雇佣人数、网站 URL 以及文件日期。

该文的实证分析主要将 UNGC 参与方在参与后的 ESG 表现与匹配得到的非参与方的同期表现进行对比，其中，匹配样本根据企业所在国家、行业、财务和运营方面特征的相似性进行选择。由于该文的主要目标之一是研究不同所有权结构的企业在参与 UNGC 后是否具有不同的 ESG 表现，因此，该文对上市公司和非上市公司进行分别匹配。对于每种类型的企业，该文使用最近邻匹配法构建与

UNGC 参与企业具有相似特征的非 UNGC 参与企业样本。

首先，由于某些行业（如采矿、石油和天然气）本质上比其他行业更具污染性，因此，该文要求匹配的企业必须来自同一行业。其次，在相同的所有权类型和行业部门内，根据 2007 年（RepRisk 数据库收集数据的第一年）观察到的一系列企业层面变量和国家层面宏观变量进行匹配。其中，企业层面变量包括：员工人数、总资产和总收入的对数、资产收益率、营业利润率；国家层面宏观变量包括：CPI、各国首都的 GDP、KOF 全球化指数、公民自由指数、政治自由指数以及事件总数。在未参与过 UNGC 的企业样本中，选择与 UNGC 参与企业马氏距离最短的企业作为对照组，这要求符合匹配条件的公司至少有一个公司规模变量（员工人数、总资产、总收入）、至少一个盈利能力变量（资产收益率和营业利润率），且所有其他特征均不缺失。最终得到的匹配后样本为 2008～2015 年共 1072 家上市公司（其中 584 家 UNGC 参与企业）和 244 家非上市公司（其中 126 家 UNGC 参与企业）。

（二）实证思路与结果

该文的关注点在于使用是否参与 UNGC 作为 CSR 行为的替代变量，检验不同所有权类型的企业、处于价值链中不同位置的企业，以及具有反映不同程度股东—利益相关者利益冲突的 ESG 负面事件的企业，它们之间 ESG 表现的差异。

1. UNGC 参与和 ESG 负面事件

该文首先检验参与 UNGC 是否能够减少企业 ESG 负面事件数，并重点关注上市公司和非上市公司在其中的表现差异。回归结果说明，自愿的 CSR 参与行为如加入 UNGC，确实显著减少了非上市公司的 ESG 负面事件，然而这种影响对上市公司来说并不显著，即上市公司出现了 CSR 脱钩行为。在稳健性检验中，该文更换了匹配方法（无放回的最近邻匹配、粗化精确匹配、倾向得分匹配），以及更换了回归模型（Logit 固定效应模型、OLS 模型），回归结果仍是稳健的。

2. CSR 脱钩行为的潜在影响机制

该文将 CSR 脱钩行为归因于上市公司的股东和利益相关者之间的利益冲突比非上市公司更明显。具体而言，该文使用利益冲突强度的横截面差异（企业所有权类型、企业在价值链中的位置以及企业 ESG 负面事件类型）作为其强度变化的代理变量，分别进行如下检验：

（1）企业所有权类型和 CSR 脱钩行为。该文检验了企业所有权类型对 CSR 脱钩行为的影响，结果发现支持 H1a，即上市公司中的股东—利益相关者利益冲突较高，导致上市公司参与 UNGC 后的 ESG 影响效果显著降低。与非上市公司相比，上市公司更有可能利用参与 UNGC 这种几乎零成本的行为，作为对媒体、消费者和投资者压力的象征性回应，但并未采取真实且有影响力的行动，这是因为上市公司更容易受到股东与利益相关者之间利益冲突的限制。

（2）供应链位置和 CSR 脱钩行为。该文认为，零售行业本身要比制造行业更接近最终消费者；在制造业中，消费品和家庭用品的生产商比工业品的生产商更接近消费者。因此，对于上市公司和非上市公司来说，参与 UNGC 后的 ESG 表现将因其价值链位置而异。检验发现，上市的零售企业在参与 UNGC 后，ESG 负面事件显著减少，而上市的制造业企业的 ESG 负面事件明显增多；所有非上市公司在参与 UNGC 后，ESG 负面事件显著减少，但零售企业的减少程度要比制造业企业更高。综合来看，价值链上更接近最终消费者的企业参与 CSR 所面临的来自股东的阻力较小，从而导致其参与后 ESG 负面事件数有更大幅度的减少。

（3）ESG 负面事件类型和 CSR 脱钩行为。该文将 ESG 负面事件分为低利益冲突和高利益冲突两组类别。回归发现：第一，对于股东与利益相关者之间的利益相对一致的 ESG 负面事件类别，上市公司和非上市公司参与 UNGC 后的 ESG 负面事件数均较少，且非上市公司减少的幅度更大；第二，对于股东与利益相关者之间的利益尤为不一致的 ESG 负面事件类别，只有非上市公司的 ESG 负面事件数在参与 UNGC 后显著减少，而上市公司在参与 UNGC 后的 ESG 负面事件反而较多。这一结果表明，这些事件类别反映出的利益冲突可能尤为激烈，以至于上市公司可能进行"洗蓝"，即利用 UNGC 参与作为在这些领域进行负面活动的"挡箭牌"。上述检验为进一步研究"股东和利益相关者利益冲突是 CSR 脱钩行为的一个重要调节因素"观点提供了相关经验证据。

3. 其他影响机制检验

该文还讨论了可以解释所观察到的 CSR 绩效差距的其他潜在机制。具体地，该文分别从 UNGC 参与方选择的外生性、上市/非上市公司媒体覆盖程度异质性、企业所在国家异质性、UNGC 参与时间异质性四个方面，检验该文观测到的 CSR 绩效差异是否存在其他可能的影响机制。

研究结果发现：第一，与未参与 UNGC 的企业相比，参与了 UNGC 的企业，无论是上市还是非上市，其在参与前的 ESG 负面事件数方面均没有显著差异；而在参与后，非上市公司的 ESG 负面事件数确实显著降低，上市公司未有此显著变化。说明该文的 UNGC 参与方的选择是外生的。第二，随着时间推移，上市公司和非上市公司在 ESG 负面事件数上具有相同的变化趋势，该文使用每一家上市公司每月相关的媒体文章总数来衡量企业受到的媒体覆盖程度，并将其作为控制变量纳入回归模型，回归结果仍旧稳健。因此，上市公司 ESG 负面事件的增加并不是媒体覆盖程度增加的结果，排除了媒体覆盖程度的影响。第三，该文构建了 44 个欧洲国家的上市公司和非上市公司的子样本，并将其与在同一国家运营的非 UNGC 参与企业重新匹配后进行回归，结果显示仍是稳健的，说明 ESG 表现差距不受国家异质性的影响。第四，在对比了每一年的 UNGC 参与方情况，以及 2000~2015 年参与方中上市公司与非上市公司的比例后发现，上市公司通常比非上市公司更早参与 UNGC，且在 2011 年前后参与方中上市公司与非上市公司的比例保持稳定。因此，排除替代性解释，即非上市公司在加入 UNGC 后，企业自身和与其关联的上市公司的 ESG 表现均得到显著提升，最终导致上市公司在加入 UNGC 后，ESG 表现无明显变化。

4. 外生性检验

该文进一步讨论研究结果的普遍性，具体分为两个方面：第一，将该文的样本公司与其他多个数据库的公司进行比较，证明该文的样本具有代表性；第二，检验企业的 UNGC 参与是 CSR 行为的有效代表。具体而言，该文首先按 UNGC 参与方在参与后是否定期且不间断地报告其相关改进，将样本分为了活跃参与方和非活跃参与方，进一步检验活跃参与方子样本的 ESG 负面事件数变化。结果发现，即使在愿意承诺高度遵循 CSR 原则的公司中，上市公司在 UNGC 参与后往往会回归 CSR 脱钩状态，并未采取有效行动和减少其 ESG 负面影响，而非上市公司采取了有效行动。该文进一步关注了参与后又被终止 UNGC 会员资格的企业。结果发现，非上市公司被除名后，其 ESG 负面事件数显著增加，而上市公司被除名后的 ESG 负面事件数没有显著变化，即参与 UNGC 后上市公司的 ESG 表现并未出现显著改善。两个方面的检验均表明加入 UNGC 是 CSR 参与行为的有效代表。

五、研究结论

该文关注企业的 CSR 行为（以 UNGC 参与为例）是否对外部利益相关者产生了实质性的益处。研究发现如下：

首先，非上市公司在参与 UNGC 后显著降低了自身的 ESG 负面事件数，然而上市公司并未显示有类似行为。

其次，影响机制研究发现，企业的所有权结构，尤其是股东与利益相关者之间的利益冲突，是 CSR 行为与其实际影响脱钩的一个重要调节因素。具体而言，该文使用企业在价值链中的位置和 ESG 负面事件的具体类型区分利益冲突强度，发现无论企业是否上市，处于价值链下游的企业在 CSR 方向上的投入可能直接带来消费者忠诚度等反馈，因此其在参与 UNGC 后产生了实质性的积极影响，而处于价值链上游的企业可能较少从 CSR 行为中获得这种及时反馈；在股东和利益相关者利益较为一致的 ESG 事件类型方面，上市公司与非上市公司的 ESG 表现差距缩小，然而在利益较为不一致的 ESG 事件类型方面，ESG 表现的差距将增大。

该文的创新点在于采用 RepRisk 数据库中的 ESG 负面事件数来衡量企业的 CSR 实质性改进。与采用评级机构发布的 ESG 评级相比，该衡量方式基于真实发生的 ESG 负面事件，总体来说能够更加客观地体现企业的 CSR 绩效，减少由于 ESG 评级主观性所带来的干扰，为如何客观衡量企业的 CSR 绩效提供了相关参考。

第四节　企业 ESG 表现与银企关系[*]

一、问题提出

近年来，可持续发展、绿色发展理念逐渐深入人心，社会各界越来越关注企业在 ESG 方面的表现。企业虽努力将各种 ESG 目标整合到其商业模式中（Bénabou and Tirole，2010；Hart and Zingales，2017），但依然面临着越来越大的外部压力，各界要求其提高各种非财务绩效，包括但不限于环境影响、社会福利和劳动者权益。这种压力广泛存在于各类公司，其中，银行作为重要的资本和流动性提供者，受到了更大的压力，不断被要求做出更具有社会责任感的贷款决

[*]　Houston J F，Shan H. Corporate ESG profiles and banking relationships ［J］. *The Review of Financial Studies*，2022，35（7）：3373-3417.
　　文中引用文献请参考原作。

定。越来越多的银行开始在决策时考虑企业的 ESG 表现，例如，2021 年 4 月，《华尔街日报》曾曝光一些贷款机构与美国 BlackRock 谈判的内部资料，显示 BlackRock 的多元化招聘能力和是否增加 ESG 基金等特定目标是这些贷款机构决策时的重要考量因素①。

受现实案例启发，该文关注银行 ESG 表现与企业 ESG 表现之间的关系，具体探究银行是否会依据 ESG 表现筛选借款企业？在借贷关系建立之后，银行是否可以及如何通过借贷关系影响企业的 ESG 表现？

二、研究发现与贡献

该文研究发现：第一，银行更有可能向 ESG 表现与自身相似的企业发放贷款，并对企业后续的 ESG 表现产生积极影响；第二，当银行的 ESG 表现明显优于企业以及企业更加依赖银行时，银行的影响会更大；第三，银行对企业 ESG 表现的影响主要体现在环境（E）和社会（S）问题上。

该文的研究贡献主要体现在两个方面：第一，首次证明了银行会影响借款企业的 ESG 表现，丰富了利益相关者影响企业 ESG 表现的文献。已有研究关注政府、机构投资者、共同基金等多种利益相关者对企业 ESG 行为的影响（Chava，2014；Dimson et al.，2015；Lin et al.，2017；Shive and Forster，2020；Starks et al.，2020；Bartram et al.，2021；Gillan et al.，2021；Avenancio-León and Shen，2021），另外，Schiller（2018）、Dai 等（2020）的研究证实，具有社会意识的客户会采取措施促使其主要供应商承担更多的社会责任，但并没有研究银行对企业 ESG 表现的影响。第二，丰富了银企关系的相关文献（Shleifer and Vishny，1997；Chava and Roberts，2008；Nini et al.，2012；Schwert，2018），以及关系型贷款理论（Sharpe，1990；Berger and Udell，1995）和银行监管理论（Diamond，1991；Holmstrom and Tirole，1997）的内涵。

三、理论分析

银行是企业资金的主要提供方，已有大量研究表明，银行会利用借贷关系影响借款企业的投资、企业价值等（Shleifer and Vishny，1997；Chava and Roberts，

---

① https：//www.wsj.com/articles/blackrock-must-hit-esg-targets-or-pay-more-to-borrow-money-11617769833.

2008；Nini et al.，2012），但银行是否会影响企业的 ESG 表现，仍不明确。一些研究者已证实，社会责任投资会降低企业的短期财务绩效（Brammer and Milling-ton，2008），但提高财务绩效是企业的首要任务（Friedman，1970），也是银行的首要关注点，因此银行会抵制企业开展有利于其他利益相关者，却不能直接产生财务绩效的投资，包括 ESG 相关的投资。

然而，该文认为银行可能出于财务动机和声誉动机关注并影响企业的 ESG 表现。一是财务动机，ESG 表现较差的公司面临较大的监管、诉讼、被消费者抵制等风险，这些风险可能会降低企业的财务业绩，最终降低企业偿还银行贷款的可能性，而较好的 ESG 表现有助于企业降低这些风险（Hoepner et al.，2024），因此，银行会出于财务动机关注并影响企业的 ESG 表现。二是声誉动机，声誉对银行而言，至关重要，一旦银行借款的企业发生 ESG 相关的负面事件，银行的声誉会随之受损，银行有可能被一同卷入大量负面报道中，受到更严格的监管，并且很难开展其他业务（Homanen，2018），因此，银行会出于声誉动机关注借款企业的 ESG 表现，并采取相应措施。基于以上分析，提出以下假设：

H1：银行会通过借贷关系影响企业 ESG 表现。

四、研究思路与结果

（一）数据来源与主要变量

企业 ESG 数据来自 RepRisk 数据库，该数据库用人工智能的方法，每天用 20 种语言对超过 80000 个信息来源进行监控，并收集、分析公司发生的 ESG 事件，一旦确定事件，分析师将进行如下分析：首先，确认该事件切实与 ESG 相关；其次，消除媒体对同一事件的重复报道，确保每个风险事件仅被统计一次；再次，将这些事件落到 28 个 ESG 问题上，识别事件的具体性质；最后，依据严重性、影响范围和独特性三个标准对事件进行打分，生成企业 ESG 评级指数 *RRI*。*RRI* 越大，代表企业 ESG 表现越差。相较于其他数据库，RepRisk 数据库的 ESG 数据有三大优点：①基于事件评估企业 ESG 表现，排除了企业信息披露行为对评估的干扰，更加客观；②数据不仅包括上市公司，还包括大量的非上市公司，涵盖面更广；③数据可以精确到月。

贷款数据来自 Dealscan 数据库，该数据库提供了每笔贷款的特征信息，包括规模、期限、类型、目的，以及有关未偿契约和其他条款的信息。企业财务数据来自 Compustat 数据库，企业并购数据来自 SDC 数据库。

解释变量为银行与借款企业 ESG 表现的差异（*ESG_diff*），表示银行与借款企业在借贷关系建立上年的年度 ESG 评级（*RRI*）之差，其中，年度 ESG 评级由月份均值调整的月度 ESG 评级计算得出。

被解释变量为借款企业 ESG 表现的变化（*ESG_chg*），表示企业年度 ESG 评级（*RRI*）在借贷关系建立前后一年的变化。

（二）实证思路与结果

1. 企业 ESG 评级和银行贷款发放

银行如何根据 ESG 表现筛选借款企业并发放贷款？存在以下三种可能：①银行对企业 ESG 表现的态度与自身的 ESG 表现有关；②银行在发放贷款时，认为企业的 ESG 表现并不重要；③银行更愿意向 ESG 表现优于自身的企业发放贷款，以改善自身形象。为检验上述可能性，该文使用散点图展示银行与企业 ESG 表现之间的关系。结果发现，两者之间存在显著的正相关关系，初步说明银行倾向于向与其 ESG 水平相似的企业发放贷款。

但对于这一结果，也存在一种替代性解释，即 ESG 表现较差的银行不关心企业的 ESG 表现，他们不太可能以较低的贷款利率奖励 ESG 表现较好的企业，或以较高的贷款利率惩罚 ESG 表现较差的企业，最后匹配到的往往是与自身 ESG 表现相似的企业，致使银行与企业 ESG 表现呈现正相关。为排除这种替代性解释，该文进一步研究贷款定价与银行 ESG 表现之间的关系，发现银行 ESG 表现与贷款利差显著负相关，随后控制企业 ESG 表现，发现银行 ESG 表现与贷款定价之间的关系不再显著。以上结果说明，银行主要依据贷款特征和自身特征定价，但最终更有可能根据非价格因素（如企业 ESG 表现）与企业匹配。

2. 银企 ESG 差异与企业 ESG 变化

为检验银企 ESG 差异与企业 ESG 变化之间的关系，该文设置模型（1）：

$$ESG\_Chg_{i,t-1,t+1} = \alpha + \beta ESG\_Diff_{i,j,t-1} + \lambda Lender\_Chg_{j,t-1,t+1} + \theta ESG\_Borrower_{i,t-1} +$$
$$\gamma X_{i,t-1} + I_{ffindustry} + \delta_t + \xi_{i,j,t} \tag{1}$$

其中，*ESG_Chg* 表示企业 ESG 表现在借贷关系建立前后的变化；*ESG_Diff* 表示在借贷关系建立前一年的银企 ESG 差异。结果显示，银企 ESG 差异（*ESG_Diff*）与企业 ESG 变化（*ESG_Chg*）显著正相关，说明银行与企业 ESG 表现差异越大，银行对企业之后的 ESG 表现影响越大。此外，为缓解对变量伪相关的担忧，该文用随机抽取 10000 个银行—企业对、构造"潜在借款企业"组的方式进行稳健性检验，发现银企 ESG 差异与企业 ESG 变化不再显著，说明主回归的结果是稳健的。

主回归的结果显示，银企 ESG 差异与企业 ESG 变化密切相关，但不同类型的银企 ESG 差异如何影响企业 ESG 表现呢？此问题存在以下三种解释：①当银行的 ESG 表现优于企业时，银行会采取显性和隐性的措施，迫使企业提高 ESG 表现；②当企业的 ESG 表现优于银行时，银行会为企业创造自由行动的松散环境，最终降低企业 ESG 表现；③上述两种解释同时存在。该文对此进行进一步分析，发现当银行 ESG 表现高于企业时，银企 ESG 表现差异对企业 ESG 表现的影响更大，说明 ESG 表现较好的银行会推动企业提高 ESG 表现，但 ESG 表现较差的银行不会诱导企业的 ESG 表现变差。

3. 机制检验

前文检验已经证明，ESG 表现较好的银行会推动企业提高 ESG 表现，但其中的机制还不明确。该文认为可能存在三种机制：①企业更倾向于接纳银行对 ESG 的态度与政策；②银行可能会采取非强制措施激励企业提高 ESG 表现；③银行以"退出威胁"约束企业，迫使其主动提高 ESG 表现。考虑到检验的可行性，该文关注第三种机制，检验企业遭遇 ESG 负面事件后，向同一牵头贷款方续借新贷款的可能性，设置模型（2）如下：

$$Pr(Same_{i,j,te}=1)=\phi(\alpha+\beta NumRepEvent_{i,ts,te}+\gamma X_{i,te-1}+S_{i,j}+I_{ffindustry}+\delta_t+\xi_{i,j,t})\quad(2)$$

其中，$Pr(Same_{i,j,te}=1)$ 是指示变量，如果企业在原贷款关系结束后的 2 年内向同一牵头贷款银行续借新贷款，赋值为 1，否则为 0；$NumRepEvent$ 表示在贷款存在期间，企业发生 ESG 负面事件的月数。结果显示，企业在发生 ESG 负面事件之后，从原牵头贷款方银行续借贷款的可能性显著降低，说明银行主要通过"退出威胁"促使企业提升 ESG 表现。

横截面检验发现，没有信用评级、非投资级以及申请担保贷款的企业，对银行的依赖程度较高，其有更强的动机迎合银行的 ESG 要求，以维护现有借贷关系，银行对企业 ESG 表现的提升作用更大。

进一步分析发现，因企业的 ESG 表现可以分为社会、环境等方面，银行对不同方面的影响可能不同。该文认为，社会和环境问题与公众利益密切相关，如果企业在社会和环境方面表现较差，会引发更大的公众负面反应，为避免受到牵连，银行会更加关注并提升企业在社会和环境方面的表现。该文利用 RepRisk 数据库对企业 ESG 表现进行分类，发现银行对企业在气候变化、侵犯人权和社会歧视方面的 ESG 表现的提升作用更大。

稳健性检验部分，考虑到该文存在一定的样本自选择问题，即希望改善 ESG 表现的企业可能会主动向 ESG 表现较好的企业申请贷款，另外，该文也存在一定的遗漏变量问题，遗漏变量可能同时对解释变量和被解释变量产生影响，如具有 ESG 意识的 CEO 所在的企业更有可能向高质量、高 ESG 评级的银行申请贷款，并且更有可能随着时间的推移提升企业 ESG 表现，上述内生性问题可能会干扰因果识别。对此，该文采用添加控制变量、以银行并购作为外生冲击的方式进行检验，发现主回归的结果依然稳健。

五、研究结论

以银企关系为切入点，关注银行对企业 ESG 表现的影响。主要研究结论如下：①企业 ESG 表现是银行发放贷款的重要考量因素，银行更倾向于与具有类似 ESG 表现的企业建立借贷关系。②银行对企业的 ESG 表现有长期影响，在借贷关系建立之后，ESG 表现较好的银行会以"退出威胁"作为手段，促进企业提升 ESG 表现。③当企业更加依赖银行时，其有更强的动机迎合银行的要求，以维护现有借贷关系，银行对企业 ESG 表现的提升作用更大。④社会和环境问题与公众利益密切相关，为避免受到企业在社会和环境方面负面事件的影响，银行会着力推动企业提升在环境（E）和社会（S）方面的 ESG 表现。

综合来看，该文将银企关系与企业 ESG 表现相结合，研究问题兼具普遍性和创新性，一大亮点在于细致地分析、检验了银行影响企业 ESG 表现的可能机制。不足之处在于以差值变量作为主回归的主要变量，难以直接说明银行对企业 ESG 表现的提升作用。作者虽然在之后补充了大量的检验以说明因果关系，但显得复杂。

基于该文的研究结论，未来的研究可以进一步探讨：①在企业 ESG 表现方面，随着 ESG 责任投资的发展，相关研究正逐步丰富，企业内外部多类型的利益相关者都会对企业 ESG 表现产生影响，是亟待研究的问题。另外，现有研究尚未能很好地融入中国文化和发展情境中，如在中国企业走向国际化的过程中，需要考虑东道国的就业、社区支持、环境保护等方面的要求，这些国际利益相关者如何影响中国境外企业的 ESG 实践，这种关系是否因不同国家、不同业务等因素而产生差异，也是未来值得研究的方向。②在银企关系方面，文章以借贷关系定义银企关系，但银行与企业之间还可能存在股权关系、高管关系等，未来可以结合多学科的理论基础和研究方法对银企关系更深入地挖掘，进一步探讨银企关系对企业行为的影响。

第五节　企业可持续性绩效与权益资本成本[*]

一、问题提出

监管机构、投资者和企业越发关注 ECON 和 ESG 等非财务绩效信息（Kiron et al.，2013），这在一定程度上会影响企业与股东、企业与其他利益相关者之间的风险回报。

已有研究致力于探讨财务信息与资本成本之间的关系（Botosan，2006；Easley and O'Hara，2004；Hughes et al.，2007；Lambert et al.，2007，2012）。Lambert 等（2007）研究了企业的会计信息是否以及如何体现在其权益资本成本中，并证实了会计信息质量会对权益资本成本产生直接和间接的影响。随着 ECON 和 ESG 这类可持续性信息越发受到关注，企业开始将其 ESG 表现与财务情况相关联，投资者和高管认为 ESG 表现是企业取得成功的一个重要因素（UN Nations，2013）。此外，全球的交易所也开始建议或要求上市公司报告可持续性绩效，如多伦多证券交易所（TSX，2014）。基于此，有必要进一步研究这类可持续性信息之间的相互关系，以及它们对权益资本成本的整体或交互影响。

ECON 信息经由管理层确认，由独立审计师审计，并由监管机构审查，因此其不易出现信息不对称的情况。然而，非财务信息的情况与此不同。例如，企业 ESG 绩效目前仍属于自愿披露信息，其准确性通常没有保障，因而更容易出现信息不对称的问题。普华永道会计师事务所于 2014 年对机构投资者的一项调查显示，投资者将企业 ESG 绩效纳入决策因素，主要是出于降低影响权益资本成本风险的考虑（PwC，2014）。财务分析师也认为，ESG 绩效相关信息会影响投资组合和风险回报指标的优化（Bos，2014）。基于以上情境，该文通过研究可持续性绩效与权益资本成本之间的关系，试图回答一个重要研究问题：当企业考虑其

　＊　Ng A C, Rezaee Z. Business sustainability performance and cost of equity capital ［J］. *Journal of Corporate Finance*, 2015（34）：128–149.

文中引用文献请参考原作。

他利益相关者的利益时，股东财富是否以及如何受到影响。

该文的研究动机主要有三个方面：第一，基于利益相关者理论，管理者在制定决策时应考虑不同利益相关者的利益。在该理论背景下，管理者既会关注具有财务可持续性且能够带来企业价值最大化的经济活动，也会关注满足利益相关者①价值诉求的 ESG 实践活动（Jensen，2010）。因此，该文在考察财务可持续性披露与权益资本成本之间的关系时，考虑了所有利益相关者的利益。第二，以往研究表明，管理层与投资者之间的信息不对称问题可能导致财务信息和非财务信息影响权益资本成本（Borghesi et al.，2014；Botosan，1997，2006；Crifo et al.，2015；Dhaliwal et al.，2011）。通过考虑 ECON 和 ESG 等可持续性绩效，该文考察了市场对风险进行定价时是否纳入了可持续发展信息。第三，已有文献关于企业可持续性绩效不同维度与权益资本成本之间关系的研究方向不尽相同。一些研究发现，权益资本成本和采用财务绩效与市场绩效衡量的 ECON 绩效呈负相关关系（Gebhardt et al.，2001；Gode and Mohanram，2003；Hou et al.，2012；Lambert et al.，2012）。另一些研究考察了权益资本成本与 ESG 中各个维度之间的关系，认为具有社会责任感和践行环境可持续性公司的权益资本成本显著更低（Mackey et al.，2007；Sharfman and Fernando，2008；Dhaliwal et al.，2011；El Ghoul et al.，2011；Borghesi et al.，2014；Crifo et al.，2015）。该文的研究介于这两个研究方向的交叉点，旨在阐明财务（ECON）与非财务（ESG）可持续性绩效之间的关系及其对权益资本成本的交互性影响和整体性影响。

二、研究发现与贡献

该文研究结论如下：第一，证实了以往研究中有关财务信息和企业社会责任信息对权益资本成本有影响的结论。该文将可持续性绩效分为 ECON 绩效和 ESG 绩效，并进一步探究可持续性绩效中的不同维度与权益资本成本之间不同的相关性，发现与成长机会和研发投入相关的财务可持续性绩效与权益资本成本显著负相关，而与运营效率相关的财务可持续性绩效与权益资本成本呈正相关。第二，ESG 绩效对权益资本成本存在显著的负面影响，分维度而言，只有良好的环境和治理绩效对权益资本成本有负面影响，社会绩效和权益资本成本之间无显著相关

---

① 可持续发展理论中的利益相关者包括对企业财产有直接权利并承担相应商业活动风险的股东，以及和企业存在合同协议、法律主张或道德义务等关系的债权人、员工、供应商。

性。第三，企业良好的 ESG 绩效能够增强 ECON 绩效与权益资本成本之间的负相关关系。

该文在理论层面的贡献主要有三个方面：第一，丰富了可持续性绩效及其对企业价值和权益资本成本影响的研究，发现 ECON 和 ESG 与投资者之间存在价值相关性，且通过权益资本成本发挥影响。第二，以往研究仅探讨了企业可持续发展的单个维度（E、S 或 G）对权益资本成本的影响（Borghesi et al.，2014；Chen et al.，2009；Pham et al.，2012），该文则研究了 ECON 绩效和 ESG 绩效对权益资本成本的综合影响。第三，将可持续性绩效的多个维度纳入分析，区分了可持续性绩效不同维度对权益资本成本的相对影响及其重要性。

该文也在可持续性绩效报告的标准化和强制性报告等实践层面，给全球政策制定方、监管机构以及企业带来一定启示。

三、理论分析

具有优异 ECON 绩效和 ESG 绩效的公司倾向于向市场展示其卓越表现，且该做法难以被可持续性绩效较差的公司模仿。企业致力于取得卓越的可持续性绩效可能有多方面的原因，如遵循道德要求成为一个优秀企业，以及通过关注对利益相关者重要的社会和环境议题以获得组织合法性（Porter and Kramer，2006）。该文认为，企业可以通过提高 ECON 绩效和 ESG 绩效来实现企业价值最大化，关注 ECON 绩效和 ESG 绩效为企业提供了识别并纠正低效运营、声誉风险和财务风险的机会，从而帮助企业提高财务绩效并降低权益资本成本。高质量的财务信息能够反映可持续性绩效的财务维度，投资者也能利用这些更为准确完整的财务信息，更好地评估投资相关的风险和回报。

投资者可以利用与 ECON 绩效相关的信息来了解企业可持续发展情况，企业由此能够扩大投资者基础，从而改善自身风险承担水平，降低权益资本成本。具体地，ECON 信息可以通过估计企业风险影响权益资本成本（Coles and Loewenstein，1988），这是因为企业风险估计涉及公司贝塔系数等参数估计，而这些参数又必须根据历史股票收益估算。因此，与 ECON 绩效较差的公司相比，具有良好 ECON 绩效的公司可能有更低的贝塔值。较好的 ECON 绩效使投资者对企业未来现金流的预测更有信心，并降低其所要求的风险溢价。基于此，该文认为 ECON 绩效提高了公司盈利的质量和数量，并影响其权益资本成本，由此提出如下假设：

H1：权益资本成本和 ECON 绩效存在显著相关性。

进一步地，将 ECON 绩效分为三个维度，分别是成长机会、研发投入和运营效率，并认为不同维度可能对权益资本成本产生不同影响。其中，成长机会和研发投入与未来增长风险相关，而运营效率与当前运营风险相关，且与各维度相关的投资可能以不同方式影响权益资本成本。基于此，该文提出以下假设：

H1a：权益资本成本和有关成长机会（GR）的 ECON 绩效存在显著相关性。

H1b：权益资本成本和有关运营效率（OP）的 ECON 绩效存在显著相关性。

H1c：权益资本成本和有关研发投入（RES）的 ECON 绩效存在显著相关性。

可持续性绩效的 ECON 维度和 ESG 维度并非对立关系，二者相辅相成、互为补充，并供企业在其中进行权衡。一方面，ESG 绩效可以促进 ECON 绩效，治理结构有效的企业以及对社会和环境负责任的企业有望实现长期盈利，从而创造股东价值，并赢得公众信任和投资者信心。另一方面，ECON 绩效反过来也能促进 ESG 绩效，盈利能力和生存能力更强的企业在市场中处于更有利地位，其拥有更多资源来创造就业机会与财富，能更好地履行其对社会和环境的责任。虽然多数企业的首要目的仍是通过产生财务可持续性绩效从而提高股东价值，但企业也必须提高 ESG 绩效以确保提升企业其他利益相关者价值。

然而，ESG 绩效对企业价值的影响可能不是单一、直接的。ESG 绩效对 ECON 绩效以及公司价值存在正面影响，如企业社会责任反映了对声誉和人力资本等无形资产的投资，而无形资产反过来又有助于提高企业竞争力和长期的财务可持续发展。同时，ESG 绩效可能对企业价值等存在负面影响，如企业社会责任的成本高昂，且其潜在收益（如声誉、工作保障及公众形象）可能与私人利益消耗相关，这是管理层用牺牲股东利益为代价而换取的收益。因此，ESG 绩效对公司权益资本成本的影响可能存在两面性，优异的 ESG 绩效可以显示出企业在可持续发展方面的承诺，用以吸引优秀员工、提高客户忠诚度及生产力，进而可以对企业财务绩效产生积极影响，使企业更好地获取资本，从而降低其权益资本成本。同时，这些 ESG 实践可能花费较高成本。基于此，该文提出以下假设：

H2：权益资本成本和 ESG 绩效存在显著相关性。

H2a：权益资本成本和环境（ENV）绩效存在显著相关性。

H2b：权益资本成本和社会（SOC）绩效存在显著相关性。

H2c：权益资本成本和治理（GOV）绩效存在显著相关性。

以往研究发现 ESG 绩效的各个维度（E、S、G）与权益资本成本之间存在相关性，且 ESG 中的不同维度对市场价值（股票回报）和财务绩效（ROE）均有不同影响（Clarkson et al.，2011；Gompers et al.，2003）。企业进行 ESG 实践可能带来收益，但伴随着成本，ESG 的不同维度与权益资本成本之间的关系可能存在不同。关注 ESG 绩效的各个维度，有助于企业发现并降低可能影响 ECON 绩效并进而影响资本成本的战略、声誉、合规、运营和财务风险（Kiron et al.，2013）。基于此，该文认为 ESG 的各个维度对权益资本成本和 ECON 绩效之间的关系存在不同影响，并提出以下假设：

H3：ESG 绩效会影响权益资本成本和 ECON 绩效之间的相关性。

H3a：环境绩效（E）会影响权益资本成本和 ECON 绩效之间的相关性。

H3b：社会绩效（S）会影响权益资本成本和 ECON 绩效之间的相关性。

H3c：治理绩效（G）会影响权益资本成本和 ECON 绩效之间的相关性。

四、研究思路与结果

（一）数据来源与主要变量

该文选取 1991~2013 年 MSCI（ESG KLD）数据库中包含的公司为样本，并分别从 Compustat 数据库和 CRSP 数据库收集财务数据和股票回报数据，将它们与 MSCI（ESG KLD）数据库中的数据合并。

解释变量包括 ECON 绩效和 ESG 绩效。ECON 绩效是一个多维度变量，具体分为成长机会（GR）、研发投入（RES）和运营效率（OP）三个维度。该文使用主成分分析法（EPCA），选择八个已被证明与企业财务绩效相关的变量来衡量 ECON（KPMG，2013），具体包括：托宾 Q、当年平均净资产收益率 ROE、销售额与总资产之比、销售增长与总资产之比、股权市值与账面价值之比、研发费用与总资产之比、广告费用与总资产之比以及是否分红的虚拟变量。这些变量考虑了会计盈利能力指标、增长指标以及长期盈利能力投资。ECON 的三个维度，成长机会（GR）维度用托宾 Q、股权市值与账面价值之比、销售增长与总资产之比衡量，研发投入（RES）结合研发费用与总资产之比、广告费用与总资产之比、是否分红虚拟变量来衡量，运营效率（OP）则用当年平均净资产收益率 ROE、销售额与总资产之比衡量。

非财务可持续性绩效（ESG）的数据从 MSCI（ESG KLD）数据库收集。选择 MSCI（ESG KLD）数据库作为所需数据的主要来源是因为 MSCI（ESG KLD）

数据库不存在选择偏差。MSCI（ESG KLD）数据库使用约 80 个指标，收集了反映七个主要领域表现优劣的评级，包括社区、公司治理、多样性、员工关系、环境、人权和产品。根据以往研究（Dhaliwal et al.，2011；Kim et al.，2012），首先，使用数据库中整体表现的优势数和劣势数构建指数，用以衡量 ESG 整体绩效。其次，将从 MSCI（ESG KLD）数据库收集的各个指标属性按照内容分类到 E、S、G 维度，以便研究 ESG 绩效的各个维度指标对权益资本成本的影响。具体地，该文将 MSCI（ESG KLD）数据库中衡量环境领域表现的优势数和劣势数归类为环境绩效，利用社区、多样性、人权和员工关系领域的优势数和劣势数定义社会绩效，将产品和公司治理领域的优势数和劣势数归类为治理绩效。E、S、G 每个大类下的可持续性绩效得分及 ESG 整体绩效得分使用每一主要领域的优势数减去劣势数来计算。由于这一分类方法存在主观性，因此该文替换了该变量的定义进行敏感性测试，结果显示该文的结论是稳健的。

被解释变量为权益资本成本，采用两个变量进行衡量。一是基于行业调整的市盈率（Francis et al.，2005；Liu et al.，2002）；二是基于有限期的预期收益模型（Gordon and Gordon，1997）构建隐含的资本成本。

（二）实证思路与结果

1. ECON 绩效对权益资本成本的影响

该文纳入 ECON 绩效的不同维度（GR、OP 和 RES）来分别估计其对权益资本成本的不同影响，并通过在回归模型中加入整体的 ECON 绩效变量来研究 ECON 绩效对权益资本成本的整体影响。回归结果表明，ECON 绩效与权益资本成本之间存在显著的负相关关系，具体到各个维度，成长机会（GR）和研发投入（RES）与权益资本成本负相关，而运营效率（OP）与权益资本成本正相关。

2. ESG 绩效对权益资本成本的影响

该文将 ESG 不同维度的绩效分别纳入回归来检验其对权益资本成本的不同影响。回归结果表明，环境绩效和治理绩效与权益资本成本负相关，而社会绩效与权益资本成本之间不存在显著相关性，这说明具有较强社会绩效的企业并没有享受到较低的权益资本成本；将整体的 ESG 绩效与权益资本成本进行回归，发现二者呈现显著的负相关关系。进一步地，在不控制 ECON 绩效的情况下重复本节所有回归，结果与原来一致，该结论具有稳健性。

3. ECON 绩效和 ESG 绩效的交互影响

该文分别研究了整体的 ESG 绩效及其各个维度绩效对 ECON 绩效和权益资

本成本之间关系的影响。回归结果表明，ECON 绩效是决定权益资本成本的关键因素。具体地，环境绩效与权益资本成本之间存在负相关关系，ECON 绩效并未在这种关系中起到调节作用；社会绩效与权益资本成本不相关，然而一旦考虑了 ECON 绩效，社会绩效会对权益资本成本产生负面影响；治理绩效与权益资本成本负相关，且这种关系不受 ECON 绩效的影响。此外，当同时控制 ESG 绩效的所有维度，上述结论依然成立。进一步研究整体的 ESG 绩效对 ECON 绩效和权益资本成本之间关系的影响，回归结果表明企业整体的可持续发展具有价值提升作用，良好的 ESG 绩效进一步加强了 ECON 绩效与权益资本成本之间的负相关关系。

4. 敏感性分析和内生性检验

为处理 MSCI（ESG KLD）数据库指标重分类存在主观性的问题，该文选择替换 ESG 绩效的衡量方式来进行稳健性检验。具体地，将 MSCI（ESG KLD）数据库中涉及的七大领域表现重新分类为 E、S、G 中某一项，环境绩效仍采用环境领域的表现定义，但仅使用社区和多样性领域的表现来定义社会绩效，并使用公司治理和员工关系领域的表现来定义治理绩效。重复前文所有回归发现，结果是稳健的。

内生性检验采用了两阶段最小二乘法回归进行处理。第一阶段回归包括了所有待检验变量（ECON 绩效、环境绩效、社会绩效、治理绩效）以及因变量，自变量包括企业规模（总资产对数）、资产负债率、是否损失（虚拟变量）、盈利能力（ROA）、流动性（流动比率）、风险（贝塔系数）和企业增长（股权市值与账面价值之比）。重复前文所有回归发现，实证结果不存在根本性差异。总的来说，该文进行了稳健性检验和内生性检验，研究结论仍是稳健的。

五、研究结论

该文研究了企业可持续性绩效的不同维度对权益资本成本的影响，具体分为 ECON 绩效和 ESG 绩效，得出以下结论：

第一，该文主要关注确保企业当前盈利能力、可持续性和发展前景的关键指标——ECON 绩效，研究发现，具备良好 ECON 绩效的公司呈现较低的权益资本成本，这种负相关关系主要由 ECON 绩效中的成长机会和研发投入两个维度导致。

第二，ESG 绩效包括环境、社会和治理三个维度，分别研究这三个维度绩效对权益资本成本的影响发现，只有环境绩效和治理绩效能够降低权益资本成本，而社会绩效与权益资本成本无显著相关性。进一步探讨整体的 ESG 绩效对权益资本成本的影响，发现 ESG 绩效与权益资本成本之间也呈现显著负相关关系。

第三，该文还研究了 ESG 绩效如何调节 ECON 绩效和权益资本成本之间的关系。结论表明，良好的 ESG 绩效及其子维度环境绩效和治理绩效均可以强化 ECON 绩效与权益资本成本之间的负相关关系，对此，可能的解释为企业可以通过积极履行环境责任或提高公司治理架构有效性，影响企业的环境和治理绩效，进而直接影响企业财务绩效；而社会绩效的履行可能涉及额外的资源投入，无法直接创造股东价值，因此其与权益资本成本无显著相关性。

综合来看，该文将可持续性绩效区分为 ECON 绩效和 ESG 绩效，进而研究它们各自以及整体对企业权益资本成本的影响。该文的亮点在于将财务维度与非财务维度的可持续性绩效进行结合，研究它们的整体影响，有助于进一步了解可持续性绩效对企业权益资本成本、对投资者利益的影响，拓展了相关领域的研究，其首要贡献也体现在此。此外，该文的其他贡献还在于考虑了财务/非财务可持续性绩效的多个维度，并依次检验其对于企业权益资本成本的影响，检验更为全面，为相关领域研究进一步提供了数据支撑。

第六节　ESG 表现与股票收益：错误定价还是风险补偿?*

一、问题提出

随着可持续发展日益成为全球共识，将 ESG 表现纳入投资决策的社会责任投资（Socially Responsible Investment，SRI）也越来越受到各界青睐。来自机构乃至个人投资者日益增长的 SRI 需求以及对环境风险（如气候变化）和社会问题（如苏丹危机）的关注推动了 SRI 投资的迅速增加。

由于 ESG 概念的多维性，学界对企业 ESG 表现与其投资回报之间的关系尚

* Manescu C. Stock Returns in relation to environmental, social and governance performance: Mispricing or compensation for risk? [J]. *Sustainable Development*, 2011, 19 (2): 95-118.

文中引用文献请参考原作。

无统一结论。一方面，多数学者认为 ESG 表现优异的企业能够取得超额收益（Derwall et al.，2005；Statman and Glushkov，2009），这是因为投资者高估 ESG 收益或低估 ESG 成本而产生了错误定价，或者是因为投资者要求更高的回报率来补偿 ESG 相关风险。少数研究却指出，ESG 表现优异的企业的股票收益为负（Derwall and Verwijmeren，2007），同样解释为定价错误或因投资者对这些企业回报率预期较低导致其风险补偿需求较低（Derwall and Verwijmeren，2007）。另一方面，不少研究表明烟酒、军工和赌博这类"罪恶"行业的股票同样能够获得超额收益（Hong and Kacperczyk，2009；Statman and Glushkov，2009），原因是受社会道德规范约束的投资者歧视"罪恶"公司，使其在风险调整后的收益中包含了一个额外的"忽略溢价"（"忽略溢价"反映了由于市场回避某些股票而导致的定价偏差和额外预期收益率）。

现有文献对 ESG 投资应获得多少相对风险调整回报存在分歧，原因很大程度上是 ESG 领先公司与"罪恶"行业公司并非完全互斥。ESG 领先公司通常至少在 E、S、G 的某一方面表现突出，而"罪恶"公司之所以不受青睐，往往只是因为其所处行业而被伦理投资者所忽视，而非是在 ESG 评分上表现最差的公司。

基于此，该文利用 1992 年 7 月至 2008 年 6 月美国大型上市公司的 ESG 表现的七个维度数据，拟研究 ESG 表现优异的公司获得异常股票收益的原因是定价错误还是风险补偿这一核心问题。

二、研究发现与贡献

该文研究发现：第一，在样本期间，企业 ESG 表现的七个维度中，只有社区关系对股票收益有积极影响，且这种影响是由错误定价造成的。第二，同样由于错误定价，1992 年 7 月至 2003 年 6 月，员工关系对股票收益有正向影响，以及 2003 年 7 月至 2008 年 6 月，人权和产品安全对股票收益有负向影响。第三，1992 年 6 月至 2003 年 7 月，员工关系对股票收益的影响可能是由于风险补偿，可解释为员工关系得分低的公司具有不可持续性风险溢价或具有"忽略溢价"。

该文在理论和实证上均存在一定的贡献：理论上，第一，提出 ESG 表现对异常股票收益的影响源于错误定价，而非风险补偿；第二，在风险定价框架下揭示了当前 ESG 信息市场化定价的局限。实证设计上，第一，控制行业效应以捕捉 ESG 与股票收益之间的真实关系，避免了由行业差异驱动的 ESG 和收益之间的虚假相关的可能；第二，设计并应用了一种新的在各维度度量 ESG 表现的方法，即对每个维度的优势数和劣势数做了标准化处理后再相减。以往研究是将 ESG 表现各维度的优势数和劣势数进行简单相减，导致 ESG 表现缺乏可比性，同时 KO 聚合法①扭曲了部分维度得分的问题，该文通过新的 ESG 度量方法缓解了上述两种方法的问题。

三、理论分析

学者主要基于经济视角和歧视性偏好的视角，对 ESG 表现优异公司的预期高回报率做出解释（Statman，2006）。经济视角认为，ESG 行为既有成本也有收益，但目前尚不明确两者孰高孰低。此外，为了使成本和收益能够有效地反映在股价中，市场必须掌握足够的 ESG 表现信息，以便将其有效纳入定价过程。然而，从歧视性偏好视角来看，ESG 的成本收益关系是次要的，更重要的是，投资者能够从 ESG 投资中获得非财务效用，从而影响其资产定价。除上述两种主流观点，该文还提出一种较少受到关注的"不可持续性风险"视角，其认为除市场风险、规模风险、账面市值比与其他理论和实证研究已证实的系统性风险之外，ESG 表现还可能会增加企业不可持续性风险。

综合以上三种视角，该文得出关于 ESG 表现良好的企业相对于 ESG 表现较差的企业风险调整后股价收益相互排斥的三种情景，即"无影响情景""错误定价情景""风险因素情景"。

第一种情景是"无影响情景"，即高 ESG 表现与低 ESG 表现公司根据共同风险因素调整后的回报没有差异。此时，若企业的 ESG 表现没有提供与定价相关的信息，完全符合有效市场假说（Statman and Glushkov，2009）；若 ESG 表现提供了与定价相关的信息，如果相关信息是公开的，并且完全包含在资产价格中，那么 ESG 领先公司和其他公司的风险调整收益也没有差异（Wall，1995）。因此，许多学者在研究社会责任基金和非社会责任基金绩效时，控制了常见风险因素后，通常会得到"无影响"的结论（Bauer et al.，2005），即无法仅仅通过观察股票回报去判断 ESG 成本高于还是低于 ESG 收益。

---

① KO 聚合法，是 Kempf 和 Ostfhoff 于 2007 年提出的一种评估企业 ESG 表现的计算方法。该方法将 ESG 表现的劣势转化为优势，具体思路是如果企业在 ESG 表现某维度不存在劣势，则视为该维度存在优势，赋值为 1；如果企业在 ESG 表现某维度存在劣势，则视为该维度不存在优势，赋值为 0。据此将所有优势得分求和，并对 ESG 表现的每一维度进行归一化处理，使 ESG 表现的优势最终得分在 0~1。

第二种情景是"错误定价情景"，即 ESG 表现对公司的现金流有影响，但如果没有足够的信息，ESG 表现就不能有效地反映在股票价格中，由此导致 ESG 表现良好企业的风险调整后收益率高于或低于其应有水平。具体来讲，此情景取决于 ESG 的净收益，如果 ESG 的净收益为正，由于投资者通常会低估收益或高估成本，此时 ESG 表现良好公司的经风险调整后的收益率将高于 ESG 表现较差的公司（Statman，2006）；如果 ESG 的净收益为负，则可能出现实际盈余高于预期（Edmans，2008）或收益波动性降低（Derwall and Verwijmeren，2007）的现象，以上两种情况都可能导致错误定价。

第三种情景是"风险因素情景"，即 ESG 表现较差公司的预期回报较高主要是因为其承担了不可持续性风险溢价。ESG 评级可能反映了其所面临的非可持续性风险因素敞口，可能包括环境风险、产品质量风险、商业实践风险和与员工健康与安全风险（Dufresne and Savaria，2004），也可能包括诉讼风险、投资者信任危机等风险（Becchetti and Ciciretti，2006；Derwall and Verwijmeren，2007），从而显著影响公司未来的财务绩效（以价值为导向的社会责任投资）。鉴于投资者的可持续性风险意识的增强，预计近年来不可持续性溢价会持续上升。

歧视性偏好视角指出如果大量责任投资者出于道德考虑抛售 ESG 表现较差的公司股票，也可能导致市场定价出现系统性偏差，从而使 ESG 表现较差的企业（或非社会责任型企业）获得更高的预期收益率（Hong and Kacperczyk，2009；Derwall and Verwijmeren，2007）。部分投资者偏好投资 ESG 表现优异的公司以获得非财务效用，从而导致 ESG 表现较差公司股票的市场需求降低，权益资本成本增大。而在"风险因素情景"下，ESG 表现良好的公司具有更高的预期收益率，因为它们可能需要为 $\hat{\beta}$、规模、价值和动量等常见因素以外的某些遗漏风险因素支付溢价，这解释了为何 ESG 表现良好的企业获得经风险调整后更高收益率的现象，如生态效率溢价之谜（Derwall et al.，2005）。

无论基于何种视角，ESG 表现对股票收益产生影响都必须满足两个前提条件：一是随着信息披露义务的加强和公司自愿披露的增多，ESG 相关信息逐步向投资者开放和透明，ESG 信息可获得性提高（Dhaliwal et al.，2009；KPMG，2008）。二是投资者对 ESG 信息的日益重视（Epstein and Freedman，1994；Patten，1990）。由于这两个条件都可能随时间而变化，ESG 表现对股票收益率的影响也可能随之动态演变。

综上所述，该文提出了以下假设：

H1：尽管 ESG 的收益超过其成本，但是可能由于缺乏足够的 ESG 信息披露，市场无法对其有效定价，导致 ESG 表现良好企业的股票价值被低估，从而使 ESG 表现的某些维度与经风险调整后的股票收益率之间存在正向关系。

H2：随着 ESG 信息可获得性的提高，ESG 表现的某些维度可能在某些期间充当不可持续性风险因子。出于对这些风险的补偿，ESG 表现的某些维度与经风险调整后的股票收益率呈负向关系。

四、研究思路与结果

（一）数据来源与变量定义

该文解释变量是企业 ESG 表现，从 MSCI（ESG KLD）数据库获取数据，该数据库自 1991 年起对美国 650 家上市公司在社区关系、公司治理、多元化、员工关系、环境、人权和产品安全七个维度进行年度评级，2001~2002 年，评估范围扩大到了 1100 家公司。自 2003 年起，评估范围扩大到了 3100 家上市公司（Russell 3000 指数的成员）。对 ESG 表现的衡量主要采用了两种度量方法：一是 MSCI（ESG KLD）每年都会根据上述七个 ESG 维度的优势和劣势对企业进行评价，计算出企业七个维度的优势数和劣势数；二是根据四种不同加总方法计算出的综合 ESG 评分：①各维度优势数减去劣势数，但该方法无法实现不同年度和维度之间的可比性。②参考 Kempf 和 Osthoff（2007）的 KO 法，识别每个 ESG 维度的弱项表现，并反向转化为强项表现得分，即如果公司不存在某项弱项，则认为其存在强项，将其对应的强项值取值为 1，反之取 0，然后对所有强项求和并进行标准化处理，最终得到一个 0~1 的综合评分。然而，已有研究认为 KO 方法可能系统地扭曲了至少四个 ESG 维度的总得分，即社区关系、员工关系、环境和人权。③在第一种方法的基础上对每个维度的优势数和劣势数做了标准化处理。④考虑到行业差异可能带来的偏差，对第二、第三种加总方法的 ESG 评分做了行业调整，即个股 ESG 得分减去行业平均水平。

已知可解释股票收益率的四个风险因子，即 $\hat{\beta}$（Beta）、规模（Size）、账面市值比（Book-to-MarketRatio）和动量（Momentum）。具体而言，$\hat{\beta}$ 是通过时间序列回归估计得到的个股市场风险系数，反映了个股对市场投资组合的敏感程度；规模是公司市值的自然对数，衡量公司的规模大小；账面市值比反映了公司的价值属性；动量则是个股过去 2~12 个月的平均月度回报率，代表短期反转或持续趋势，这些数据源于 Datastream 数据库和 Kenneth French 网站。

被解释变量是个股月度超额回报，即个股月度回报率减去无风险利率，无风险利率采用美国国债收益率衡量。数据来源于 Thomson Reuters 数据库，通过 CU-SIP、ISIN 等代码将 MSCI（ESG KLD）的 ESG 评分数据与个股月度收益数据相匹配。同时，该文参考 Fama 和 French（1992）的做法，个股的账面价值数据滞后一期，即将 t-1 年 12 月 31 日的账面价值与 t 年 7 月至 t+1 年 6 月的股票收益相匹配，以确保财务数据在股票交易时是可获得的。

（二）实证思路与结果

1. 实证思路

该文的实证思路可概括为"两步走"策略：第一步，使用 Fama-MacBeth（1973）两步回归法，构建横截面模型。该模型以个股超额收益率为被解释变量，以 ESG 评分和四个传统风险因子（$\hat{\beta}$、规模、账面市值比、动量）作为解释变量。为控制行业特征可能产生的混淆效应，模型纳入行业虚拟变量。相较于传统的投资组合法而言，横截面回归法的优势在于能够更精确地度量 ESG 表现对股票收益的影响。第二步，对于在横截面回归中展现出统计显著性的 ESG 变量，该文进一步采用 Charoenrook 和 Conrad（2005）提出的方法检验其影响是源于风险补偿还是错误定价。该方法以因子模拟组合收益的条件均值与条件方差之间的关系为基础，设定了一个 GARCH-in-Mean 模型。如果 ESG 某维度表现的影响体现了市场对某种风险的补偿，那么该子维度表现的模拟组合收益应当满足三个条件：一是均值—方差关系的符号与风险溢价的方向一致；二是均值方差的截距项不显著；三是模拟组合的夏普比率处于合理区间。反之，若 ESG 某维度表现不满足上述条件，则更有可能反映了市场定价中的偏差。

2. 实证结果与分析

该文采用 Fama-MacBeth 横截面回归法，研究了 1992～2008 年 ESG 表现对股票收益的影响。样本期内，账面市值比的系数在统计上显著不为零。可持续风险因子中的社区关系得分为正，表明社区关系良好的公司存在负的超额收益，该结果与横截面方法得出的社区关系对股票收益的正向影响估计相矛盾。该文认为，横截面方法得出的社区关系良好与较高股票收益之间的正相关关系源于市场错误定价，即尽管良好的社区关系可能带来超过其成本的收益，但由于该信息并未公开或传播范围较小，股价可能无法准确反映这一点，这验证了该文的第一个假设成立和"错误定价情景"的存在。其余六个 ESG 维度在任何一种方法下均未对股票收益产生显著影响，根据"无影响情景"，可能的解释为无论 ESG 是否包含任何相关信息，市场都有效地对 ESG 因素进行了定价。

为检验结论的稳健性，该文采取了以下策略：首先，考虑到 ESG 表现与股票收益的关系可能随时间发生变化，该文将样本区间划分为两个子期间（1992~2003 年和 2003~2008 年），分别进行横截面回归分析。选择 2003 年作为分界点是因为，自 2003 年起，ESG 评估范围扩大到 3100 家上市公司。实证结果表明，随着投资者可获取的 ESG 信息增多，社区关系、员工关系、人权和产品安全等维度的作用在两个子期间出现了显著差异，表明不同维度的 ESG 表现的定价效应确实随时间推移而动态变化。其次，为进一步验证不同维度的 ESG 表现对股价收益影响性质的稳健性，该文在每个子期间分别运用 Charoenrook 和 Conrad（2005）的方法，对上述横截面回归中表现出统计显著性的 ESG 变量构建因子模拟组合，并估计相应的 GARCH-in-Mean 模型。通过考察模拟组合收益的均值—方差关系、截距项显著性以及夏普比率等指标，以区分不同时期不同维度的 ESG 表现在股票定价机制中是发挥风险补偿效应还是错误定价效应。实证结果表明在 1992~2003 年，不同维度的 ESG 表现的影响主要源于市场定价偏差，而在 2003~2008 年，某些维度的 ESG 表现指标（如员工关系）开始体现出风险补偿的特征，支持了该文的原假设。最后，该文采用了不同的 ESG 评分计算方法（如 KLD、Relative、Best-in-Class 等）以排除由于指标度量方法的影响。实证结果表明，无论采用何种评分体系，不同维度的 ESG 表现与股票收益之间的关系在不同时期均呈现出相似的变化规律，支持了风险补偿效应与错误定价效应在不同时期会发生转变的结论。

五、结论与启示

该文的主要结论如下：①社区关系方面，市场存在定价偏差。在整个样本期间，社区关系对股票收益有显著正向影响，反映出市场低估了企业在该方面的投入所带来的收益。②员工关系方面，市场定价偏差和风险补偿并存，但在不同时期表现不同，说明随着员工关系信息披露的改善，市场开始意识到其风险含量并给予定价。③人权和产品安全方面，市场存在定价偏差。总的来说，ESG 各个维度与股票收益之间的关系存在明显差异。社区关系、人权和产品安全等方面市场反应不足，存在系统性定价偏差；而员工关系与股票收益的关系则经历了从定价偏差到风险补偿的转变，这可能与信息披露的变化有关。

该文的结论对企业管理者、投资者和监管部门均有重要参考价值。对于企业而言，着力提升 ESG 表现尤其是社区关系，不仅有助于改善公司形象和声誉，更能赢得社会各界的广泛支持，获得难以模仿的竞争优势。同时，企业应重视 ESG 信息披露，加强与资本市场的沟通，引导投资者更全面地认识 ESG 价值，纠正市场低估。对于投资者而言，在 ESG 整合过程中，宜采取动态的资产配置方式，兼顾市场环境和行业特点，重点关注市场尚未充分定价的 ESG 因素。例如，在 ESG 披露完善度较低的新兴市场，可考虑通过优选 ESG 表现突出的潜力股获取超额收益；而在 ESG 整合程度较高的成熟市场，需更加重视对 ESG 风险的甄别与规避。对于监管部门而言，应完善 ESG 强制性披露制度，提高 ESG 信息的可获得性和可靠性，为资本市场提供充分的定价依据。同时，还应加强责任投资理念的宣传引导，提升投资者的 ESG 意识和能力。该结果有利于促进资本市场与实体经济的良性互动，更好地发挥金融支持可持续发展的积极作用。

基于该文的研究结论，未来的研究可以进一步探讨：①动态研究 ESG 因素与股票收益的关系，探索影响二者关系的时变性机制。该文发现员工关系因素对股票收益的影响在不同时期呈现不同的模式，由此可以合理推断，ESG 因素与股票收益之间的关系可能是动态变化的，其影响方式和程度会受到时间因素的调节。未来的研究可以从宏观经济环境、社会文化导向、技术进步和时变性视角切入，系统考察它们对 ESG 因素发挥作用的调节效应，这不仅有助于从时间维度动态刻画 ESG 因素与股票收益的关联模式，也为厘清二者关系的影响机制提供了新的理论视角。②探索将 ESG 因素嵌入资产定价模型，构建包含可持续发展视角的新型模型框架。当前对 ESG 因素的研究多集中于实证检验与股票收益之间的关系，尚缺乏系统性的理论框架来阐释 ESG 因素应如何纳入资产定价过程。传统的资产定价理论主要从风险和收益的权衡出发构建模型，而可持续发展理念的兴起使 ESG 因素日益成为影响资产价值的重要考量，这对传统定价理论形成了新的挑战。未来研究可以尝试从可持续金融的视角对经典定价理论加以拓展，一方面，可以在均衡模型的框架内，通过效用函数引入"可持续发展偏好"，推导出 ESG 因素与股票收益和风险之间的内在逻辑；另一方面，可以在多因子定价模型的基础上，将 ESG 因素纳入已有的风险因子体系中，考察其作为"共同风险"对资产收益的影响，并检验新的定价模型相对于传统模型的表现和优势。

第三章 聚焦透明度：ESG 披露专题

第一节 导读

一、ESG 披露的缘起

ESG 披露概念的形成可以追溯到 20 世纪中叶。随着全球可持续发展议题的兴起，企业的社会责任逐渐成为各界关注的焦点。可持续发展相关披露作为一种新兴的企业信息公开形式，其概念的发展经历了以下两个重要阶段：

第一，20 世纪 60 年代至 70 年代，环境保护运动在全球范围内兴起。公众对企业环境影响的关注逐渐加深，要求企业对其环境行为进行披露的呼声日益高涨。这一时期的环境披露主要集中在污染控制、资源利用和环境保护措施等方面。

第二，20 世纪 80 年代，企业社会责任理念逐渐普及，社会责任信息披露开始受到重视。此时，企业不仅需要披露环境信息，还需要报告其在劳动权益、社区发展、产品安全等社会方面的行为和绩效。这一阶段的披露内容更加广泛，涵盖了更多的社会责任议题。各国监管机构和国际组织出台了一系列指引和标准，推动企业可持续发展信息披露的规范化和标准化。例如，全球报告倡议组织（Global Reporting Initiative，GRI）发布了可持续发展报告标准。

2004 年，由时任联合国秘书长科菲·安南发起的报告《在乎者赢：连接金融市场与变化中的世界》（*Who Cares Wins：Connecting Financial Markets to a Changing World*），首次正式提出 ESG 的概念。2006 年，联合国负责任投资原则组织

（United Nations Principles for Responsible Investment，UNPRI）成立，明确提出 ESG 信息披露，要求签署方承诺贯彻执行负责任投资六项原则，并按照要求定期进行报告，为其签署方提供了一个标准化的、透明公开的披露框架。

二、文献总体回顾

（一）ESG 披露的驱动因素研究

在探讨 ESG 披露的驱动因素时，相关研究主要从外部环境压力和企业内部动力两个维度进行深入分析。外部环境压力既来自制度因素，如国家政策、国际规则等；也有其他非制度因素的影响，如股票市场波动的影响、宗教信仰文化的影响、自然灾害的影响等。这些因素共同作用于企业，影响企业的 ESG 披露。

1. 外部环境压力

在探讨 ESG 披露的外部环境压力时，有学者分析了不同制度压力对 ESG 披露产生的差异影响。例如，目前美国的公司实行自愿披露制度。相比之下，欧盟成员国在 2017 年开始实行强制性披露制度。因此，Rezaee 等（2023）以美国和欧盟为例，发现强制性披露制度在提升企业 ESG 信息披露水平上效果更为显著。Yu 和 Van Luu（2021）发现，相比于只在本国上市的企业而言，交叉上市企业在国内、国外双重监管制度压力下，会披露更多的 ESG 信息以应对外部资本市场的挑战。Kumar（2023）将世界银行全球治理指标项目制定的政治稳定指数作为政治不确定性的代理变量，以旅游企业为案例代表，发现政治不确定性的增加会促进企业的 ESG 披露。Van Hoang 等（2023）发现国家的可持续发展目标政策与企业的 ESG 披露透明度得分呈现出明显的正相关关系。中国资本市场开放政策也引发了部分研究者的关注，巴曙松等（2023）以沪（深）港通制度为准自然实验，研究发现，资本市场开放提高了企业 ESG 披露质量。

还有学者从非制度因素的视角探讨外部环境压力对 ESG 披露的影响。De Vincentiis（2024）发现股票市场波动性会影响上市企业的 ESG 披露。具体而言，当股票经历较高的收益波动时，管理者将避免披露负面的 ESG 消息加剧市场不稳定，即减少负面 ESG 披露；当回报波动较大时，企业倾向于披露与 ESG 相关的积极信息，即增加正面 ESG 披露。此外，宗教信仰文化因素也会对企业 ESG 披露产生影响。Terzani 和 Turzo（2021）的研究证明，宗教信仰显著影响企业对 ESG 披露的态度。还有部分学者研究了气候风险对企业 ESG 披露的影响。Huang 等（2022）以美国为代表，揭示了自然灾害压力下，企业会通过增加 ESG 披露来应对投资者风险认知的变化。

2. 企业内部动力

企业内部动力也是驱动 ESG 披露不可忽视的力量，包括公司治理、风险管理、投资管理等方面。这些因素既可以激发企业产生提升 ESG 披露的意愿和动力，也会促使企业规避或减少与 ESG 相关的信息披露风险。

不少学者从公司治理的角度深入探究了 ESG 披露的内部动力。Husted 等（2019）以及 Wasiuzzaman 和 Subramaniam（2023）的研究揭示了董事会多样性对 ESG 披露的积极推动作用。Yu 等（2020）的研究进一步指出，独立董事和机构投资者在抑制 ESG 误导性披露方面发挥着至关重要的作用。Ellili（2023）则提供了机构持股和外资持股对企业 ESG 披露的积极影响的证据。

围绕风险管理因素，Treepongkaruna 等（2022）的研究发现，股东诉讼风险的降低与 ESG 负面事件披露的减少之间存在紧密关联。这是因为，在股东诉讼风险较低的环境下，管理者更倾向于避免披露有争议且高风险的 ESG 活动，以减少管理成本和精力投入。Zhang（2022）的研究结果显示，高杠杆企业面临的财务风险和压力会促使企业通过误导性的 ESG 披露来粉饰其活动，导致企业的 ESG "漂绿" 行为。

围绕投资管理因素，Harymawan 等（2022）的研究发现，当企业投资管理效率越高时，整合管理能力越强，企业的 ESG 报告质量越高。

（二）ESG 披露的经济后果研究

ESG 披露的经济后果研究主要聚焦于 ESG 披露对企业绩效、企业经营管理活动、企业投融资活动及其对外部利益相关者的影响。

1. 企业绩效

大多数研究普遍采用托宾 Q 值这一市场指标来衡量企业价值，以此探讨 ESG 披露对企业绩效的影响。Li 等（2018）的研究发现，ESG 信息披露与企业市场价值之间存在显著的正相关关系。Mendiratta 等（2023）的研究表明，只有在媒体覆盖广泛的情况下，有关 ESG 披露的媒体争议报道才会对企业市场价值产生负面影响；而在危机严重程度较高时，有关 ESG 披露的媒体争议报道反而有助于提升企业市场价值。Huang 和 Ge（2024）通过灰色关联分析与回归模型，量化了 ESG 披露与市场价值之间的关系，发现在发达国家中，矿业企业的 ESG 披露与其市值呈现出更强的正相关关系，在社会披露方面尤为显著；而在发展中国家，环境披露与企业市值的相关性更为显著。但 Conca 等（2021）发现了不一样的研究结论，其通过对欧洲农业食品上市企业的研究，揭示了治理相关披露与企业市场价值之间的负相关关系。

部分研究还讨论了 ESG 披露与股票市场回报、企业风险等方面的关系。Ignatov（2023）基于 ESG 信息感知机制，揭示了 ESG 披露的语调对股票市场回报的影响。Grewa 等（2019）以强制性披露法规作为外生事件，发现强制性 ESG 披露会导致企业平均股价下跌。此外，价值链的影响也是不容忽视的方面。Tran 和 Coqueret（2023）的研究结果显示，ESG 相关的负面报道对受影响企业的供应商和客户的股票回报将产生显著负面影响。Menla 等（2024）则关注到 ESG 披露对企业风险的影响，其研究发现，无论是基于会计指标（资产回报率波动性和资本运用回报率波动性）还是市场指标（股票收益波动性和特殊风险的波动性）计算的企业风险，企业的 ESG 披露都会降低企业风险；并且当企业 CEO 权力更大时，ESG 披露降低基于市场指标计算的风险水平影响更显著。

2. 企业经营管理活动

围绕 ESG 披露对企业经营管理活动的影响，有研究特别关注了 ESG 披露与 CEO 更换决策、企业创新行为、企业环境与社会行为的关系研究。在 CEO 更换决策方面，Colak 等（2024）的研究发现，当企业面临媒体负面报道导致的 ESG 声誉风险越高时，CEO 被替换的可能性越大。CEO 更换决策不仅由于媒体负面报道对股东价值造成损害，还由于董事会对于维护企业声誉的考量。在企业创新行为方面，已有研究发现 ESG 披露对企业创新会产生显著影响，但结论不一。Chen 等（2023）发现，ESG 披露可以通过降低企业融资约束水平来促进企业创新。黄恒和齐保垒（2024）认为，ESG 披露能提高企业绿色创新数量、提升企业绿色创新质量以及改善企业绿色创新结构，从而促进企业绿色创新。但李慧云等（2022）以重污染企业为研究对象，发现 ESG 披露与重污染企业绿色创新绩效间存在"U"形关系，并通过成本效应、资源效应与治理效应影响重污染企业绿色创新绩效。在企业环境与社会行为方面，Wang（2023）从银行信贷网络的视角出发，研究发现，ESG 披露法规会通过银行信贷网络传导至企业，推动借款企业提升其环境和社会表现。

3. 企业投融资活动

围绕 ESG 披露对企业投融资活动的影响，Chen 等（2021）的研究发现，企业的 ESG 披露量与企业加权平均资本成本之间存在正相关关系，这表明如果企业公布更多的 ESG 信息，将在资本市场中获得更为优惠的融资条件。Naumer 和

Yurtoglu（2022）的研究结果显示，具有积极（消极）语调的 ESG 新闻与信用违约互换价差的降低（提高）紧密相关，进而有效减少（增加）债务融资成本，这一发现为理解 ESG 新闻如何影响企业融资成本提供了新视角。Gibbons（2023）证实了企业 ESG 披露水平的提升会促进企业的长期创新投资，增加企业的权益融资占比，减少企业的债务融资占比。

4. 外部利益相关者

另有研究讨论了 ESG 披露对审计师、分析师等外部利益相关者的影响。

审计师对客户 ESG 相关声誉风险和鉴证报告的专业知识具有深入了解（Asante-Appiah and Lambert，2023），部分研究证实了由 ESG 披露带来的声誉风险会对审计师产生影响。Burke 等（2019）揭示了 ESG 相关媒体负面报道与审计师辞职可能性增加和审计费用增加之间的关联，这凸显了 ESG 披露相关的声誉风险可能给企业带来额外的经济负担。Asante-Appiah（2020）进一步证实了媒体负面报道对企业 ESG 声誉的损害与审计工作量增加及审计质量提高之间的显著关系。随后，Asante-Appiah 和 Lambert（2023）还发现，企业 ESG 负面报道带来的声誉风险会提高审计师的非审计服务费用。

ESG 披露对外部分析师的影响也不容忽视。Schiemann 和 Tietmeyer（2022）发现，ESG 风险较高的企业通常会导致分析师的预测误差增加，而 ESG 披露能够缓和这一影响关系，为分析师提供更为准确的信息基础。

（三）ESG 披露的衡量方法

早期的研究通常较为简单地用虚拟变量衡量企业是否披露 ESG 信息（Hu et al.，2023）。随着研究的进展，学者开始从正面与负面区分 ESG 披露的性质。De Vincentiis（2024）将 ESG 披露分为正面披露和负面披露，揭示了企业管理者通过策略性地披露正面信息和负面信息，展现其 ESG 战略决策，并应对外部环境挑战。

更进一步地，研究从披露数量和质量两个方面衡量 ESG 透明度（Yu et al.，2018；Huang and Ge，2024）。在数量方面，研究主要关注企业披露的 ESG 信息是否足够详细和全面，能否覆盖到 ESG 的各个方面和关键环节。在质量方面，研究则强调的是企业披露的 ESG 信息的真实性、准确性和完整性，以及是否能够真实反映企业在 ESG 方面的实际表现。Huang 和 Ge（2024）对矿业企业的 ESG 披露进行了评估，发现这些企业在 ESG 披露的数量和质量上均有所提升；尽管发展中国家的矿业企业发布了更多的 ESG 报告，但在报告内容的丰富度上，仍不及发达国家；在披露质量方面，发达国家矿业企业的 ESG 指标平均得分和披露比例均超越发展中国家，特别是在环境指标上表现出更大的差距。

还有部分学者采用独特的数据集构建 ESG 披露衡量指标。例如，Baloria 等（2019）使用政治支出披露作为 ESG 披露的衡量标准。其他独特的指标还包括媒体负面报道（Wong and Zhang，2022；Coqueret and Tran，2022；Colak et al.，2024）、ESG 争议得分（Galletta and Mazzù，2023；Treepongkaruna et al.，2024）等。

三、经典文献概述

本书精选了五篇 ESG 披露领域内的代表性文献。这些文献在研究高度、研究问题和研究视角方面具有独特性和创新性。

Dechow（2023）站在战略性的高度，对可持续发展报告的关注重点、存在问题以及会计从业人员对于提升可持续发展报告质量的关键作用进行了全面且深入的探讨。基于上述讨论，Dechow 从可持续发展指标的可比性、可持续发展评价方法、"漂绿"的衡量指标、管理层对可持续发展报告的作用、考虑 ESG 的高管薪酬、ESG 鉴证六个方面提出了会计学者在可持续发展报告领域的未来研究方向。

随着 ESG 披露实践的发展，尤其是在国际可持续发展准则委员会（International Sustainability Standards Board，ISSB）于 2023 年颁布《国际财务报告可持续披露准则第 1 号——可持续相关财务信息披露一般要求》和《国际财务报告可持续披露准则第 2 号——气候相关披露》的背景下，强制性 ESG 披露已成为业界及学术界广泛关注的核心议题。

Gibbons（2023）基于全球背景探讨了各个国家和地区颁布的强制性非财务信息披露法规对企业投融资决策的影响。Grewa 等（2019）聚焦于欧盟的强制性披露法规，研究发现，法规的颁布会导致企业披露的增量成本大于增量收益，股价下跌；但法规颁布前 ESG 披露水平较高、ESG 表现较好的企业，股价下跌幅度较低。

Wang（2023）、Asante-Appiah 和 Lambert（2023）分别从银行信贷关系、外部审计师这两个更广泛的视角出发，探讨了 ESG 披露产生的影响。Wang（2023）的研究创新性地关注了 ESG 披露法规在银行信贷网络的传导效应，并发现 ESG 披露法规颁布后，银行会通过信贷网络提高借款企业的环境和社会表现。这揭示了金融机构这一重要利益相关者对提高企业 ESG 表现的关键作用。Asante-Appiah 和 Lambert（2023）的研究则强调了外部审计师在 ESG 声誉风险管理中的重要作用。

四、未来研究展望

综观国内外关于 ESG 信息披露的文献，本书认为，在可持续发展的必然趋势下，ESG 披露的研究具备丰富的实践意义与理论价值，在以下四个方面有待后续研究继续拓展和深化：

第一，深化可持续披露准则的标准构建与应用实践研究。随着投资者等利益相关者对一致、完整、可比的 ESG 信息需求日益增长，ESG 披露准则的构建与应用实践研究成为热点。未来的研究可以进一步探讨分行业 ESG 披露的特殊性与通用 ESG 披露的普遍性之间的权衡，包括政府、企业、技术人员、机构投资者等参与者对 ESG 披露准则的看法、贡献与实践。

第二，加强 ESG 鉴证的应用实践研究。在现有 ESG 信息披露质量不高的情况下，ESG 鉴证服务具有准确衡量、披露和验证的能力，能有效地提高 ESG 信息的可信度。如何构建统一有效的 ESG 鉴证标准和程序、如何提高 ESG 鉴证服务的质量，是学术界与实务界需要共同探索的重要议题。

第三，综合多学科视角、采用多样的研究方法拓展 ESG 披露研究。一方面，采用多学科交叉的研究方法更准确细致地开展 ESG 披露研究。例如，融入行为金融学的学科方法，建立包含噪声投资者和噪声环境的优化模型来探讨 ESG 披露质量对资本市场的影响。另一方面，采用案例分析、调研访谈、问卷调查等多样的研究方法，丰富 ESG 披露的研究范式。例如，利用案例研究方法，分析企业电话会议中有关 ESG 披露文本信息对企业经营活动的影响。通过不同的研究方法可以多渠道、多角度地评估 ESG 披露的透明度，为全面理解 ESG 披露的影响提供更丰富的视角。

第四，深入探索中国情境下的 ESG 披露研究。一方面，我国 ESG 披露的发展存在鲜明的制度特征，如资本市场开放、乡村振兴等独特制度，共同塑造着中国 ESG 披露的特色实践。基于该情境下的我国 ESG 披露研究值得进一步深入挖掘。另一方面，我国正在制定 ESG 披露准则，如何制定既能与国际标准接轨，又能体现中国企业特色实践与发展需求的准则体系，ESG 披露准则对我国企业以及国际利益相关者会产生哪些影响，这些重要的议题均有待学术界与实务界的共同探讨，以指明我国 ESG 披露的发展方向。

参考文献

［1］巴曙松，柴宏蕊，赵文耀，张帅．资本市场开放与企业环境、社会及治理信息披露质量［J］．当代财经，2023（7）：56-68．

［2］黄恒，齐保垒．企业信息披露的绿色创新效应研究——基于环境、社会和治理的视角［J］．产业经济研究，2024（1）：71-84．

［3］李慧云，刘倩颖，李舒怡，符少燕．环境、社会及治理信息披露与企业绿色创新绩效［J］．统计研究，2022，39（12）：38-54．

［4］Asante-Appiah B, Lambert T A. The role of the external auditor in managing environmental, social and governance（ESG）reputation risk［J］. *Review of Accounting Studies*, 2023, 28（4）：2589-2641.

［5］Asante-Appiah B. Does the severity of a client's negative environmental, social and governance reputation affect audit effort and audit quality？［J］. *Journal of Accounting and Public Policy*, 2020, 39（3）：106713.

［6］Burke J J, Hoitash R, Hoitash U. Auditor response to negative media coverage of client environmental, social and governance practices［J］. *Accounting Horizons*, 2019, 33（3）：1-23.

［7］Baloria V P, Klassen K J, Wiedman C. I. Shareholder activism and voluntary disclosure initiation：The case of political spending［J］. *Contemporary Accounting Research*, 2019, 36（2）：904-933.

［8］Conca L, Manta F, Morrone D, Toma P. The impact of direct environmental, social and governance reporting：Empirical evidence in European-listed companies in the agri-food sector［J］. *Business Strategy and the Environment*, 2021, 30（2）：1080-1093.

［9］Chen M, Von Behren R, Mussalli G. The unreasonable attractiveness of more ESG data［Z］. 2021.

［10］Colak G, Korkeamäki T P, Meyer N O. ESG and CEO turnover around the world［J］. *Journal of Corporate Finance*, 2024（84）：102523.

［11］Chen L et al. ESG disclosure and technological innovation capabilities of the Chinese listed companies［J］. *Research in International Business and Finance*, 2023（65）：101974.

[12] Dechow P M. Understanding the sustainability reporting landscape and research opportunities in accounting [J]. *The Accounting Review*, 2023, 98 (5): 481−493.

[13] De Vincentiis P. ESG news, stock volatility and tactical disclosure [J]. *Research in International Business and Finance*, 2024 (68): 102187.

[14] Ellili N O D. Impact of corporate governance on environmental, social and governance disclosure: Any difference between financial and non−financial companies? [J]. *Corporate Social Responsibility and Environmental Management*, 2023, 30 (2): 858− 873.

[15] Galletta S, Mazzù S. ESG controversies and bank risk taking [J]. *Business Strategy and the Environment*, 2023, 32 (1): 274−288.

[16] Gibbons B. The financially material effects of mandatory nonfinancial disclosure [J]. Journal of Accounting Research, 2024, 62 (5): 1711−1754.

[17] Grewal J, Riedl E J, Serafeim G. Market reaction to mandatory nonfinancial disclosure [J]. *Management Science*, 2019, 65 (7): 3061−3084.

[18] Huang S, Ge J. Is there heterogeneity in ESG disclosure by mining companies? A comparison of developed and developing countries [J]. *Environmental Impact Assessment Review*, 2024 (104): 107348.

[19] Huang Q, Li Y, Lin M, McBrayer G. Natural disasters, risk salience and corporate ESG disclosure [J]. *Journal of Corporate Finance*, 2022 (72): 102152.

[20] Harymawan I, et al., Investment efficiency and environmental, social, and governance reporting: Perspective from corporate integration management [J]. *Corporate Social Responsibility and Environmental Management*, 2022, 29 (5): 1186−1202.

[21] Hu H, et al., Green financial regulation and shale gas resources management [J]. *Resources Policy*, 2023 (85): 103926.

[22] Ignatov K. When ESG talks: ESG tone of 10−K reports and its significance to stock markets [J]. *International Review of Financial Analysis*, 2023 (89): 102745.

[23] Kimbrough M D, Wang X, Wei S, Zhang J. Does voluntary ESG reporting resolve disagreement among ESG rating agencies? [J]. *European Accounting Review*, 2024, 33 (1): 15−47.

[24] Kumar D. Economic and political uncertainties and sustainability disclosures

in the tourism sector firms [J]. *Tourism Economics*, 2023, 29 (6): 1694-1699.

[25] Li Y, Gong M, Zhang X Y, Koh L. The impact of environmental, social and governance disclosure on firm value: The role of CEO power [J]. *The British Accounting Review*, 2018, 50 (1): 60-75.

[26] Mendiratta A, Singh S, Yadav S S, Mahajanet A. When do ESG controversies reduce firm value in India? [J]. *Global Finance Journal*, 2023 (55): 100809.

[27] Menla Ali F, Wu Y, Zhang X. ESG disclosure, CEO power and incentives and corporate risk-taking [J]. *European Financial Management*, 2024, 30 (2): 961-1011.

[28] Naumer H J, Yurtoglu B. It is not only what you say, but how you say it: ESG, corporate news and the impact on CDS spreads [J]. *Global Finance Journal*, 2022 (52): 100571.

[29] Rezaee Z, Homayoun S, Poursoleyman E, Rezaee N J. Comparative analysis of environmental, social and governance disclosures [J]. *Global Finance Journal*, 2023 (55): 100804.

[30] Schiemann F, Tietmeyer R. ESG controversies, ESG disclosure and analyst forecast accuracy [J]. *International Review of Financial Analysis*, 2022 (84): 102373.

[31] Tran V L, Coqueret G. ESG news spillovers across the value chain [J]. *Financial Management*, 2023, 52 (4): 677-710.

[32] Treepongkaruna S, Kyaw K, Jiraporn P. Shareholder litigation rights and ESG controversies: A quasi-natural experiment [J]. *International Review of Financial Analysis*, 2022 (84): 102396.

[33] Terzani S, Turzo T. Religious social norms and corporate sustainability: The effect of religiosity on environmental, social and governance disclosure [J]. *Corporate Social Responsibility and Environmental Management*, 2021, 28 (1): 485-496.

[34] Treepongkaruna S, Kyaw K, Jiraporn P. ESG controversies and corporate governance: Evidence from board size [J]. *Business Strategy and the Environment*, 2024, Forthconing.

[35] Van Hoang T H, Pham L, Nguyen T T. P. Does country sustainability improve firm ESG reporting transparency? The moderating role of firm industry and CSR engagement [J]. *Economic Modelling*, 2023 (125): 106351.

［36］Wasiuzzaman S, Subramaniam V. Board gender diversity and environmental, social and governance（ESG）disclosure：Is it different for developed and developing nations?［J］. *Corporate Social Responsibility and Environmental Management*, 2023, 30（5）：2145-2165.

［37］Wang L L. Transmission effects of ESG disclosure regulations through bank lending networks［J］. *Journal of Accounting Research*, 2023, 61（3）：935-978.

［38］Wong J B., Zhang Q. Stock market reactions to adverse ESG disclosure via media channels［J］. *The British Accounting Review*, 2022, 54（1）：101045.

［39］Yu E P Y, Guo C Q, Luu B V. Environmental, social and governance transparency and firm value［J］. *Business Strategy and the Environment*, 2018, 27（7）：987-1004.

［40］Yu E P, Van Luu B, Chen C H. Greenwashing in environmental, social and governance disclosures［J］. *Research in International Business and Finance*, 2020（52）：101192.

［41］Yu E P, Van Luu B. International variations in ESG disclosure—do cross-listed companies care more?［J］. *International Review of Financial Analysis*, 2021（75）：101731.

［42］Zhang D. Are firms motivated to greenwash by financial constraints? Evidence from global firms' data［J］. *Journal of International Financial Management and Accounting*, 2022, 33（3）：459-479.

第二节　可持续发展报告与会计研究机遇*

一、问题提出

传统经济学通常认为经济增长是促进经济发展的关键因素，可以提高人们的

---

* Dechow P M. Understanding the sustainability reporting landscape and research opportunities in accounting［J］. *The Accounting Review*, 2023, 98（5）：481-493.
文中引用文献请参考原作。

生活质量。经济增长的主要衡量指标包括人均工资、GDP 和股市表现等。然而，与经济增长相比，经济发展涉及的领域更为广泛，包括教育、医疗保健、休闲活动、空气质量和城市绿化等多维度的生活条件改善。尽管经济增长可以增加税收，从而资助公共设施建设和提升生活质量，但它也可能带来如城市过度拥挤、空气污染、住房成本上升、绿地减少、流离失所和犯罪率增加等问题，这些问题均有可能削弱经济增长对经济发展的正面影响。

这种局限性引发了政府与公众对"可持续发展"的深入思考，特别是如何平衡经济增长与环境保护及社会福利之间的关系。《布伦特兰报告》（*Brundtland Report*）① 将"可持续发展"定义为"既能满足当代的需要，同时不损害后代满足其需要的发展模式"，并探讨了环境、社会福利与经济发展之间的复杂关系。例如，虽然向贫困农民提供种子可能会增加他们的短期收入，但种植活动可能会过度消耗水资源、影响生物多样性、对下游社区造成不利影响并降低土壤质量，对未来世代造成长远的负面影响。联合国基于《布伦特兰报告》，进一步提出了17 个可持续发展目标（Sustainable Development Goals，SDGs），构建了一个全球性框架，旨在"改善全球人口的生活，减轻人为气候变化的危害，同时优化海洋和土地的使用"。SDGs 涵盖了五个关键维度：人民（People）、地球（Planet）、繁荣（Prosperity）、和平（Peace）和伙伴关系（Partnership），体现了全面和均衡发展理念。

在企业层面，通过利润来衡量公司绩效是传统的做法，这与以 GDP 增长指标衡量宏观经济发展类似。然而，在增加利润的过程中，企业可能因为生产有害产品、造成环境破坏或采用不公平的劳动实践而阻碍可持续发展。反之，如果企业能在其业务模式中融入社会责任和环保措施，如支付公平工资、改善工作条件、负责任地使用资源和保护环境，则可以促进可持续发展。面对这些问题，企业应基于《布伦特兰报告》中关于"可持续发展"的定义，考虑其商业模式如何在不损害环境和未来世代的前提下满足当代社会的需求。进一步地，企业需要根据联合国提出的 SDGs，评估自己的商业模式如何助力实现这些目标，以及其对哪些 SDGs 有积极贡献，对哪些有消极影响。企业需在增加利润与实现 SDGs 之间做出权衡，或探索是否能在增加利润的同时，也支持 SDGs 的实现。

会计作为一门学科，在推动可持续发展中扮演着重要角色。由于经济发展和

---

① 联合国于 1987 年 10 月出版，《布伦特兰报告》也称《我们共同的未来》。

可持续发展具有多维度特性，会计师在评估公司绩效时，不仅应考虑财务指标（如销售额、利润或股票回报），还应综合评估公司对社会和环境的影响。会计研究者应积极探索公司绩效与可持续发展之间的关系，提升研究的相关性和实践意义。会计研究的目标不应局限于为投资者、审计师和管理层提供财务信息，而应拓展至评估企业对 SDGs 的贡献。通过提供企业在实现 SDGs 方面的建议，会计研究可以促进全球可持续发展。

因此，该文关注可持续发展报告领域及会计研究机遇，其核心问题在于探讨 ESG 因素如何与公司绩效和战略关联，并分析股东至上理论在可持续发展报告中的适用性。同时，该文讨论了会计师和准则制定机构如何通过制定和推广有效的可持续发展报告准则帮助企业在实现 SDGs 方面做出贡献，以及这些措施如何帮助企业在提高利润的同时，实现更广泛的社会和环境目标。

二、研究发现与贡献

该文研究发现：第一，经济增长、经济发展和可持续发展三者的概念和目标存在明显差异，其中经济增长主要关注经济利益，而经济发展和可持续发展的目标则更加多维和全面；第二，虽然股东至上观点在公司法、公司治理和资产管理中发挥决定性作用，但它忽视了企业行为可能对环境和社会造成的外部成本，因此并不适宜应用于可持续发展报告；第三，不同的可持续发展准则制定机构，如 GRI、可持续发展会计准则委员会（Sustainability Accounting Standards Board，SASB）等，对制定有效的可持续发展报告准则至关重要。

该文的研究贡献主要包括以下三个点：第一，通过分析现有的可持续发展报告准则，该文提出了改进建议，旨在提高报告的透明度和可比性；第二，该文探讨了传统投资者之外，其他利益相关者对可持续性信息的需求，强调在可持续发展报告中需要考虑企业活动的社会和环境成本，并倡导利益相关者广泛参与；第三，该文为可持续发展报告理论和实践提供了新的视角，特别是在理解企业活动的外部性方面，为制定更有效的政策提供了依据。

三、理论分析

（一）股东至上理论与 ESG

2004 年，由时任联合国秘书长科菲·安南发起的《在乎者赢：连接金融市场与变化中的世界》报告中，首次提出 ESG 是企业可持续发展领域的关键概念。

同时，该报告倡议企业将 ESG 因素纳入决策，主要包括以下四个方面：①在企业经营与战略决策方面，将 ESG 因素纳入企业决策不仅可以降低风险，还能通过提升效率和声誉来增加企业价值。例如，通过采用更高效的技术减少碳足迹，企业不仅能减少环境影响，还能降低未来面临的监管风险和声誉风险，进而提升企业长期盈利能力和市场表现。②在市场定位与品牌战略方面，考虑到消费者、员工和投资者对可持续发展问题的日益关注，企业需要在其运营和战略决策中考虑 ESG 因素，这可以增强企业的市场吸引力和竞争力。③在行业影响者与职能角色方面，资产管理者、经纪公司、分析师、会计师、审计师以及教育者等对于推动 ESG 披露和实践起到了至关重要的作用，这些角色通过各自的专业领域影响企业 ESG 实践。④在信息披露和责任承担方面，透明和全面的 ESG 披露有助于利益相关者做出明智的决策，并促使企业对其社会和环境影响承担责任。总体来说，实践 ESG 不仅是体现企业社会责任，更是增强企业长期竞争力和市场表现的重要策略。

在会计研究领域，对 ESG 的重视日益增加，研究视角包括如下七个方面：

（1）ESG 因素与分析师预测：研究分析师是否将 ESG 因素纳入预测模型，以及这类预测模型的准确性。若 ESG 因素未被纳入，需进一步研究其原因。

（2）ESG 与资产回报：评估投资于 ESG 相关资产是否产生较高回报，并分析这种关系在何种情况下显著，以及哪些特定指标对回报率影响最大。

（3）受托责任的变化：研究政府和养老基金的受托责任如何随时间和地理位置变化，及这些变化如何影响企业的 ESG 报告。

（4）ESG 披露准则：确定哪些 ESG 披露准则最有助于信息透明化，哪些最易受到"漂绿"的影响，并探讨如何优化这些准则以提高披露的有效性。

（5）教育和职业发展：探讨如何通过会计教育加强学生对可持续发展报告的理解，并区分真正的可持续行为与"漂绿"行为。

（6）ESG 指标与公司绩效：分析特定的 ESG 活动如何影响公司长期绩效，探讨将 ESG 指标作为管理层薪酬考量因素对公司行为和披露的影响。

（7）自愿性与强制性 ESG 披露：研究自愿性与强制性 ESG 披露的效果及其适用情形，以及两者对实现可持续发展目标的影响。

ESG 研究领域的核心问题是"行善"的公司是否能获取更高的投资回报。如果"行善"公司能获取更高回报，那么基于股东至上理念的决策就变得简单明了。为满足受托责任的要求，企业和利益相关者都需要将 ESG 纳入决策过程，如资产管理者、董事会和准则制定机构均需重视ESG的披露和实践。反之，如果"行善"公司未能获取更高回报，则基于股东至上理念的决策会显得更为复杂。此时，资产管理者需明确其投资是否为让步性投资；[①]企业董事会在推动关注ESG问题时，需要强调客户和员工对ESG的关注，及其对公司长期价值可能产生的影响。公司的市场形象和销售可能通过采取"漂绿"策略得到提升，从而增加股东价值。此外，股东在投资决策中通常对"漂绿"策略的道德性或商业合理性持中立态度，关注的核心是预期回报和风险。

在探讨ESG与公司预期回报的关系时，Grewal和Serafeim（2020）以及Christensen等（2021）的研究表明，ESG与预期回报的关系存在不确定性，主要源于ESG定义的广泛性、组成的多样性以及ESG披露的自愿性导致的自选择偏差。因此，ESG与公司绩效的关系通常需要根据具体情况进行分析。作为会计研究者，对研究样本代表性存在担忧是合理的。许多看似不符合ESG理念的活动，如饮酒、吸烟、消费垃圾食品，实际上可能满足了消费者需求。这引出了以下问题：是否应该由政府而不是公司来限制这些行为？此外，如果一家ESG表现良好的公司因投资者重视其ESG活动而股价已经上升，这是否意味着其预期回报可能更低？

当讨论ESG与风险时，需要明确风险的定义，包括其是否可分散以及风险如何影响资产定价和股票流动性。尽管可持续发展通常被视为提升公司绩效和降低风险的工具，但重要的是要认识到可持续发展报告的根本目的是促进社会福祉和环境保护。如果仅将可持续发展视为提升财务绩效的工具，可能会忽视其本质目的。这引发了一个更广泛的讨论：我们是否应重新考虑对可持续发展的关注焦点？

（二）全球环境挑战——外部性问题和公地悲剧

人类活动对地球的主要影响可以归纳为两大问题：外部性和公地悲剧。外部性是指个人或企业行为对无关第三方产生的额外成本，如汽车制造和使用过程中产生的污染未反映在汽车的市场价格中，这些成本是由保险公司、医疗机构、政府及社会广泛承担。这不仅涉及经济成本，还包括对健康和生活质量的影响。此外，温室气体排放对气候变化的影响是长期的，导致全球范围内的极端恶劣天气

[①]　让步性投资是指投资者为了支持某个社会或环境目标而愿意接受低于市场平均水平的经济回报的一种投资形式。

加剧，并对未来世代造成更大的负面影响。公地悲剧则是由于个体为了自身利益过度使用公共资源而引起的资源枯竭现象。例如，过度捕鱼可能短期内增加渔民利润，但从长远来看，损害了鱼类种群的可持续发展。这种资源管理失衡反映了个体利益与集体利益之间的冲突，最终导致公共资源的快速耗竭。

为了应对这些挑战，明确的评价和经过审计的披露是推动企业负责任行为、保护环境和确保资源可持续利用的基石。Dietz 等（2003）强调，解决这些问题的关键在于精准的衡量和及时的信息披露。通过监控并公开企业的资源消耗、排放量以及环境影响，可以提高企业环境责任意识。此外，基于这些数据，可以设定奖惩机制，确保企业行为符合环境保护标准，并对不负责任的行为进行监管和惩罚。会计师和审计师在此过程中扮演着关键角色，因为他们擅长数据的核算和鉴证，能确保信息的准确性和透明性，这对解决外部性问题和公地悲剧至关重要。

（三）谁能解决全球环境和社会问题

1. 董事会的角色与法律义务

企业在解决全球环境和社会问题上的能力取决于董事会的角色及其法律义务的明确性。在美国，尤其是对于在特拉华州注册的公司，董事会成员需要遵守忠诚和审慎的法定义务，并在重大决策时通常需以"股东利益至上"为原则。然而，面对涉及 ESG 议题的投资决策，如改善员工工作条件或确保供应链的公平性时，董事会可能以长期价值最大化为决策依据。这类决策受到商业判断法则的保护，意味着只要董事没有违反他们的忠诚和审慎义务，那么他们的决策不会被法院二次审查。在特殊情况下，如在收购要约中，法院可能要求董事会采取行动以最大化当前股价。例如，尽管许多员工和其他利益相关者反对埃隆·马斯克对Twitter 的收购要约，如果该收购确实能显著增加股东价值，董事会可能就会要求股东接受该收购提案。

公司可以采取成为共益公司①（Benefit Corporation）或获取 B 型企业认证②（B Corporation Certification）等合法措施，表明其对利益相关者的关心。这些法律架构和认证要求公司在决策中充分考虑利益相关者的利益，并对社会及环

---

① 共益公司不同于一般的商业公司，其宗旨不仅是追求经济利益，还包括对社会和环境责任的承诺。

② B 型公司认证是由非营利组织 B Lab 提供的一种认证，面向那些希望在经济效益外，也在社会和环境方面产生积极影响的公司。

境责任给予优先考虑。然而，在现有的法律框架和市场机制下，董事会在面临财务压力或重大决策时，完全致力于 ESG 或社会责任仍具有挑战性，仅依靠公司自主的承诺来解决全球的环境和社会问题并不现实。

2. 资产管理公司和养老基金管理者的作用

若董事会在推动有利于社会和环境的企业行为上存在限制，那么转向股东，要求他们推动企业承担更多社会责任可能更为有效。虽然股东关注财富增长，但他们同样重视生活质量因素，如清洁空气和环境。然而，股东与公司间的联系通常被多层金融中介所隔断，这些中介拥有实际的投票和投资决策权。根据美国的《公司法》，这些金融中介必须优先考虑投资者的财务利益，不能仅基于非财务因素（例如社会责任）做出决策，除非这些行为预期能带来经济回报。因此，即使个人股东可能支持企业进行社会利益行动，资产管理者在现实操作中还是会优先考虑投资回报。根据 1974 年《雇员退休收入保障法案》的规定，公共养老基金管理者必须聚焦于最大化投资回报，仅从事非让步投资。因此，通过传统的股权结构和资本市场机制解决全球环境和社会问题显然困难重重，可能需要更多结构性的改革和新的治理机制来促进企业的社会责任行为。

3. ESG 评级的影响力和局限性

投资者若发现资产管理人未能达到预期的社会或环境目标，可能会转向直接投资于具有良好 ESG 评级的股票。然而，依据 ESG 评级投资不一定能有效解决全球环境和社会问题。首先，许多 ESG 评级机构更关注股东利益而非广泛的社会或环境目标。例如，MSCI 的 ESG 评级旨在帮助投资者识别和管理 ESG 相关的风险与机会，其核心是优化投资组合表现，并非直接应对诸如环境污染或社会不公的问题。其次，ESG 评级经常根据行业标准进行调整，使一些在其行业内相对表现良好的传统公司（如石油企业）可能获得较高评级，而一些创新型公司（如科技或电动汽车生产企业）的评分可能较低。

此外，关于通过投资 ESG 指数或 ESG ETFs 来解决环境和社会问题的做法，在实际操作中也存在局限。ESG 指数通常是为了减少与基准指数（如 S&P 500）之间的追踪误差①而设计，导致其成份股与基准指数相似，仅在 ESG 评分较高的

---

① 追踪误差是指某个投资工具（如基金、指数基金等）的表现与其基准指数表现之间的差异。在投资中，基金经理或指数基金管理人试图使其投资组合的表现与选定的基准指数尽可能接近。然而，由于多种因素的影响，实际表现可能会略有偏离，这种偏离即为追踪误差。

公司上有所偏重。然而，这种选择依据是行业权重和行业内的 ESG 评分，而非公司的独立 ESG 表现。例如，埃克森美孚可能因其在行业内的高 ESG 评分被包括在指数中，而特斯拉可能因社会责任得分低而被排除。因此，投资者在选择投资 ESG 指数之前，应仔细审视其评估标准。总的来说，仅依靠 ESG 评级机构的评估并不能保证解决全球的环境和社会问题。

4. 政府的角色与挑战

在讨论气候变化和实现净零排放目标的背景下，企业是否能减少其温室气体排放是一个关键问题。根据《巴黎协定》的目标，全球温室气体排放需在 2030 年前减少 45%，以控制全球升温在 1.5℃ 以内，并在 2050 年实现净零排放。未能实现这些目标可能导致包括冰盖融化、岛屿被淹和生物多样性的丧失等不可逆的环境影响。若要减少二氧化碳排放，则需要政府通过立法强制企业减排并推动研发零排放产品。然而，当前法律下企业首要义务通常是最大化股东利益，这与自发进行公益活动存在潜在冲突。

1970 年米尔顿·弗里德曼在其发表的《纽约时报》社论中提出，企业主要的社会责任是在遵守规则的前提下增加利润，其中的规则包括公平竞争和禁止欺诈行为。因此，如果要求企业减少碳排放，就需要修改现有法律以强制企业承担更多社会责任。美国政府分为三个分支：立法机关负责制定和修改法律；司法机关包括各级法院，负责解释法律；行政机关由总统及内阁领导，负责执行法律。尽管理论上政府能够修改法律以强制企业承担更多的社会责任，但在实际情况中，政治系统的多重检查与平衡、政府机构的局限性、法律实施面临的挑战、选区划分操作、选民的利己主义以及企业对政治系统的影响，都在一定程度上限制了政府推动企业实现实质性变革的能力。因此，在 2030~2050 年，仅依靠政府来引导企业向可持续经营转变是具有挑战性的。

5. 会计准则与可持续发展

会计专业人员在推动企业实现可持续行为中扮演着关键角色，主要是通过改进衡量和披露方法来实现。首先，需要明确可持续发展报告的目标受众；其次，确定应衡量与披露的关键内容；最后，探讨可持续发展报告是否应该强制执行。在这个过程中，还需要考虑准则制定机构在处理这些问题时的不同策略。

（1）确定受众：必须明确可持续发展报告的目标受众。这涉及决定报告是面向所有利益相关者（如客户、员工、监管者等），还是主要面向投资者（股东至上原则）。这一决策影响了报告的内容和焦点，包括财务重要性、影响重要性、双重重要性及动态重要性的考量。财务重要性关注为投资者提供与价值相关的信息，包括公司为减少环境影响所承担的成本及潜在风险。影响重要性则侧重于企业对环境、经济和社会的影响。双重重要性结合了财务和影响两方面的重要性，覆盖了对投资者和其他利益相关者都重要的可持续性信息。动态重要性描述了随着社会对某一问题认知和关注的增加，原本非财务重要的信息可能转变为财务重要性。

（2）衡量和披露的内容：在确定了可持续发展报告的受众之后，下一步是确定具体的衡量内容。例如，SASB 为不同行业设定了与环境、社会和治理相关的具体准则。这意味着不同行业的关键议题各不相同，如制药公司可能关注产品安全和药效、技术公司可能关注隐私问题、制造业可能关注供应链和童工问题。

（3）报告的自愿性与强制性：确定可持续发展报告的性质——自愿性或强制性，并规定谁来执行和监督。由于目前缺乏统一的衡量标准，企业不愿意披露可能导致企业合规性降低的不利信息。此外，这些信息是否经过审计以及审计的可靠性也是必须考虑的因素。最终，是否应强制执行可持续发展准则取决于衡量标准的可比性、可靠性以及政治可接受性。

四、研究结论

通过分析发现，由于 ESG 披露的质量不高，消费者和投资者在决策时会面临较高的信息处理成本，难以表达其对可持续行为的偏好。此外，政治体系的缺陷也限制了政府在推动可持续发展方面的作用。目前，可持续发展报告质量面临的一个主要挑战是如何准确地衡量非财务指标，如温室气体排放、回收效率及社会的公平与包容性，这些指标难以用传统财务方法衡量，因而有必要探索有效的衡量方法。

在这一背景下，会计专业人员的角色显得尤为重要。会计学者、会计师或审计师需要具备准确衡量、披露和验证的能力，以全面理解披露和不同衡量标准的影响。他们的专长在于理解衡量对激励的影响、了解自愿性与强制性披露的优劣、掌握不同披露方法、理解信息处理成本、识别设定目标的激励效应及审计的作用。虽然会计师不直接引领环境保护运动，但通过准确的衡量和全面的信息披露，他们能帮助利益相关者做出更明智的决策，从而在全球推动更可持续的实践中发挥关键作用。

针对未来的会计研究，以下几个问题尤为关键：

（1）公司可持续发展指标的可比性，不同公司间的指标比较是否有效？

（2）评估公司可持续发展的更好方法是什么？

（3）如何开发出衡量"漂绿"的指标以比较披露质量？这些指标对预测未来环境行为的有效性如何？

（4）公司管理层的多元化如何影响可持续发展报告？公司内部的多元化是否对财务和社会产生影响？

（5）可持续发展指标如何融入激励性薪酬？

（6）如何审计可持续性信息？

这些研究问题不仅关乎会计实践的深化，也关系到全球可持续发展议程的推进。随着会计专业的进一步发展，会计将在建立一个更加透明、公正的全球经济体系中扮演着至关重要的角色。

第三节　强制性非财务信息披露的重大财务影响*

一、问题提出

上市公司需要定期披露自身的经营与财务信息，向其利益相关者展示企业的财务状况和经营成果。信息披露的本质是满足利益相关者的信息需求，对于企业信息需求最为关注的当数企业的投资者；同时，投资者是提升企业信息披露质量的重要推动力。越来越多的投资者存在社会责任投资偏好。社会责任投资是一种综合考虑经济、社会和环境因素的投资模式，它既关注传统的财务回报，也考虑社会公义、经济发展、世界和平与环境保护等其他非财务要素。已有报告显示，社会责任投资所占美国专业投资额的比重已超过 25%（US SIF，2018），"与气候风险和人力资本相关的披露"议题位居美国 SEC 年度监管议程的首位（Securities and Exchange Commission，2021）。

---

    * Gibbons B. The financially material effects of mandatory nonfinancial disclosure［J］. *Journal of Accounting Research*，2024，62（5）：1711-1754.

文中引用文献请参考原作。

企业的 E&S 表现是投资者进行社会责任投资时重点关注的非财务信息。然而，对于是否需要进一步完善和扩大企业 E&S 披露规范和披露范围的议题，仍存在较大的争议。一方面，反对者认为不应扩大 E&S 披露范围。当今美国的披露体系主要基于财务重要性，即为利益相关者提供与公司经营相关的所有重要信息。在美国披露体系中有相关准则表明，如果自然灾害风险的增加对企业财务产生重大影响，企业需要详细地披露相关风险信息。反对者的观点大多数是基于此类准则之上。另一方面，支持者认为应扩大 E&S 披露范围。目前，美国披露体系下的非财务披露是不充分的，不能为企业的投资者提供足够的信息数量和质量，这限制了投资者全面分析企业环境与社会风险并且做出明智投资决策。

已有研究表明，提升财务会计信息的质量能够降低信息不对称带来的信息摩擦，从而帮助企业带来更多的投资并产生有利影响（Brown and Martinsson，2018）。与之对应的是，该文认为企业非财务信息质量的提升能够通过减少信息摩擦对企业相关决策产生重大影响。因此，该文致力于探究企业披露的非财务信息对于投资者而言是否重大，以及是否能影响投资者的行为和企业本身的投资和融资决策。

二、研究发现与贡献

该文研究发现：第一，企业 E&S 披露水平的提升能够增加企业机构投资者的持股比例；第二，企业 E&S 披露水平的提升能够改变企业的投资策略和投资分配，使企业更多地进行长期创新投资；第三，企业 E&S 披露水平的提升能够改变企业的融资方式和融资结构，增加企业的权益融资占比，减少企业的债务融资占比，降低企业整体的财务杠杆；第四，企业 E&S 披露水平的提升主要通过客户效应改变企业的机构投资者持股比例，进而影响企业的投融资决策。

该文的研究贡献主要包括以下三点：

第一，该文论证了企业 E&S 披露水平作用于投资者行为和企业运营状况的新路径。已有研究发现，强制性非财务信息披露法规能够降低企业的逆向选择成本（Krueger，2015）。但是，该文经过研究认为，企业 E&S 披露水平提升所带来的客户效应，才是企业机构投资者持股比例和自身投融资决策产生变化的主要因素。这一发现突出了企业非财务信息的披露在优化资本分配和提高资源配置效率方面的重要作用，为理解投资者行为和企业决策提供了新的视角。

第二，该文补充了有关企业 E&S 披露质量的新兴文献。已有研究认为，强制性非财务信息披露能够提升企业本身及其关联企业的信息披露质量（Ioannou and Serafeim，2019；Iliev and Roth，2023），促使企业减少污染，提高工人安全性以及减少对腐败国家企业的投资（Christensen et al.，2017）。该文的研究通过得出强制性非财务信息披露法规直接影响企业的机构投资者持股比例及其投融资决策，为此类文献增添了一个新的维度。

第三，该文论证了企业 E&S 披露水平对于减少信息摩擦的重要作用。已有研究认为，信息不对称导致的信息摩擦会对投资产生不利的阻碍作用，甚至也会阻碍创新的投资（Fazzari and Glenn Hubbard，1988）。该文的研究为该类文献研究提供了更为广泛的证据，展示了信息摩擦的存在使此类强制性非财务信息披露法规产生的客户效应，进而对企业产生重大的影响。这种影响并不受企业所披露信息是否重大以及是否能够削弱逆向选择问题的局限。该文的发现为政策制定者在讨论 E&S 披露制度的改进时提供了一个新的重要维度。

三、理论分析

该文认为，企业强制性非财务信息披露法规对投资者和企业投融资决策的影响主要包括以下两个方面作用路径：一是降低企业逆向选择成本；二是为企业带来客户效益。

第一，企业的非财务信息披露能够减少信息不对称带来的信息摩擦，从而降低企业的逆向选择成本，最终增加投资者投资并影响企业的投融资决策。该文认为，企业披露非财务信息能够显著增强投资者和企业管理层预测现金流、评估长期财务风险的能力，因此提升 E&S 披露质量将有助于缓解典型的逆向选择问题，提升企业融资和投资的效率。然而，该文也指出企业 E&S 披露中包含的信息与财务会计信息不同，大多数投资者可能不会使用，因此企业 E&S 披露可能无法很大程度地降低企业的逆向选择成本。

第二，该文认为强制性非财务信息披露法规能为企业带来客户效应。一方面，法规的出台能提升企业 E&S 披露水平，从而降低信息摩擦，为企业吸引更多具有 E&S 偏好和关注企业长期发展趋势的投资者。另一方面，随着具有 E&S 偏好的机构投资者积极参与企业的管理运营，企业的投融资决策将产生变化。E&S 披露水平的提升为企业吸引了更多的投资者，改变了企业的投融资决策，这种影响并不受 E&S 披露信息重大性的限制。

综上所述，该文重点研究强制性非财务信息披露法规是否以及如何对投资者行为和企业投融资决策产生影响。

四、研究思路与结果

该文旨在探究强制性非财务信息披露法规对投资者投资行为和企业投融资决策的影响。既有研究在分析企业非财务信息披露与财务绩效的关系时，一般选取企业自愿披露信息的事件作为外生冲击。企业披露非财务信息与否通常取决于企业对披露收益和披露成本的衡量，这会导致较大的自选择偏差，从而引发内生性问题。

为了缓解该类研究的内生性问题，该文将强制性非财务信息披露法规的颁布作为企业 E&S 披露水平的外生冲击进行研究。该文采用了交错 DID 的研究方法，收集了 20 年来数十个国家颁布执行的强制性非财务信息披露法规作为对企业的 E&S 披露水平的外生冲击。该设计考虑了个体企业和时间固定效应，并通过比较受强制性非财务信息披露法规影响的企业与同期未受影响的企业，来评估强制性非财务信息披露法规的效应。

（一）数据来源与主要变量

该文从 Carrots 和 Sticks 数据库中筛选了自 2000~2016 年在 34 个国家颁布的 40 项强制性非财务信息披露法规。该文将样本年份延长到 2019 年，以观察受到 2016 年强制性披露法规监管的企业后续的经营状况。

在构建样本变量方面，首先，该文从 Worldscope 数据库获取在此期间运营的所有企业的相关数据，从世界银行获取国家层面的政治、经济和环境数据，从 Bloomberg 数据库和 Thomson Reuters 的 Asset4 数据库中获取企业 E&S 披露质量水平；其次，该文从 UVA Darden 全球企业专利数据集中获取了企业在此期间的专利信息；最后，该文将来自 Factset 数据库的机构投资者总持股数据和来自 Thomson Reuters 的机构级持股数据进行合并，归入样本中。由于来自 Bloomberg 数据库、Asset4 数据库和世界银行的数据仅适用于 Worldscope 中有限数量的公司，因此，为了最大化样本量，该文将这些变量的使用限制在特定的回归分析中。

该文对样本进行进一步筛选：首先，剔除企业财务数据及相关变量缺失的观测值；其次，剔除总资产低于 1000 万美元和在金融或公用事业领域运营的企业；最后，剔除了在 E&S 披露法规实施前观测值少于三年的企业，以及位于欧盟 2020 年"税务不合作国家名单"上的司法管辖区的企业。最终形成的样本包括 2000~2019 年，来自 65 个国家的 7400 家企业，共 82707 个企业一年度观测值。

在此基础上，该文构建了以下实证模型：

$$Y_{i,t} = \alpha + \beta_1 E\&S\ Regulation_{i,t-1} + \delta X_{i,t-1} + \mu_i + \pi_t + \varepsilon_i \qquad (1)$$

被解释变量 $Y_{i,t}$ 根据该文研究问题的不同会有所改变，包括企业 i 在 t 年的机构投资者持股比例、投资规模和融资表现等。

解释变量 $E\&S\ Regulation_{i,t-1}$ 表示当 $t-1$ 年企业所在国家是否实施强制性非财务信息披露法规，企业所在国家实施了强制性非财务信息披露法规取 1，否则取 0。

企业的控制变量 $X_{i,t-1}$，包括了一系列 $t-1$ 年度企业层面和国家层面变量。根据现有研究，模型还对标准误差 ε_i 进行聚类处理，以考虑误差项中可能的序列相关性（Aghion and van Reenen et al.，2013；Zhong，2018）。

（二）实证思路与结果

该文的实证研究框架分为三个主要部分：首先，进行描述性统计以展示样本的主要特征；其次，通过基准回归分析探讨企业 E&S 披露水平如何影响投资者行为和企业的投融资决策；最后，进行机制检验，以证明企业 E&S 披露影响投资者行为和企业投融资决策主要通过客户效应，而非通过减少逆向选择成本。

1. 描述性统计

首先，样本中的 7400 家企业中，有 55.47% 的企业（4105 家）在样本期间受到了 E&S 披露法规的冲击。所有企业的年度观测值中有 39.99%（33075 个）是属于受到 E&S 披露法规冲击的观测值。其次，样本中的企业平均而言规模较大，平均拥有 34 亿美元的资产规模；样本企业平均每年将资产的 1.99% 和 5.40% 用于研发投资和资本支出；企业每年股权发行金额相当于总资产的 2.29%，在考虑到企业回购股权所花费的资金后，这一比重下降为 1.23%。最后，能够从 Asset4 和 Bloomberg 数据库中获得数据的企业子集远小于总体样本，总共是 28000 个观测值。在 Bloomberg 数据库中获取的数据中，企业的 ESG 披露质量较低，在总分为 100 分的体系中，样本企业的 ESG 披露、环境披露和社会披露的总体平均得分分别为 26.44、24.29 和 26.79。

2. 基准分析

该文选取各个国家不同时间颁布执行的强制性非财务信息披露法规作为企业 E&S 披露质量水平提升的外生冲击，因此，需要验证强制性披露法规是否能提升企业 E&S 披露水平。一方面，该文检验发现，外生冲击能够显著提升企业 E&S 披露水平；另一方面，该文重新收集了关于企业自愿披露非财务信息的相关事件和数据，并且发现企业自愿披露非财务信息与企业 E&S 披露水平并无显著的相关关系，这也呼应了前文中投资者特别是具有 E&S 偏好的投资者对于企业自愿披露非财务信息无法提升企业 E&S 披露水平的担忧。

（1）E&S 披露水平与机构投资者持股比例。研究企业 E&S 披露水平的提升是否能改变机构投资者的行为，即增加机构投资者的持股比例是该文研究的重要问题之一。虽然已有多项调查表明，社会对于企业 E&S 信息的重视程度正在逐步提升，78% 的投资者认为气候报告与财务报告同样甚至更为重要，许多大型 ESG 基金禁止投资特定类别中未获得 ESG 评级的公司（Ilhan et al.，2023）。但是并没有具体的实证研究表明，企业的 E&S 披露水平与其机构投资者的持股比例必然存在某种正向关系。基于此，该文将模型中的主要被解释变量替换成企业的机构投资者持股比例。经过回归后发现，在颁布强制性非财务信息披露法规后，企业的机构所有权增加了 0.66%，随后，该文添加了行业年份固定效应，并采取了合成对照组匹配方法（SCM）为受到监管的企业（以下简称处理组）匹配到特征更为类似的未受到监管的企业（以下简称对照组），结果表明，企业 E&S 披露水平的提升能够显著地提升企业的机构投资者持股比例，改变机构投资者的投资行为。

（2）E&S 披露水平与企业投资决策。该文关注企业 E&S 披露水平与企业层面投资决策的关系。已有研究表明，财务会计信息质量的提高可以减轻因信息不对称而产生的信息摩擦，从而带来更多的投资，特别是在创新方面的投资（Zhong，2018；Brown and Martinsson，2019）。因此，该文认为当企业的非财务信息质量提高时，能够发挥同样的效果。但是，强制性披露法规的出台很可能会为企业投资带来负面影响。一方面，强制披露带来的非财务信息与企业的财务信息在特征上并不相同，并且可能并不与财务报表的所有用户相关；另一方面，已有研究表明，强制企业进行 E&S 披露可能导致合规成本增加（Iliev，2010），披露自身的商业机密从而带来竞争上的劣势以及造成相关的管理短视问题，最终可能抑制管理层的投资动力（Roychowdhury，2006）。因此，关于企业 E&S 披露水平的提升是否能够促进企业投资水平，特别是创新方面的投资，还是会为企业带来昂贵的合规成本，进而阻碍企业投资发展，是一个值得探究的实证问题。

基于此，该文将模型中被解释变量分别替换成企业的研发投资规模、固定投资规模和总投资规模，最终发现，企业 E&S 披露水平的提升，能够显著地提升企业研发投资规模，而对于固定投资规模和总投资规模的影响很小，基本上并不显著，这一结果在该文调整了固定效应和匹配方法之后同样成立。可以看出，企业 E&S 披露水平的提升不会增加企业整体的投资投入，但是会改变企业的投资结构，使企业的投资规模进行再分配，并且将更大的比例分配到企业的长期创新方面上。

（3）E&S 披露水平与企业融资决策。该文关注企业 E&S 披露水平对于企业融资决策的影响。一方面，E&S 披露水平的提升能够增加企业的权益融资。前文已经发现了 E&S 披露水平的提升能够增加机构投资者的持股比例，这一定程度上反映了 E&S 水平的提升能够降低企业的资本成本，增加企业的权益融资，从而优化企业的融资方式。另一方面，E&S 披露水平的提升同样能够为债权人带来便利。企业 E&S 披露水平的提升，能够减少企业在债务市场的信息摩擦，从而为企业带来更多的债务融资。因此，探究 E&S 披露水平的提升是否能改变企业的融资结构，即影响企业的权益融资水平和债务融资水平，成为一个值得讨论的问题。

基于此，该文将前文模型的被解释变量替换为企业的权益融资状况和债务融资状况。围绕权益融资，该文研究表明，企业 E&S 披露水平的提升能够促使企业发行更多的权益融资，而且，该文在考虑企业每年可能采取的股票回购行为后，在被解释变量权益融资状况中剔除了这一行为的影响，结果依然稳健。围绕债务融资，该文研究表明，企业 E&S 披露水平的提升反而会使企业的债务融资显著下降，该文将企业的财务杠杆作为被解释变量进行回归后发现，在受到强制披露法规的监管后，企业的财务杠杆显著下降。由此可以看出，企业 E&S 披露水平的提升能够改善企业的融资结构，降低企业的财务风险。

3. 机制分析

在探究企业 E&S 披露水平提升背后的机制时，该文提出并验证了两种可能的路径。第一条路径是企业 E&S 披露水平的提升能通过降低信息摩擦，从而减少逆向选择风险，最终影响投资者行为和企业的投融资决策；第二条路径是 E&S 披露水平的提升能为企业带来客户效应，吸引机构投资者的投资和参与，最终影响企业层面的决策。

（1）路径一：降低信息摩擦和逆向选择风险。第一条路径认为，E&S 披露水平的提升能够减少市场中的信息不对称性，降低逆向选择的风险，从而优化企业的流动性和提升企业价值。为验证这一机制，该文在模型中引入了交乘项，即将企业的流动性水平和企业价值分别与 $E\&SRegulation_{i,t-1}$ 进行交乘，以探究其影响。然而，实证结果显示，提升 E&S 披露水平并未显著提升企业的流动性或企业价值，说明该路径并未在数据中得到支持，逆向选择风险的降低可能不是主要机制。

（2）路径二：客户效应。第二条路径认为，E&S 披露水平的提升能够吸引更多关注环境与社会问题及企业长期发展的机构投资者，从而带来客户效应。这些机构投资者的加入不仅提升了企业的机构投资者持股比例，也可能在参与企业治理的过程中，影响企业的投融资决策。为验证这一机制，该文首先分析了强制性非财务信息披露法规颁布前后机构持股比例的变化，发现在法规颁布后，原本机构持股比例较低的企业其持股比例的增长更为显著，这支持了客户效应的存在。进一步的分析表明，机构投资者持股比例的增长与企业研发投资的提升及权益融资比重的上升之间存在正相关关系，从而确认了 E&S 披露水平的提升能够通过降低信息摩擦吸引具有 E&S 倾向的机构投资者，进而影响企业的投融资决策。

以上两种路径的分析为理解 E&S 披露对企业影响的内在机制提供了深入的视角。虽然减少逆向选择风险的路径未得到实证支持，但增加机构投资者持股比例和客户效应的路径在数据中得到了显著支持。这表明，增加 E&S 披露主要是通过吸引特定类型的机构投资者以及该类投资者对企业治理的积极参与发挥作用，这一发现为 E&S 披露的战略价值提供了新的证据，并为未来企业如何通过 E&S 活动来吸引负责任投资提供了策略方向。

五、研究结论

该文证明了强制性非财务信息披露法规的颁布能够促使企业 E&S 披露水平的提升，进而增加企业的机构投资者持股比例、创新领域的投资以及权益融资。进一步地，该文论证了客户效应机制的存在，即企业 E&S 披露水平的提升，能够减少信息摩擦，吸引更多具有 E&S 倾向的机构投资者进行投资并且参与到企业的治理中，从而影响企业投资和融资决策。

该文为实践和未来的研究提供了重要的启示。首先，该文的结论突出了 E&S 披露的重要性，即无论企业 E&S 披露信息是否重大，这一行为本身已经能产生足够的财务重大性，从而改变投资者的投资行为。其次，该文的结论肯定了强制性非财务信息披露法规在减少 E&S 信息摩擦方面的重要作用。该文通过使用来自数十个国家的多项强制性披露法规的运行为此作用的存在提供了重要证据。最后，该文的结论反映了机构投资者对于 E&S 信息的真实偏好，排除了对于机构投资者"漂绿"行为的担忧。

第四节 强制性非财务信息披露的市场反应[*]

一、问题提出

近几十年来，由于利益相关者对企业非财务信息的需求日益增长，披露非财务信息的企业数量显著增加。披露可持续发展或社会责任报告的企业从 1995 年的不到 50 家增长至 2015 年的超 6000 家。其中，企业投资者和监管机构在推动企业非财务信息披露中扮演着重要的角色。已有文献表明，政府对环境问题的监管能推动企业增加有关环境负债方面的披露，同样地，投资者对于环境问题的重视会促使企业关于环境方面披露的叙述显著增加（Barth et al., 1997；Neu et al., 1998）。

自愿性非财务信息披露实践的丰富性，推动了其学术研究的发展。主要包括以下三个方面：第一，已有研究表明，企业的自愿披露的非财务信息与企业自身的环境绩效呈现正相关关系；第二，在媒体报道中表现不佳的企业会更倾向于对环境承诺进行自愿披露，以增强企业的合法性（Clarkson et al., 2008）；第三，部分研究表明 ESG 表现较好的企业能够获得更加优质的融资渠道，而且对于发布了可持续报告的企业，其资本成本也会相对较低。

基于已有研究讨论的企业自愿披露非财务信息对企业的积极影响，部分国家和地区（如中国、丹麦、马来西亚和南非）开始针对企业颁布了强制性非财务信息披露的法规，以增强非财务信息披露的真实性和可比性（Ioannou and Serafeim, 2018）。强制性非财务信息披露法规的法律实践和研究开始逐步增加。基

---

* Grewal J, Riedl E J, Serafeim G. Market reaction to mandatory nonfinancial disclosure [J]. *Management Science*, 2019, 65 (7): 3061-3084.

文中引用文献请参考原作。

于该类法规，相关研究认为强制披露法规能够促进企业的经营表现，如优化其与环境保护（Delmas et al.，2010）、水资源和食物安全等相关的表现（Jin and Leslie，2003；Bennear and Olmstead，2008）。

强制性非财务信息披露法规旨在为投资者等利益相关者提供关于企业表现更综合、更全面的信息，从而提升利益相关者的决策质量。然而，现有关于强制性非财务信息披露法规的研究多集中在其对企业绩效的直接影响，而较少涉及对利益相关者的影响。基于此，该文以欧盟通过关于非财务信息披露的第 2014/95/EU 号指令为切入点，探究强制性非财务信息披露法规为企业带来的市场反应，分析此类法规在实践中对企业利益相关者，特别是投资者带来的具体影响。

二、研究发现与贡献

该文研究发现：第一，当强制性非财务信息披露事件发生时，企业平均股价会下跌；第二，在该类事件发生时，先前 ESG 表现较好的企业，其股价下跌幅度较低；第三，在该类事件发生时，先前 ESG 披露水平较高的企业，其股价下跌幅度较低。

该文的研究贡献主要包括以下三点：

第一，该文补充了强制性非财务信息披露法规对于企业经营状况影响的研究。既有研究对于强制性披露法规对企业的影响存在不同的观点。一方面，企业自愿披露的非财务信息具有显著的经济效应（Dhaliwal et al.，2011），能够促进企业的非财务信息报告质量和数量显著提升（Ioannou and Serafeim，2018）；另一方面，强制性披露法规会增加企业在社会责任方面的支出，从而导致企业股价下跌（Manchiraju and Rajgopal，2016）。基于此类研究，该文从投资者预期出发，揭示了强制性非财务信息披露法规会为对 ESG 进行较大投入的企业带来净收益，而对 ESG 进行较少投入的企业带来净成本。

第二，该文拓展了关于企业股价变动研究领域的新视角。已有研究关于企业股价下跌的讨论中，主要认为企业股价下跌损失的价值由股东转向债权人（Cornett et al.，1996）。该文基于强制性非财务信息披露法规的颁布这一外生冲击，揭示了企业价值的转移是从 ESG 表现较差的企业转移向 ESG 表现较好的企业。

第三，该文首次发现在面对强制性非财务信息披露法规时，企业股价的变动随着企业 ESG 表现和 ESG 披露水平的变化而表现出差异。这一发现为后续相关研究提供了重要的研究思路。

三、理论分析

当政府出台了强制要求企业披露非财务信息的相关法规时，投资者预期该类法规会对企业产生两类影响：其一是为企业带来增量收益，其二是为企业带来增量成本。

一方面，强制性披露法规带来的增量收益，包括信息增量效益、监测效益和治理效益。围绕信息增量收益，强制性披露法规可以提供与企业估值相关的信息，由此可以改善对企业未来业绩的预测，即未来现金流以及企业未来固有风险的预测，从而降低企业的资本成本，最终使企业自身价值上升。围绕监测效益，强制性披露法规可以增强监测的有效性，如环境绩效评估，从而使投资者更加清晰地了解企业的战略方向和经营状况。围绕治理效益，由于强制性披露法规的存在，使企业需要更加重视自身非财务绩效表现，从而获取投资者的肯定。因此，强制性非财务信息披露法规能够促使企业优化治理，通过减少能源消耗、提高产品质量和更好地招聘员工等方式提升企业自身的经营效率。

另一方面，强制性披露法规带来的增量成本，包括直接增量成本、存在泄露相关机密的相关披露导致的专属成本和为符合监管合规要求而导致的政治成本。包括准备、传播和保证信息及时性相关性等直接增量成本，但是对于大多数企业而言，此类成本是相当小的，不需要过多讨论，因此，该文将重点放在后续两类预期成本中。围绕企业的专属成本，该文认为企业不愿披露的非财务信息中，有一部分是属于企业自身的商业机密，很可能是企业主要竞争力的来源，而强制性披露法规的出台，很可能导致企业不得不披露自身的部分商业机密，从而损害企业的主要竞争力，进而导致该类增量成本的诞生。围绕企业的政治成本，该文认为，随着强制性披露法规的颁布和执行，投资者能够合理预期企业未来的监管环境和力度会更加严格。该类强制性披露法规可能会导致政府部门、监管机构或者非政府利益团体向企业施压，要求企业投资原本被认定为对股东净现值为负的项目，从而对企业产生增量成本。

当投资者预期强制性非财务信息披露法规导致的增量成本大于增量收益时，市场对企业未来发展持看跌态度，从而导致企业股价下跌；反之，如果增量成本小于增量收益，则会使企业的股价上涨。具体而言，在强制性非财务信息披露法规出台前，部分企业基于成本效益原则进行最优披露决策，但也有企业由于存在代理问题等而采取次优披露决策。在强制性非财务信息披露法规出台后，法规会增加先前最优决策企业的披露成本，减少披露收益，防止股价下跌；同时，法规削弱了先前次优决策企业的代理成本，使其披露趋近于最优披露决策，股价上升。

基于上述分析，该文按企业在法规出台前已进行最优披露决策的情形，提出了主要假设：

H1：当强制性非财务信息披露法规发生时，企业的股价出现下跌。

进一步地，该文从强制性披露法规前企业的 ESG 表现和 ESG 披露水平两个方面进行异质性分析。

在企业的非财务信息中，企业的 ESG 表现发挥着日益重要的作用，关于此类研究十分丰富。产品市场中，在牛仔裤标签加入减少水污染的项目信息，会使女性消费者的消费数量上升（Hainmuelle and Hiscox，2015）；人力资本市场中，相关研究发现当企业的 ESG 表现更好时，能够显著增强其招揽人才的吸引力（Turban and Greening，1997），另外，其他研究也表明当企业更加积极地承担社会责任时，能够显著降低应聘者对于其薪资水平的需求，并且能提升工作者的工作积极性，当企业的 ESG 表现更好时，能够显著地使其资本成本下降（Cheng et al.，2014）。基于此，该文认为利用企业的 ESG 表现和 ESG 披露水平进一步考察强制性披露法规对企业股价的影响具备可行性。

该文的第一个分类标准是企业的 ESG 表现。在政府的市场政策和非市场政策的推动下，企业 ESG 表现成为企业市场竞争的重要因素，也成为投资者投资的重要标准。一方面，对于市场政策，政府通过强制和引导手段，在全社会树立一种重视企业 ESG 表现的导向，从而在产品市场，使消费者更倾向于购买 ESG 表现更好的企业产品；在资本市场，资本方更倾向于投资 ESG 表现更好的企业并且收取较低的资金利息，从而为 ESG 表现较好的企业增加收益，为 ESG 表现较差的企业增加成本。另一方面，对于非市场政策，政府通过直接对 ESG 表现较差的企业进行增税，为 ESG 表现较好的企业进行补贴，从而增加企业各自的成本和收益。当关于企业强制性非财务信息披露法规出台时，政府重视 ESG 表现的导向会得到强化，从而通过作用于投资者关于企业的增量成本和增量收益的预期，即 ESG 表现良好的企业具备了竞争优势，从而能够在强制披露时支付更低的成本，而 ESG 表现较差的企业，需要支付更多的成本去优化其 ESG 表现。

基于此，该文提出第一个异质性假设：

H2a：当强制性非财务信息披露法规出台时，企业的股价与企业此前的 ESG

表现呈正相关。

该文的第二个分类标准是企业的 ESG 披露水平。对于 ESG 披露水平的分析，同样是基于投资者预期强制性非财务信息披露法规为企业所带来的增量成本和增量收益。当强制性非财务信息披露法规出台时，对于此前 ESG 披露水平较低的企业而言，其所能得到的收益高于此前 ESG 披露水平较高的企业，因为 ESG 披露水平较低的企业一旦提升披露的水平，其信息风险边际下降会更大，从而能获得更大的边际信息价值。同样地，对于此前 ESG 披露水平较低的企业而言，其产生的增量成本也会高于此前 ESG 披露水平较高的企业，即此前 ESG 披露水平较低的企业会面临更多的专属成本和政治成本。因此，对于这两类企业而言，其增量收益和增量成本是同方向变化的，对于 ESG 披露水平高与低的企业，其股价的变动方向存在争议。

基于 H1 的理论基础，该文偏向于先前 ESG 披露水平较高的企业，其增量收益大于增量成本，故提出第二个异质性假设：

H2b：当强制性非财务信息披露法规出台时，企业的股价与企业先前的 ESG 披露水平呈正相关。

四、研究思路与结果

（一）数据来源与主要变量

选取强制性非财务信息披露法规作为外生冲击对于该文的研究是十分重要的。该文通过检查欧洲议会、欧盟委员会和欧洲财务报告咨询小组的新闻稿，在道琼斯新闻网站上使用"非财务报告""社会和环境信息""欧盟非财务立法""欧盟强制非财务披露"等关键词检索特定事件后，得到了 21 个事件，经过进一步筛选，确定了 3 个样本事件。

第一个事件发生于 2013 年 4 月 16 日，欧盟委员会提出了旨在改善企业 ESG 披露的提案。尽管此前欧盟对于此类话题也有多次讨论，但这一事件是首次明确要求公司披露 ESG 等相关内容。第二个事件发生于 2014 年 2 月 26 日，欧洲理事会就该提案达成一致。第三个事件发生于 2014 年 4 月 15 日，欧洲共同体通过了该提案。以上三个事件是欧盟关于非财务信息披露的第 2014/95/EU 号指令的制定和通过历程，该文认为在这三个时间节点中，事件的发生都会影响企业和投资者的行为。后续，该文在讨论强制性非财务信息披露事件对企业股价影响时，将考虑企业在这三个事件中影响的总和。

以下是关于该文相关数据库信息和样本构建的过程：①由于 Bloomberg 数据库提供了较为丰富的 ESG 披露数据，该文以 2014 年 Bloomberg 数据库中 15133 家企业为原始样本，剔除其中在相关事件期间没有股价信息以及注册在南非的企业，得到了 12162 家可用企业的样本；②该文通过 EUR-Lex 数据库获取强制性非财务报告指令提案（指令 2014/95/EU）来确定受该指令影响的企业；③该文使用 Worldscope 数据（辅以手工收集的员工人数数据），确定了属于该指令的监管范围的 2417 家企业，构成了该文的处理组，余下的 9745 家企业则划分为对照组的企业；④该文按总部所在国家、全球行业分类标准（Global Industry Classification Standard，GICS）、总市值和市净率，将处理组和对照组企业进行匹配，最终得到 2053 对处理组—对照组企业对。

在此基础上，该文构建了以下实证模型：

$$CAR_i = \alpha_1 + \beta_1 EnvScore_i + \beta_2 SocScore_i + \beta_3 GovScore_i + \beta_4 ESG\_Discl_i + \beta_5 Asset\_Mgr_i +$$
$$\beta_6 Asset\_Owner_i + \beta_7 MTB\_Top_i + \beta_8 MCAP\_BotQ_i + \beta_9 Loss_i + \beta_{10} ADR_i +$$
$$\beta_{11} EPS\_Volat_i + \beta_{12} Accruals_i + Country\ Fixed\ Effects + Industry\ Fixed\ Effects + \varepsilon_i$$

被解释变量为企业在事件窗口期内的累计异常回报。依据已有文献，该文选取了（-2，+2）作为事件窗口期。由于选取了三个事件，该文对三个事件窗口期内企业的累计异常回报进行汇总，以减少任何特定事件中的噪声。

解释变量主要包括四项，均基于 2013 年企业的表现：

环境绩效（$EnvScore_i$）：评分范围为 0~10，反映了企业在能源与气候变化、自然资源使用以及废物管理等方面的表现。

社会责任绩效（$SocScore_i$）：评分范围为 0~10，涵盖企业在人力资源、健康与安全、产品服务质量及供应链管理等领域的实践。

治理绩效（$GovScore_i$）：评分范围为 0~10，衡量的是企业的治理流程和组织管理质量。

ESG 披露数量（ESG_Discl_i）：评分范围为 0~100，反映企业 ESG 披露水平。

此外，研究还纳入了一系列控制变量，包括：2013 年各类机构投资者（如资产管理公司、养老基金、保险公司、银行信托）持有的企业股份百分比、企业的账面市值比、市值、企业当年是否亏损、每股收益和应计费用。

（二）实证思路与结果

该文的实证思路与结果主要包含三个部分：第一部分为单变量分析，检验企业在强制性非财务信息披露法规颁布后是否存在股价下跌的现象；第二部分为异质性分析，检验企业先前的 ESG 表现较好和 ESG 披露水平较高是否能降低股价下跌的影响；第三部分为稳健性检验。

1. 单变量分析

该文对处理组企业和对照组企业进行单变量分析，观察企业在相关事件发生期间其累计异常回报的表现。在单变量分析结果中，该文发现，在未将对照组企业进行匹配处理前，处理组和对照组两组企业的累计异常回报差异并没有显著区别。在进行处理组和对照组匹配之后，该文发现两组企业之间存在显著差异，并且处理组企业在强制性披露事件之后的累计异常回报下降程度显著大于对照组企业。

该文随后进行了两次稳健性检验：①缩小样本范围，剔除 ESG 数据缺失的样本；②进行安慰剂检验，即随机挑选全年中 300 天非相关事件时期，据此计算企业的累计异常回报。最终结果都能支持受到监管的企业在相关强制性披露事件发生后，其股价存在下跌现象的结论。

2. 异质性分析

该文进一步探讨了企业在强制性非财务信息披露法规实施前的 ESG 表现与披露水平如何影响股价反应。分析显示，ESG 表现良好及披露水平较高的企业，在强制性非财务信息披露法规发生时，其股价下跌幅度较小。这些结果符合预期，表明高质量的 ESG 表现和透明度能够为企业带来一定的保护作用，减轻法规影响。

3. 稳健性检验

为增强研究结果的可靠性，该文进行以下五种稳健性检验：

（1）为了更直接考察该文所选外生冲击的影响，将样本限制在欧盟企业。

（2）调整匹配标准，确保企业在其主要收入来源的行业内进行比较，减少行业多样性带来的匹配误差。

（3）使用更精细的行业分类进行匹配，以提高匹配的精确度。

（4）限制处理组和对照组企业在规模上的最大差异，确保两组企业在财务规模上的可比性。

（5）采用无放回匹配方法，确保匹配过程中的严谨性和一致性。

以上稳健性检验的结果与主分析一致，均支持了 H2a 和 H2b 的成立，表明强制性非财务信息披露前的良好 ESG 表现和较高的 ESG 披露水平能有效减轻相关法规颁布后股价下跌影响。

五、研究结论

该文基于强制性非财务信息披露法规对企业市场反应影响的问题，选择欧盟 2014/95/EU 指令作为外生冲击，发现了受到指令约束的企业其股价整体存在下跌的现象。进一步地，由于 ESG 信息是非财务信息中日益重要的组成部分，该文以企业的 ESG 表现和 ESG 披露水平作为分类标准进行异质性分析，最终发现企业较好的 ESG 表现和较高的 ESG 披露水平能够缓解股价整体下跌的幅度。

该文为实践和未来的研究提供了重要的启示：第一，强制性非财务信息披露法规能够对投资者的预期产生显著的经济影响。政府出台的强制性披露法规的作用不仅可以纠正企业的不合规行为，而且会显著影响投资者对于企业未来现金流和经营风险的判断。第二，强制性非财务信息披露法规对 ESG 表现和披露水平不同的企业，其影响是不同的。对于 ESG 表现较差和披露水平较低的企业，其股价下跌的幅度更大，换言之，强制性非财务信息披露法规促使 ESG 表现较差和披露水平较低的企业不得不将其对社会的负外部性进行内化。第三，强制性非财务信息披露法规改变了企业的竞争格局。ESG 表现较好的企业，能够缓解其股价下跌的幅度，这表明在政府监管日益严格完善的背景下，企业的 ESG 表现日益成为企业的一项重要竞争力。

第五节　ESG 披露法规在银行信贷网络中的传导效应[*]

一、问题提出

随着可持续发展理念的深入发展，ESG 成为全球企业的通用商业语言。银行作为非金融企业重要的流动性供给，在促进环境和社会责任的目标上发挥着不可

＊　Wang L L. Transmission effects of ESG disclosure regulations through bank lending networks ［J］. *Journal of Accounting Research*，2023，61（3）：935-978.

文中引用文献请参考原作。

忽视的作用。尽管越来越多的监管机构要求银行披露其参与 ESG 实践的信息，但这些披露要求是否以及如何从银行传导至借款企业，目前的研究较少。识别 ESG 披露法规的传导效应有助于我们理解银行在推动可持续经济转型的角色与作用，以及企业遵循 ESG 披露法规的成本和收益。

一方面，对银行产生直接影响的 ESG 披露法规可能会通过信贷网络促使借款企业提高环境和社会绩效。已有文献表明，ESG 披露法规对银行施加了公众压力，推动银行提高其 ESG 表现（Bénabou and Tirole，2010；Ioannou and Serafeim，2017）。由于银行 ESG 表现的一个关键组成部分为借款项目的环境和社会实践，银行为提高自身的 ESG 表现，会积极推动可持续贷款项目，要求借款企业开展积极的 ESG 实践。为此，银行可以通过加强监测和在贷款合同中添加 ESG 相关条款，推动借款企业的 ESG 表现；也可以通过筛选 ESG 表现良好的企业提供贷款，推动表现较差的借款企业改善 ESG 表现。

另一方面，对银行产生直接影响的 ESG 披露法规可能无法通过信贷网络推动借款企业提高环境和社会绩效。借款企业会在 ESG 实践的成本与从银行借款获得的收益中进行权衡，当成本超过收益时，企业没有动力践行 ESG。此外，由于借款企业已经超出了银行的运营范畴，公众难以核查借款企业的环境和社会表现，银行也可能仅在报告中描述银行相关的 ESG 实践，而没有真正推动借款企业提高环境和社会绩效，即存在"漂绿"现象。

基于此，该文关注 ESG 披露法规在银行信贷网络的传导效应，具体探究 ESG 披露法规是否会通过信贷网络对借款企业产生影响？银行如何通过信贷网络提高借款企业的环境和社会表现？

二、研究发现与贡献

该文研究发现：第一，ESG 披露法规颁布后，银行会通过信贷网络提高借款企业的环境和社会表现。第二，银行主要通过参与机制和筛选机制提高借款企业的环境和社会表现。第三，当银行披露新的以及更多的定量信息、银行总部所在国家执法力度更强，以及借款企业与银行的借贷关系存续时间较长、借贷更频繁、对银行的依赖程度更高时，ESG 披露法规在银行信贷网络的传导效应更为明显。

该文的研究贡献主要体现在以下三个方面：

第一，该文通过研究 ESG 披露法规关于银行信贷网络对非披露实体的传导效应，丰富了 ESG 披露法规的经济后果相关研究。既有文献主要研究了 ESG 披露法规的有效性，如 ESG 披露法规可以增加企业的社会责任披露（Ioannou and Serafeim，2017）、推动企业 ESG 实践（Christensen et al.，2017；Chen et al.，2018；Rauter，2020；Fiechter et al.，2022；She，2022）。上述研究主要考察了 ESG 披露法规对受影响企业的影响，但并未涉及披露法规对非披露实体的传导效应。该文通过研究 ESG 披露法规在银行信贷网络中的传导效应，丰富了既有研究的成果。

第二，该文关注了银行这一重要的利益相关者如何推动企业 ESG 实践，补充了 ESG 实践的驱动因素相关研究。既有研究主要考察了企业及其所在环境的特征如何影响其 ESG 活动。在企业特征方面，企业文化（Di Giuli and Kostovetsky，2014）、公司治理特征（Ferrell et al.，2016）等因素均会影响企业 ESG 行为。在环境特征层面，社会偏好（Bénabou and Tirole，2010）、国家的法律渊源（Liang and Renneboog，2017）、同行业企业（Cao et al.，2019）、机构投资者（Dimson et al.，2015；Dyck et al.，2019；Chen et al.，2020）、供应链企业（Dai et al.，2021；Baik et al.，2022；She，2022）等因素也会对企业 ESG 行为产生影响。该文考察了银行这一特定的利益相关者如何推动企业的 ESG 实践，为这类文献进行补充。

第三，该文为 ESG 在信贷关系中如何发挥作用的研究做出贡献。已有研究表明，企业 ESG 表现与贷款利率呈现负相关关系，表明 ESG 表现良好的企业可以获得有利的贷款条件（Chava，2014；Cheng et al.，2014；Amiram et al.，2021）。Houston 和 Shan（2022）的研究发现，银行更有可能向 ESG 表现与自身相似的借款公司发放贷款，并对借款公司后续的 ESG 表现产生积极影响。Choy 等（2024）的研究表明，贷款人会使用环境契约来约束借款人的环境绩效。Kacperczyk 和 Peydro（2022）研究发现，宣告降碳目标的银行会减少高碳排放企业的银行贷款。该文则将 ESG 披露法规的颁布作为银行 ESG 需求的外生冲击，检验 ESG 披露法规在信贷关系中的传导效应。进一步地，该文发现银行主要通过参与机制和筛选机制改善借款企业的环境和社会表现。

三、理论分析

（一）制度背景
随着可持续发展理念的深入发展，越来越多的政府或监管机构针对金融企业和非金融企业出台了 ESG 披露法规。ESG 披露法规要求企业提供其在经营、投资、融资活动中产生的环境和社会影响信息，鼓励企业参与 ESG 实践。该文利用 Carrots 和 Sticks 数据库识别了 1999~2017 年来自 24 个国家或地区颁布的 ESG 披露法规。各个国家和地区颁布的 ESG 披露法规时间各不相同，如荷兰、美国和法国在 2010 年前已强制要求企业披露 ESG 信息，大多数经济合作与发展组织（Organization for Economic Cooperation and Development，OECD）成员国家已于近年发布了 ESG 披露法规。值得注意的是，美国的银行并未被要求强制披露 ESG 信息。

该文以银行总部所在国家识别受 ESG 披露法规影响的银行。银行在以下两种情况下均会受到信息披露法规的影响：第一，政府或监管机构可能会直接针对银行颁布 ESG 披露法规。例如，爱尔兰于 2008 年颁布的《信贷机构法》明确要求爱尔兰银行每两年发布一次社会责任报告。第二，政府或监管机构会针对特定的公司群体（如符合特定规模、上市/非上市等）颁布 ESG 披露法规，符合标准的银行需按要求披露 ESG 信息。例如，新加坡证券交易所强制要求上市公司自 2017 年开始披露可持续发展报告。受 ESG 披露法规影响的银行被分配至处理组，不受法规影响的银行则被分配至控制组。

银行 ESG 表现的一个重要组成部分是借款企业的环境和社会绩效。以 GRI 发布的可持续报告标准为例，银行的环境和社会维度披露的内容主要包括环境、产品责任、人权、劳工实践、社区五个方面，排放、产品组合、审计、人权投资、员工健康等子主题均涉及与投资组合相关的环境和社会披露要求。SASB 同样在其发布的可持续报告标准中指出，负责任金融是银行 ESG 实践中最重要的组成部分之一。可见，负责任金融是银行 ESG 披露的核心内容。具体而言，银行必须报告其如何评估和监测借款企业的环境和社会目标履行情况，并报告银行如何处罚违反商定的环境和社会规定企业的情况。例如，荷兰银行在 2016 年可持续报告中表示："如果评估发现客户不符合银行的可持续发展标准，我们会与客户一起协调改进。"新加坡星展银行在其发布的 ESG 报告中披露，银行已将借款利率与借款企业的 ESG 表现挂钩，推动银行的负责任金融实践。

（二）研究假设

既有文献表明，银行的 ESG 披露引起了公众的广泛关注，ESG 积极主义者、存款人等利益相关者会就银行的 ESG 实践施加压力（Bénabou and Tirole，2010；Ioannou and Serafeim，2017）。例如，非政府组织 BankTrack 利用银行 ESG 报告中

表 3-1 GRI 发布的银行业可持续报告编制标准汇总

Panel A：银行业环境和社会信息披露概述					
主题	环境维度	社会维度			
子主题		产品责任	人权	劳工实践	当地社区
指标	排放*、污水和废弃物*、物料、能源、水、生物多样性、运输、供应商环境评估、合规性	产品组合*、审计*、客户隐私、产品和服务标签、客户健康和安全、营销、合规性	投资*、反歧视、结社自由与集体谈判、童工、强迫或强制劳动、原住民权利、供应商人权评估	职业健康与安全*、员工关系、培训与教育、多元化和平等机会、同工同酬、供应商劳动实践评估	当地社区、反腐败、公共政策、反竞争行为、供应商社会影响评估、合规性

Panel B：针对银行业的特定披露内容	
维度	披露指引
排放	如果金融机构对投资组合的排放量做出估计，则这些数字应与其他数据分开披露
产品组合	（1）报告监控客户执行和遵守协议或交易中环境和社会要求的过程。例如，要求银行报告用于监测和评估客户履行商定的环境和社会目标（如贷款契约中的目标）的方法，并报告如何解决不遵守协议的问题
	（2）报告与客户有关环境和社会风险及机会的互动。例如，要求银行考虑借款企业的环境和社会问题，并报告监测和跟进互动结果的过程
审计	报告审计的范围和频率，以评估环境和社会政策以及风险评估程序的执行情况
人权投资	报告包含人权条款或经过人权审查的重要投资协议和合同的总数及百分比
职业健康与安全	报告有关防止威胁和暴力的政策和做法，以维护员工安全

注：*为银行业特定的披露要求。

资料来源：GRI。

披露的信息，发起了一场"向化石燃料银行说不"的活动，旨在阻止世界大型银行机构支持石油、天然气、煤炭等行业的公司。同时，这种公众压力会推动银行提高其 ESG 表现。银行 ESG 表现的一个关键组成部分是负责任金融。一方面，银行需要监测借款企业的环境和表现，及时发现企业的不负责任行为；另一方面，银行会停止向环境和社会表现不佳的企业借款，或加大监督力度，如在贷款合同中加入与环境和社会实践相关的条款，并现场检查借款企业的环境和社会实践。因此，该文认为 ESG 披露法规会通过银行信贷网络产生积极的传导效应。

然而，ESG 披露法规也可能无法通过银行信贷网络推动借款企业提高环境和社会绩效。主要原因包括以下两点：首先，借款企业会权衡受银行压力开展 ESG

实践的成本与从银行获得的收益。如果开展 ESG 实践的成本过高，或企业存在其他融资渠道时，企业没有任何动机改善环境和社会绩效。其次，借款企业的环境和社会表现的信息超出了银行自身的运营范围，公众难以核实借款企业的环境和社会表现。因此，银行可能会使用模块化的语言或其他无关紧要的信息描述借款企业的环境和社会实践，而没有真正地推动借款企业改善环境和社会表现。基于此，该文旨在研究 ESG 披露法规是否以及如何在银行信贷网络中产生传导效应。该文提出如下假设：

假设 1：相较于其他借款企业，向受 ESG 披露法规影响的银行借款的企业会提高其环境和社会表现。

四、研究思路与结果

既有研究面临的一个重要实证挑战是，当地的 ESG 披露法规通常广泛适用于金融企业和非金融企业，难以干净地识别传导效应。同时，即使部分国家颁布的 ESG 披露法规只影响银行，银行的 ESG 披露和借款公司行为可能受该国所有企业的共同潜在因素影响。基于上述挑战，该文基于美国企业从非美国银行借款的信贷关系数据，以非美国银行总部所在国家是否实施 ESG 披露法规为场景，较为准确地识别了 ESG 披露法规在银行信贷网络的传导效应。

（一）数据来源与主要变量

该文基于 Dealscan 数据库识别美国企业在非美国银行借款的信贷关系，在 Carrots 和 Sticks 等数据库中收集了 1999～2017 年来自 24 个国家颁布的 ESG 披露法规。借款企业环境和社会表现数据源自 Refinitiv 数据库，借款企业财务数据来自 Compustat 数据库，银行财务数据来自 BankFocus 数据库。

该文的初始样本为至少有一笔非美国银行借款的美国企业。在此基础上，剔除金融行业企业、关键变量缺失的样本。最终得到 5086 个企业—年度观测值，覆盖 839 家美国企业。样本区间为 2002～2018 年。

在此基础上，该文构建了以下实证模型：

$$BorrowerE\&S_{i,t} = \beta_0 Exposure\ to\ Banks_{i,t} + \beta_1 X_{i,t-1} + v_i + \tau_t + \epsilon_{i,t}$$

被解释变量为借款企业环境和社会表现（$Borrower\ E\&S_{i,t}$），由 Refinitiv 数据库中环境维度得分和社会维度得分取平均值得到。环境维度得分根据资源使用减少、排放减少、环境创新三个子指标取加权平均值，社会维度得分根据劳动力、人权、社区发展、产品责任四个子指标取加权平均值。

解释变量为企业受 ESG 披露法规的影响程度（*Exposure to Banks*$_{i,t}$），由以下公式计算得出：

$$Exposure\ to\ Banks_{i,t} = \sum\nolimits_b \omega_{b,i,t} Regulation\ on\ Banks_{b,t}$$

其中，法规对银行的影响（*Regulation on Banks*$_{b,t}$）为哑变量，当 ESG 披露法规在 t 年对银行 b 产生影响时取 1，否则取 0。$W_{b,i,t}$ 为企业 i 在 t 年向银行 i 借款金额占企业 i 当年获得的银团贷款总额的比例。该变量衡量了当 ESG 披露法规对银行产生影响时，借款企业受影响的程度。

控制变量包括企业贷款规模、资产负债率、净资产收益率、流动资产、广告支出、研发支出、分析师跟踪人数、机构投资者持股比例、企业贷款总额。同时，该文控制了公司固定效应、时间固定效应和银团贷款牵头银行的固定效应。

（二）实证思路与结果

该文的实证思路与结果主要包含三部分：第一部分为基准回归结果，检验 ESG 披露法规是否通过银行信贷网络产生传导效应；第二部分为作用机制检验；第三部分围绕传导效应展开系列异质性检验。

1. 基准回归

首先，该文验证了 ESG 披露法规颁布后，银行是否提高自身的环境和社会绩效，以披露更有利的 ESG 信息。检验结果显示，ESG 披露法规颁布后，银行发布 ESG 报告的概率提高，环境和社会绩效也会提高。以上结果表明，受 ESG 披露法规影响的银行会提高自身的环境和社会参与度。

其次，该文验证了 ESG 披露法规是否会通过信贷网络产生传导效应。回归结果显示，与受 ESG 披露法规影响的银行有信贷关系的借款企业，在法规颁布后环境和社会绩效显著提高，验证了 ESG 披露法规在信贷网络的传导效应。

再次，该文排除了替代性解释，即由于借款企业有国外业务而改善他们的环境和社会实践，而非由于信贷网络的传导效应。一方面，该文将 ESG 披露法规限制为仅影响银行的规定（澳大利亚、巴西、加拿大、爱尔兰和以色列），并剔除了受其他信息披露法规影响的样本，重复上述检验，结果保持一致。另一方面，作者将对照组更换为在颁布 ESG 披露法规的国家有业务但无借贷关系的美国企业样本，重复上述检验，结果仍然保持一致。以上结果表明，ESG 披露法规在信贷网络的传导效应不太可能仅用借款企业在国外的业务来解释。

最后，该文进行了系列稳健性检验，包括平行趋势检验、更换样本、更换解释变量、更换计量模型，回归结果仍保持稳健。

2. 作用机制检验

该文围绕研究假设中提到的参与机制和筛选机制进行检验，并排除了"漂绿"的影响。

围绕参与机制，受影响的银行可能会向企业施压并进行监督，要求企业纠正或改善环境和社会问题，参与绿色项目。因此，该文预计银行将在披露监管后新签订的贷款合同中添加更多与 ESG 相关的条款。为验证该猜想，该文使用关键词检索合同中是否包含环境条款，要求其就环境问题采取补救行动，并在此基础上构建是否包含环境条款（$EnvCovenant$）、环境条款的数量（$LnEnvCovenant$）变量。检验结果显示，ESG 披露法规实施后，借款企业向受影响的银行申请新贷款时，银行更有可能添加环境条款。

围绕筛选机制，银行会终止与环境和社会表现不佳企业的借贷关系，将贷款发放给环境和社会表现更好的企业。为验证该猜想，该文构建关系是否终止（$Relationship\ Termination$）变量，针对每个"银行—借款企业"对的最后一笔贷款到期后的年份取 1，借贷关系持续则取 0。检验结果显示，受影响的银行更有可能与监管后环境和社会表现更高的借款人保持贷款关系。

该文进一步验证借款企业的环境和社会表现改善是可靠的，而非"漂绿"带来的效果。检验结果显示，监管后借款企业二氧化碳排放量下降了 9.72%，废弃物排放量下降了 6.59%，社会丑闻数量减少了 5.43%。上述发现为 ESG 披露法规通过信贷网络引导借款企业增加其环境和社会参与度提供了支持性证据。

3. 异质性检验

该文围绕 ESG 披露法规执行的有效性、信贷关系对借款企业的重要性两个方面展开系列异质性检验。

围绕法规执行的有效性，该文发现，当银行在 ESG 披露法规实施前没有自愿披露 ESG 信息、银行在 ESG 报告中披露更多的定量信息、银行总部所在国家执法力度更强时，ESG 披露法规在银行信贷网络的传导效应更为显著。

围绕信贷关系对借款企业的重要性，该文发现，当借款企业与银行的借贷关系存续时间较长、借贷更频繁、对银行的依赖程度更高时，ESG 披露法规在银行信贷网络的传导效应更为显著。

五、研究结论

该文验证了 ESG 披露法规在银行信贷网络的传导效应，且银行主要通过参与机制和筛选机制发挥作用。进一步地，当银行披露新的以及更多的定量信息、银行总部所在国家执法力度更强，以及借款企业面临更高的转换成本时，ESG 披露法规在银行信贷网络的传导效应更为明显。

该本的研究存在一定的局限性：第一，该文不能完全排除借款企业国际化业务对其环境和社会表现的影响。第二，该文在验证参与机制时侧重于识别贷款合同中是否包含环境条款，难以观测到具体的合同执行情况，以及企业违反环境条款的后果。

尽管存在一些局限性，但该文为实践和未来的研究提供了重要的启示。首先，该文为经济可持续发展提供了重要的实践启示。尽管 ESG 披露法规主要针对上市公司，但它可能通过信贷网络对更广泛的非上市公司产生惩戒作用。作为资本和流动性提供者，银行可以通过参与和筛选活动，推动经济向可持续发展转型。其次，从研究方法上看，该文较好地解决了档案研究广泛存在的内生性问题。该文利用全球 ESG 披露法规研究银行通过信贷网络对非披露实体 ESG 表现的影响，较为准确地识别了因果关系，对研究具有较好的借鉴意义。最后，从研究内容上看，企业在现代商业中已不是孤立的个体，银行信贷关系、供应链关系、国际贸易关系等的 ESG 研究将是未来的研究热点。

第六节　外部审计师在管理 ESG 声誉风险 方面的作用[*]

一、问题提出

企业在 ESG 问题上面临着越来越大的声誉管理压力，其 ESG 声誉风险可能

---

* Asante-Appiah B, Lambert T A. The role of the external auditor in managing environmental, social and governance (ESG) reputation risk [J]. *Review of Accounting Studies*, 2023, 28 (4): 2589-2641.

文中引用文献请参考原作。

带来的损失已经超过了技术更迭、边缘政治和经济风险带来的损失。ESG 声誉风险是指，企业不当处理 ESG 问题形成的负面声誉，导致企业价值损失的风险。近年来，与 ESG 相关的声誉危机损害了许多企业的品牌价值、客户信心、收入和股价。现有研究结果表明，ESG 声誉风险会导致企业市场价值下降和企业信用风险增加（Choi et al.，2020）。

鉴于 ESG 风险的潜在影响，现有声誉管理文献认为企业会寻求多种策略应对 ESG 风险（McDonnell et al.，2013），如购买外部审计师的非审计服务。考虑到外部审计师具有风险管理的专业知识，且对客户企业 ESG 风险有深入的了解，该文认为购买外部审计师的非审计服务是企业应对 ESG 风险的主要策略。

现有的市场证据也支持这一观点，即认为非审计服务能帮助企业进行有效的 ESG 风险管理。例如，英国石油公司（BP）、Alphabet、Facebook 等企业 ESG 相关的丑闻被媒体曝光后，这些企业的非审计服务激增。相对应地，会计师事务所也在积极推广 ESG 风险和机遇管理服务（Cohen et al.，2002）。但是，这一假设也面临着争议，有观点认为非审计服务的增加可能会损害审计质量（Kinney et al.，2004）。

因此，该文提出研究问题：面临 ESG 声誉危机的企业是否会增加非审计费用？而外部审计师提供的非审计服务是否有助于管理企业 ESG 风险？

二、研究发现与贡献

该文研究发现：第一，外部审计师通过提供非审计服务，帮助面临声誉危机的企业有效管理 ESG 声誉风险。第二，这些非审计服务的选择和质量在管理 ESG 风险时至关重要，企业和投资者会区分 ESG 行业专业审计师与非行业专业审计师提供的非审计服务，并认为 ESG 行业专业审计师的非审计服务更有效。第三，当 ESG 风险来自社会（S）维度时，外部审计师并不能帮助企业在声誉危机时缓解企业价值下降。

该文的研究贡献主要体现在以下四个方面：

第一，该文验证了 ESG 声誉风险与企业未来价值之间的关系，补充了 ESG 声誉风险与企业价值的经验证据。已有研究发现，声誉高的企业往往享有较低的股权资本成本（Cao et al.，2015）。该文研究发现外部审计师提供的非审计服务能够有效缓解由 ESG 声誉风险引起的企业价值下降，这表明企业积极应对 ESG 声誉风险是有用且重要的。

第二，该文首次证明了 ESG 声誉风险与非审计服务之间的联系，拓展了外部审计师在 ESG 声誉风险管理中的作用研究。会计师事务所在 ESG 咨询和鉴证服务中扮演的角色仍然是不确定的，该文研究发现外部审计师不仅可以识别和评估与 ESG 相关的财务风险，还可以通过非审计服务参与企业 ESG 风险战略管理。

第三，该文论证了外部审计师能帮助企业管理 ESG 声誉风险，丰富了企业 ESG 声誉风险管理的研究。已有研究表明，企业 ESG 声誉风险会导致企业价值下降（Matsumura et al.，2014；Choi et al.，2020）。而该文研究发现，在 ESG 声誉危机时期，外部审计师提供的非审计服务能够有效缓解由 ESG 声誉风险引起的企业价值下降。

第四，该文关注了企业和投资者对不同类型和质量非审计服务的反应，完善了审计师专业化和机构投资者两个领域的文献。既往关于审计师专业化的文献中，非审计费用对审计质量的影响取决于审计师的行业专业化（Lim et al.，2008）。而该文发现拥有 ESG 行业专业知识的审计师能帮助企业缓解 ESG 声誉危机造成的企业价值下降。既往关于机构投资者的文献中，Krueger 等（2020）发现，机构投资者认为 ESG 风险会影响企业的长期绩效和估值，会积极地参与解决 ESG 问题。该文的实证研究结果验证了这一点：机构投资者持有的企业更有可能购买非审计服务，以帮助企业应对 ESG 声誉危机。

三、理论分析

过去的十年中，ESG 问题受到企业、投资者等利益相关方越来越多的关注。企业不当处理 ESG 问题给企业带来了巨大的 ESG 声誉危机，一些企业面临客户抵制、收入损失甚至破产（Hales，2018）。Kirsch（2009）和 McDonnell（2013）建议，面临 ESG 声誉危机的企业应致力于管理 ESG 风险，保障企业未来价值。

该文认为，外部审计师在帮助企业管理 ESG 风险方面有两大优势：一是对客户企业的 ESG 风险有深刻理解；二是有企业风险管理的专业知识。围绕第一个优势，由于外部审计师为客户企业提供财务报告审计服务，该过程逐渐积累了审计师对企业 ESG 风险的认识。企业 ESG 活动会影响财务报告的质量（Burke et al.，2019；Capelle-Blancard et al.，2019），外部审计师在评估 ESG 活动对财务报表重大错报风险以及企业短期生存能力的影响时，会逐渐积累对客户特定信息和专业知识的了解（Asante-Appiah，2020）。现有研究证明，外部审计师能够通过增加审计工作来有效地处理财务报告中的 ESG 风险，并将风险定价到审计费用中（Burke et al.，2019）。围绕第二个优势，由于外部审计师参与美国反虚假财务报告委员会（Committee of Sponsoring Organizations，COSO）的工作，其在设计、报告和评估内部控制系统中积累了数十年的专业知识。为了规范和补充审计师在 ESG 领域的风险管理框架，COSO（2018）发布了专门用于管理企业 ESG 风险的企业风险管理指南，进一步强化了审计师的风险管理知识。因此，该文认为凭借着对客户企业 ESG 风险的深入了解和对风险管理专业知识的掌握，外部审计师能够提供非审计服务帮助企业管理 ESG 声誉风险。

然而，既有关于非审计服务有效性的研究中，外部审计师提供非审计服务往往面临着质疑。一些监管机构认为，同时提供审计服务和非审计服务会威胁审计师的独立性，进而影响审计质量（Kinney et al.，2004）。但同时，也有研究认为，非审计服务不会损害审计质量（Ye et al.，2011；DeFond et al.，2002）。

该文假设，面临 ESG 声誉危机的企业将提高非审计费用来管理 ESG 风险。研究假设 H1 如下：

H1：企业声誉受损与非审计费用存在正相关关系。

由于 ESG 披露受到越来越多的关注，企业面临的 ESG 风险和机遇会影响长期绩效和估值。已有研究表明，ESG 披露与企业估值存在正相关关系（Choi et al.，2020；Sharma et al.，2018），并且企业会通过 ESG 活动来提高市场价值（Jo et al.，2011）。此外，企业多元化声誉管理与短期股价存在正相关关系（McMillan-Capehart et al.，2010）。这些研究表明，有效管理 ESG 风险能提高企业价值。

如果外部审计师能帮助企业管理 ESG 风险，那么因 ESG 声誉危机而增加的非审计费用应该能提高企业 ESG 风险应对能力，并提高企业的未来价值。据此，该文提出以下研究假设：

H2a：增加的非审计费用能够缓解 ESG 声誉危机造成企业未来经营业绩的下降。

H2b：增加的非审计费用能够缓解 ESG 声誉危机造成企业未来市场估值的下降。

四、研究思路与结果

（一）数据来源与主要变量

该文基于 RepRisk 数据库衡量企业 ESG 声誉情况。RepRisk 数据库收集了 2007~2014 年所有美国上市公司的数据。除此之外，企业财务数据来自 Compustat 数据库；非审计服务数据来自 Audit Analytics 数据库；公司治理数据来自 GMI Ratings 和 BoardEx 数据库。在此基础上，该文剔除金融行业、关键变量缺失的样本。最终得到 6565 个企业年观测值。

该文构建了以下实证模型，来检验研究假设 1：

$$AUNAS_{i,t} \ or \ TAXNAS_{i,t} \ or \ OTHNAS_{i,t} = \alpha_0 + \alpha_1 TAINTREP_{i,t} + \alpha_2 Control \ variables_{i,t} +$$
$$Year \ fixed \ effects + Firm \ fixed \ effects + error$$

$$（1）$$

被解释变量为三类非审计费用：与审计相关的非审计费用（$AUNAS_{i,t}$）、与税务相关的非审计费用（$TAXNAS_{i,t}$）和其他类型的非审计费用（$OTHNAS_{i,t}$）。

解释变量是企业在 t 年异常 ESG 负面媒体报道 （$TAINTREP_{i,t}$），是根据式（2）回归得到的残值。

$$AvRRI_{i,t} = \alpha_0 + \alpha_1 Firm \ characteristics \ and \ Complexity_{i,t} + Year \ fixed \ effects + error \quad （2）$$

解释变量（$Firm \ characteristics \ and \ Complexity_{i,t}$）是决定 t 年被解释变量的企业特征和行业特征变量，包括企业规模、是否有国外业务、销售增长率、市账率、业务部门数量、资产回报率、杠杆率、企业经营年份、是否采用低边际税率、行业诉讼率和是否在 ESG 敏感行业。被解释变量 （$AvRRI_{i,t}$） 根据 RepRisk 数据库中月度企业声誉风险指数取年化平均值得到。

在此基础上，该文构建了以下实证模型，来检验假设 2：

$$3YRROA_{i,t+1 \ to \ t+3} \left[or \ 3YRTOBIN_{i,t+1 \ to \ t+3} \right] = \alpha_0 + \alpha_1 \ TAINTREP_{i,t} \times AUNAS_{i,t} \left[or \ \alpha_1 \right.$$
$$TAINTREP_{i,t} \times TAXNAS_{i,t} \right] \left[or \ \alpha_1 \ TAINTREP_{i,t} \times OTHNAS_{i,t} \right] + \alpha_2 \ TAINTREP_{i,t} + \alpha_3$$
$$AUNAS_{i,t} \left[or \alpha_3 TAXNAS_{i,t} or OTHNAS_{i,t} \right] + \alpha_4 Control \ variables_{i,t} + Year \ fixed \ effects + Firm\text{-}$$
$$fixed \ effects + error$$

$$（3）$$

被解释变量为企业价值，分别用经营绩效和市场估值衡量。长期经营绩效模型（H2a）的因变量是企业从 $t+1$ 年开始的三年平均投资回报率（$3YRROA_{i,t+1 \ to \ t+3}$），长期市场估值模型 （H2b） 的因变量是企业从 $t+1$ 年开始的三年平均托宾 Q 自然对数 （$3YRTOBIN_{i,t+1 \ to \ t+3}$）。

解释变量包括非审计费用 （$AUNAS_{i,t}$ or $TAXNAS_{i,t}$ or $OTHNAS_{i,t}$）、异常 ESG 负面媒体报道 （$TAINTREP_{i,t}$），以及非审计费用与异常 ESG 负面媒体报道 （$TAINTREP_{i,t}$） 的交乘项。

（二）实证思路与结果

该文的实证思路与结果主要包含三部分：第一部分是基准回归检验，检验

ESG 声誉风险是否会导致更高的非审计费用。第二部分是作用机制检验，检验增加非审计费用能否缓解 ESG 声誉危机带来的企业未来价值下降。第三部分围绕外部审计师提供非审计服务的有效性进行进一步检验。

1. ESG 声誉危机与非审计服务

首先，该文采用多变量分析法进行基准回归检验，检验了企业 ESG 声誉危机与非审计费用的关系。结果显示，异常 ESG 负面媒体报道与非审计费用中 AUNAS 和 OTHNAS 存在正相关关系，而与 TAXNAS 无显著关系，表明企业面临 ESG 危机时，会增加与审计相关的和其他类型的非审计费用。此外，TAINTREP 的边际效用在经济上是有意义的，TAINTREP 从第一个四分位到第三个四分位会导致非审计费用中的 AUNAS 增加 10.16%（非审计费用中的 OTHNAS 增加 13.55%）该文还调整企业、行业和年份的固定效应，结果一致：企业 ESG 声誉风险增加时，非审计费用也会增加。

其次，该文的结果可能是由于异常 ESG 负面媒体报道与一些未观察到的企业特征和行业特征相关。针对上述可能，该文具体采用了以下三种方法排除替代性解释：第一，在非审计服务模型中使用了二阶段模型；第二，非审计费用模型中控制了年度和企业固定效应；第三，采用关键变量滞后一期进行检验，将每个连续性变量重新指定为 t 期与 $t-1$ 期的值之差。上述的检验结果与假设 1 一致，企业 ESG 声誉危机与非审计服务费存在正相关关系。

最后，该文进行了若干稳健性检验：第一，排除行业固定效应，但包括年度固定效应，并在行业和年份层面上采用了聚类标准误。第二，该文将表示异常 ESG 负面媒体报道增加的指标变量（incTAINTREP）作为自变量，非审计费用增加的指标变量（incAUNAS、incTAXNAS 和 incOTHNAS）作为因变量。第三，该文根据连续测量值异常 ESG 负面媒体报道，构建了非连续测量值 ΔTAINTREP，令异常 ESG 负面媒体报道为正的取值的保持不变，而异常 ESG 负面媒体报道为负的均赋值为 0。第四，该文选择 incTAINTREP = 1 的子样本进行检验。在这些稳健性检验中，回归结果仍保持稳健。

2. ESG 风险危机时期非审计费用对企业未来价值的影响

该文采用多变量分析法进行作用机制检验，检验了异常 ESG 负面媒体报道是否会对企业价值产生负面影响，以及非审计费用是否能缓解这种影响。该文对企业价值的检验包括经营绩效和市场价值两方面。围绕经营绩效，研究结果发现，非审计费用中的 TAXNAS 与长期经营绩效无关，而与非审计费用中的 AUNAS

和 *OTHNAS* 与长期经营绩效正相关，这表明企业面临 ESG 声誉危机时，增加与审计相关的和其他类型的非审计费用可以增加企业的长期经营绩效。围绕市场估值，研究结果发现，非审计费用中 *AUNAS* 与长期市场估值相关，而非审计费用中的 *TAXNAS* 和 *OTHNAS* 与长期市场估值无关，这表明企业面临 ESG 声誉危机时，增加与审计相关的非审计费用可以增加企业的长期市场估值。上述结果表明，在 ESG 声誉危机时与审计相关的非审计费用增长会增加企业的未来价值，但其他非审计费用与企业未来价值无关。进一步地，该文进行了稳健性检验，包括加入滞后变量、调整固定效应，结果表明随着异常 ESG 负面媒体报道增加，与审计相关的非审计费用的增加与企业未来价值的增加相关。

考虑到 ESG 风险加剧时，企业可能寻求外部审计师以外的渠道获得 ESG 服务，因此该文需要排除其他渠道 ESG 服务对企业价值的影响。然而，支付给其他渠道的费用和增加的额外内部成本没有单独披露，无法直接观察。因此，该文具体采用了以下两种方法排除替代性解释：首先，在回归中加入了企业和年份固定效应；其次，该文创建了一个替代变量来控制其他的替代性解释，该变量由异常销售、一般和管理费用构成。研究结果发现，企业未来价值的增加并非是由其他 ESG 风险管理活动驱动的。

3. 进一步分析

该文进一步验证了外部审计师提供 ESG 服务的有效性：第一，检验企业面临 ESG 声誉危机时，非审计服务是否可以降低企业未来 ESG 风险。前文的研究已证明了审计师提供的非审计服务能有效缓解企业价值下降，该文认为这种缓解是因为审计师参与了 ESG 咨询和鉴证服务，而这些服务有助于降低企业未来的 ESG 风险，因此该文补充研究非审计服务是否有助于降低企业未来的 ESG 风险。研究结果表明，在 ESG 风险增加的情况下更多的非审计费用与未来 ESG 风险降低有关。

第二，检验企业是否从 ESG 行业专业审计师购买非审计服务，这类服务是否比非行业专家提供的服务更有效。既有研究认为，企业增加行业专业审计师的非审计费用，投资者也会做出积极反应（Lim et al.，2008）。前文的研究证明了企业面临 ESG 声誉危机时，会增加非审计费用，该文认为这种增加是因为审计师对企业 ESG 风险有更深刻的理解。据此，该文研究非审计费用对企业价值下降的缓解是否取决于审计师的 ESG 行业专业化。研究结果表明，在企业面临 ESG 危机时，会增加行业专业审计师的非审计费用，并且非审计费用对企业价值下降的缓解作用主要是由 ESG 行业专业审计师驱动的。实证结果支持假说 1 和假说 2，反映了 ESG 专业知识在其中发挥的作用。

第三，检验机构持股比例高的企业是否更有可能在 ESG 风险增加的情况下购买非审计服务。既有研究表明，机构投资者尤其关注 ESG 风险对企业财务的影响（Krueger et al.，2020）。如果外部审计师的非审计服务有效，那么面临 ESG 声誉危机时，机构持股比例高的企业应该购买更多的非审计服务。研究结果表明，主要由机构投资者控制的企业在 ESG 声誉危机时，购买力更多的非审计服务。

第四，检验非审计服务是否会降低审计质量。既有研究担心非审计服务会损害审计师的独立性和审计质量（Francis et al.，2006）。据此，该文研究企业重述与异常 ESG 负面媒体报道和非审计费用是否相关。研究认为，没有发现任何证据表明，在 ESG 风险增加时，非审计费用的增加会损害以重述为代表的审计质量。

第五，该文使用 RepRisk 数据库中的企业声誉风险指数峰值得分替代 AvRRI 重复检验，结果保持一致。

第六，该文探究了环境、社会和治理三个细分维度的企业声誉风险指数得分对非审计费用的影响是否存在差异。结果显示，当 ESG 负面媒体报道以环境、治理议题为主时，公司从外部审计师中购买了更多的非审计服务；但以社会议题为主的 ESG 负面媒体报道对非审计费用没有显著影响。

五、研究结论

该文研究发现，首先，外部审计师通过提供非审计服务，可以帮助面临声誉危机的企业管理 ESG 声誉风险。其次，非审计服务的选择和质量在管理 ESG 风险时至关重要，企业和投资者会区分 ESG 行业专业审计师与非行业专业审计师的非审计服务，并且 ESG 行业专业审计师的非审计服务更有效。

正如文章所言，该文的研究因果效应的能力有限，可能存在遗漏变量的问题：第一，该文无法完全排除一些未提到同时对企业声誉和非审计费用造成影响的企业特征和行业特征因素；第二，该文无法完全排除在 ESG 风险加剧时，其他渠道的 ESG 服务对缓解企业价值下降的作用。

尽管该文存在一些局限性，但为实践和未来的研究提供了重要的启示。从实践上看，该文进一步证明了管理 ESG 风险对企业未来价值的重要性，并表明企业和投资者会区分 ESG 行业专业审计师和非行业专业审计师提供的非审计服务，这为企业管理者、监管者、会计师事务所在涉及非审计服务事项上的工作提供了参考。从研究内容上看，该文研究发现当 ESG 风险来自社会（S）维度时，外部审计师并不能帮助企业在声誉危机时期缓解企业估值下降，未来的研究可以进一步探讨该文结果的应用情景和边界条件、不同形式的 ESG 披露和保证报告对其他价值和其他企业重要结果指标的影响，或采用更精细的单个 ESG 要素进行探索。

第四章 洞察投资：ESG 投资专题

第一节 导读

一、ESG 投资的理念诠释

近年来，社会和环境责任已成为社会关注的焦点，这一趋势影响了金融市场，越来越多的投资者在其投资配置中考虑 ESG 信息（Starks，2023；Meira et al.，2023）。联合国于 2006 年发起的 UNPRI，是迄今为止资产管理行业中最大规模的全球 ESG 倡议，为投资者提供了一个明确的指导框架，强调了 ESG 因素在投资决策中的重要性。UNPRI 进一步为私募股权行业的普通合伙人（GP）提供了将 ESG 因素纳入其投资流程的综合指导。截至 2021 年底，已有近 4000 个机构签署了 UNPRI，其管理的资产总额超过 120 万亿美元。Morningstar 最新的研究报告显示①，全球可持续基金在 2024 年第一季度吸引了近 9 亿美元的净资金流入，其中欧洲地区吸引了近 110 亿美元的资金流入。此外，全球可持续基金资产在 2024 年 3 月底增长了 1.8%，达到近 3 万亿美元。

但是，关于如何将 ESG 标准融入投资决策的探讨中，学术界与商业领域尚未形成统一的标准化定义（Chen and Mussalli，2020），并呈现出多元化的表述方式。这些术语包括 SRI、道德投资（Ethical Investment，EI）、可持续投资（Sus-

①　*Global Sustainable Fund Flows*：*Q1 2024 in Review.*

tainable Investment，SI），以及影响力投资（Impact Investing，II）等，它们各自蕴含了对投资行为的不同期望与目标（Eccles and Viviers，2011）。① Pástor 等（2021）将 ESG 投资定义为一种考虑 ESG 标准的投资方法，该方法不仅追求财务目标，还关注 ESG 标准对资产价格、企业行为以及社会影响的潜在作用，从而揭示了 ESG 偏好如何塑造投资决策和市场结果。同样地，Pedersen 等（2021）的研究表明，股票的 ESG 评分能够为投资者提供关于公司基本面的关键信息，进而影响其投资决策。

与传统投资相比，ESG 投资具有其独特性，它更加注重社会和环境的影响。因此，ESG 投资者倾向于规避那些可能对社会或环境产生负面影响的行业，如赌博和烟草，而更倾向于投资在农业、清洁技术和教育等具有积极社会影响的领域（Cojoianu et al.，2022）。唐棣和金星晔（2023）基于行为主体的自律性和社群性特质提出了一个新的框架，有助于理解投资者的 ESG 投资行为，为 ESG 投资实践提供了理论支撑，也为投资者实现经济效益与社会责任的双重目标提供了新的视角。

然而，投资者在将 ESG 因素纳入投资决策的过程中也面临着不少挑战。通过案例分析，Young-Ferris 和 Roberts（2023）指出 ESG 整合困难主要体现在以下几个方面：第一，ESG 数据质量差异性较大，导致数据难以标准化；第二，ESG 数据（主要是环境与社会数据）的价值相关性可能难以确定；第三，ESG 风险产生的影响持续时间较长且存在地区差异，可能难以通过传统财务会计信息予以体现；第四，投资者投资风格和资产类别的差异性，导致对 ESG 信息的需求和整合方法存在区别。也就是说，尽管 ESG 整合对投资者有吸引力，但其实际效果和对当前可持续性挑战的应对能力仍有待于进一步研究，以实现真正有效的 ESG 投资。

二、ESG 投资的多维驱动因素

为了理解投资者对 ESG 投资日益增长的兴趣，已有研究围绕投资者的 ESG 投资动机展开了探讨。Starks（2023）探讨了投资者动机差异及管理者动机差异对 ESG 投资策略的影响，通过将投资者分为价值投资者与价值观投资者，指出

---

① SRI 被界定为一种旨在同时追求财务回报与社会环境责任双重目标的投资策略（Kumari et al.，2023）。

价值投资者主要考虑 ESG 问题如何提升公司价值，即改善公司的风险回报。相较之下，价值观投资者的动机源于他们的非经济偏好，如伦理道德或个人信念，这类投资者通常特别关注公司的社会和环境影响，而管理者可能迎合投资者对 ESG 的需求而调整策略。通过调查问卷方式，Amel-Zadeh 和 Serafeim（2018）发现，机构投资者在投资决策中使用 ESG 数据主要出于财务原因，而非道德原因。首先大部分被调研的投资者认为，ESG 信息对其投资业绩具有重要影响，因此 ESG 信息与投资业绩的相关性是他们使用 ESG 数据的主要原因；其次是满足客户的需求和产品开发策略的需要，这表明 ESG 信息在全球投资者决策中的重要性。Luu 和 Rubio（2024）聚焦于千禧一代①的共同基金经理，发现他们在投资组合选择和投票决策中更加倾向于 ESG 因素，与其他几代人出生的共同基金经理存在显著差异。

与此同时，部分研究探讨了个人投资者的 ESG 投资动机。基于调查和实验数据，Riedl 和 Smeets（2017）研究了个人投资者持有 SRI 基金的动机，发现这主要源于他们的社会偏好和社会信号，而财务动机相对较小。研究结果显示，一些投资者愿意牺牲财务表现以投资符合其社会偏好的共同基金，但悲观预期会降低个人投资者进行社会责任投资的可能性，而预期 SRI 股票基金财务表现优于传统股票基金的个人投资者也并不会更多持有此类基金。Bauer 等（2021）通过研究养老金基金赋予投资者对其可持续投资行为的实际投票权，得出了类似的结论。他们发现，个人投资者对 ESG 投资具有强烈的社会偏好，大部分受访者支持增加养老金基金的可持续投资行为，并允许基金经理基于可持续发展目标筛选投资组合。

三、ESG 投资的经济后果透视

关于 ESG 投资的经济后果方面，部分研究从投资组合选择与资产定价的角度，讨论了投资者将 ESG 因素纳入投资决策所产生的影响（Pedersen et al.，2021；徐凤敏等，2023）。例如，Pedersen 等（2021）通过引入 ESG 有效边界的概念，提出了一个基于 ESG 调整后的资本资产定价模型，并进行了实证检验。研究指出，高 ESG 股票的预期回报可能更高、更低或中性，这取决于投资者结

---

① 千禧一代指的是出生于 1980 年至 2000 年初的一代人，也被称为"千禧后一代"或"Y 世代"。这一代人成长在数字化和全球化的环境中，拥有独特的价值观和消费习惯，对社会、环境等议题关注度较高。

构及其 ESG 偏好的程度①，这是因为 ESG 因素在投资决策中具有双重作用：一方面，ESG 评分提供了公司基本面的重要信息；另一方面，ESG 评分影响了不同类型投资者的偏好。Ciciretti 等（2023）和 Cornell（2021）实证探讨了企业 ESG 评分与企业预期回报之间的关系，发现高 ESG 评分的企业具有较低的预期回报（ESG 负溢价），这主要是由于投资者对 ESG 评分较高公司的偏好所致，而非企业系统性风险导致。Cunha 等（2020）则考察了 ESG 投资回报的地区差异性，通过将全球股票市场中的多项可持续性投资指数的表现与其各自的市场基准进行了比较，发现全球不同地区的可持续投资表现差异较大。其中，在欧洲和新兴市场等地区，投资者可持续投资能够获得较高的超额回报。

同时，有研究从股价信息含量与资本市场稳定性的角度，讨论了 ESG 投资带来的影响。Cao 等（2023）发现，社会责任机构（以下简称 SR 机构）在投资过程中对 ESG 的偏好以及较低的交易活跃度，导致 SR 机构持有的股票未来异常回报与错误定价信号的相关性较大。由于 SR 机构对股票定价偏差的反应较弱，导致股票价格对市场信息的反应程度下降，从而降低股价信息效率，特别是在套利限制较大时更为明显。Zhou 和 Kang（2023）基于理性预期均衡模型，从投资者异质性偏好和信息获取的视角探讨了 ESG 投资对市场价格信息含量的影响。研究发现，随着越来越多的传统投资者转向绿色投资，市场价格更多地反映了企业货币风险，从而导致市场价格对非货币风险的敏感度下降②。Liu 等（2023）探讨了 ESG 投资对中国金融市场稳定性的影响，指出 ESG 投资有助于减少短期投机活动，促进长期投资策略，从而减少金融市场的不确定性。

部分研究探讨了 ESG 投资对基金业绩的影响。Liang 等（2022）分析了对 UNPRI 进行背书的对冲基金在风险调整后的表现，发现 UNPRI 背书基金在风险调整后的表现通常逊于其他对冲基金，这主要是因为 UNPRI 背书基金所投资股票的 ESG 水平较低导致。尽管如此，UNPRI 背书基金吸引了更多的资金流入并收取了更高的基金费用。这意味着部分对冲基金通过 UNPRI 背书吸引投资者，

---

① 为了深入理解 ESG 因素如何影响投资者的选择，该文将投资者分为三类："U"形投资者，他们在进行投资决策时不考虑 ESG 信息；"A"形投资者，他们利用 ESG 信息来更新对股票基本面的看法；"M"形投资者，他们在投资决策中明确表现出对 ESG 因素的偏好，即使这可能会导致较低的预期回报。这三类投资者的存在，使市场中的资产价格和预期回报受到 ESG 因素的多维度影响。

② Zhou 和 Kang（2023）将投资者分为传统投资者和绿色投资者，并指出传统投资者关注价格信号中的企业货币风险（企业财务表现），绿色投资者关注同一价格信号中的企业货币风险与非货币风险（ESG 表现）。

但并未在股票投资决策中融入 ESG 评分信息。Cerqueti 等（2021）发现，高 ESG 评级的基金相对于低 ESG 评级的基金在低波动性时期的市场价值损失较小，而在高波动性时期两类基金价值变化无显著差异。

与此同时，部分研究以其他金融机构作为研究对象，探讨其 ESG 投资产生的经济后果。例如，宋科等（2022）指出，商业银行 ESG 投资在整体上促进银行的流动性创造，具体为促进资产端和负债端流动性的创造，但抑制表外流动性的创造，这主要是源于 ESG 投资提升了银行盈利能力和风险容忍度。蒋海等（2023）发现，ESG 投资会通过声誉溢出效应提升商业银行的风险承担，其中公司治理相较于环境保护和社会责任，对商业银行风险承担的正向影响更为明显。但是，那些拥有更高 ESG 评级的银行在支持贫困地区发展的贷款发放方面表现并不佳（Basu et al.，2022）。

四、ESG 投资的真实性探析

虽然部分投资者以 ESG 为导向开展投资决策，但其是否真的投资于具有更好环境和社会实践的投资组合公司？对于该问题的解答，已有文献给出了不同的观点。一方面，ESG 导向的投资者言出必行，即更多地关注并投资于 ESG 股票。Dikolli 等（2022）发现，相较于传统非 ESG 基金，ESG 基金在股东提案投票中更加支持 E&S 议题和公司治理议题（G 议题），尤其是 ES 议题，以使他们在竞争激烈的共同基金市场中有所差异。蔡贵龙和张亚楠（2023）发现了类似的证据，验证了中国 ESG 投资承诺的有效性。他们发现，中国基金公司做出 ESG 投资承诺之后表现出更高的绿色投资偏好，增加了对绿色创新型公司的投资，这意味着我国共同基金签署 UNPRI 具有实际效果，有助于其将 ESG 因素纳入投资决策中。另一方面，ESG 导向的投资者存在夸大其投资目标的嫌疑，并未在实践中充分履行其 ESG 承诺。Gibson Brandon 等（2022）探讨了签署 UNPRI 的机构投资者是否在组合层面表现出更好的 ESG 评分，研究表明除美国之外的签署机构确实表现出更优的 ESG 评分，而美国签署机构的 ESG 评分并不突出，特别是近期表现不佳、面向零售客户及较晚加入 UNPRI 的机构，且美国签署机构并未提升所投公司的 ESG 评分，这可能与吸引投资者资金流入的商业动机、关于 ESG 是否纳入受托责任的法律不确定性及 ESG 市场成熟度较低有关。Raghunandan 和 Rajgopal（2022）同样揭示了 ESG 共同基金在实际操作中的矛盾，他们发现相较于由同一实体管理的非 ESG 基金，ESG 共同基金在投资组合中所持有的公司在遵守劳动和环境法律方面的表现相对较差，这明显反映了 ESG 基金在社会责任投资与其实际投资决策之间存在显著的不一致。Kim 和 Yoon（2023）发现了类似结论，尽管 UNPRI 签署机构吸引了大量的资金流入，但是这些机构在签署 UNPRI 之后并未显著改善 ESG 实施情况，基金层面的 ESG 得分没有显著变化。进一步研究发现，UNPRI 签署机构在股票交易与股东议案投票方面并未明显偏向 ESG 表现好的公司。

五、经典文献概述

纵览 ESG 投资的相关文献，不难发现，已有研究在理解 ESG 投资动机、经济后果及真实性方面发挥了重要作用。这些研究不仅丰富了该领域的知识体系，还为 ESG 投资的实践提供了有力的理论支撑。基于研究主题、学术影响力、研究方法及实践指导意义，本书挑选了以下五篇 ESG 投资的经典文献：

第一篇文献通过理论建模，创新性地提出了 ESG 有效边界和 ESG 调整后的资本资产定价模型，系统性地阐述了如何将 ESG 因素整合到投资组合和传统定价模型中，有助于理解 ESG 因素与资产回报之间的复杂关系（Pedersen et al.，2021）。文中通过计算 ESG 有效边界，揭示了投资者如何在不同 ESG 水平下实现风险调整后的收益最大化。通过对比不同类型投资者的有效边界和最优投资组合选择的差异性，指出 ESG 因素对资产回报的影响是复杂的。通过实证分析，该文发现不同的 ESG 指标对投资回报的预测能力也存在差异。该文为理解 ESG 因素在金融市场中的作用提供了新的视角，并为投资者在社会责任和财务回报之间做出权衡提供了理论支持。

第二篇文献重点研究了社会责任机构的 ESG 偏好对股票定价偏差和信息效率的影响，揭示了社会责任机构的 ESG 偏好如何影响股票定价模式（Cao et al.，2023）。研究发现，社会责任机构对所持股票的 ESG 绩效偏好使其对定量的错误定价信号反应较弱，从而使这些错误定价信号对股票异常收益的预测性更强。此外，研究还从资本约束、做空约束及社会责任机构的交易活动角度，深入剖析了套利限制对上述研究的影响。该研究表明，社会责任机构的 ESG 偏好在 ESG 投资兴起中发挥了重要作用，有助于理解 ESG 投资对股票定价效率的影响。

第三篇文献从 ESG 基金履行 ESG 股东提案投票权的视角，论证了 ESG 基金的投资目标与投资行为是否一致（Dikolli et al.，2022）。研究发现，相比其他基金，具有"可持续投资整体"投资目标的基金（ESG 基金）更有可能支持环境和社会（ES）股东提案以及治理（G）股东提案，表明 ESG 基金在投票行为上与其所述的投资目标一致。此外，研究还发现基金家族在影响投票行为方面发挥着重要作用，签署 UNPRI 的基金家族的 ESG 基金更有可能支持 ES 提案和 G 提案，进一步强调了基金家族对 ESG 基金投票行为的影响。

第四篇文献以机构签署 UNPRI 为切入点，研究了美国主动型基金管理者加入 UNPRI 的动机及其是否真正将 ESG 因素整合在投资实践中（Kim and Yoon，2023）。研究发现，UNPRI 签署机构成功吸引了大量资金流入，但这些基金在 ESG 评分或投资回报上并未呈现出明显改善。通过分析多种 ESG 整合策略，包括基金股票交易、与上市公司互动及股东提案投票权等方式，发现 UNPRI 签署者并未实质性地将 ESG 承诺融入其投资决策中，仅量化基金对高 ESG 表现股票的购买行为略有提升，进一步凸显了当前 ESG 投资实践的局限性和潜在问题。该研究有助于理解机构投资者的"漂绿"行为，并为评估 UNPRI 作为 ESG 投资实践指南的有效性提供依据。

第五篇文献以商业银行为研究对象，研究银行 ESG 评级与其在贫困地区实际抵押贷款之间的差距，以论证金融中介在贷款实践中是否真正履行社会责任（Basu et al.，2022）。研究发现，高 ESG 评级的银行在支持贫困地区发展的贷款发放方面表现不佳，在遭受严重自然灾害的地区，这一差距更为明显。这意味着高 ESG 评级的银行更倾向于参与象征性的亲社会活动，以夸大其 ESG 实践，但实际上并未真正履行对弱势群体的社会责任。该研究有助于理解金融中介 ESG 实践中的"言行不一"现象，为金融中介的"社会漂洗"现象提供经验证据，再次引发了关于如何确保 ESG 实践真实性和有效性的重要讨论。

综上所述，这五篇代表性文献全面、深入、准确地反映了当前 ESG 投资领域的最新进展与重要成果，对于学术界、业界及政策制定者在理解、研究和实践 ESG 投资方面具有重要的参考价值。本书将在后续章节对这些经典文献进行详细解读。

六、未来研究展望

随着全球对气候变化和可持续发展的关注不断增加，ESG 投资领域的研究也在逐渐深入。从现有文献来看，ESG 投资研究已从理论框架的构建扩展到具体投资策略、影响机制以及与企业价值的关系等多个层面。未来，ESG 投资领域的研究有望从以下几个方面展开：

第一，研究 ESG 投资策略的优化和创新。目前，ESG 投资主要关注环境、社会和治理三个方面的因素，但在实际操作中，如何将这些因素有效整合到投资决策中，仍是一个具有挑战性的问题。未来的研究可以进一步探索如何量化和标准化 ESG 因素，建立更完善的 ESG 评价体系，在此基础上，深入分析 ESG 投资的风险，以更好地理解 ESG 投资收益与风险之间的关系。此外，还可以研究如何将 ESG 投资与其他投资策略相结合，以形成更综合和有效的投资策略。

第二，研究 ESG 投资对公司决策与公司治理的影响。目前，关于 ESG 投资的经济后果研究多从股票收益与基金业绩的角度展开，较少关注投资者进行 ESG 投资如何影响企业微观决策，尤其是企业 ESG 表现。未来的研究可以不仅关注企业的财务绩效，还应关注企业在环境与社会方面的长期效益，包括但不限于企业可持续发展、环境表现和利益相关者关系管理等，以推动企业的高质量发展。

第三，研究不同金融中介的 ESG 投资行为。目前，关于 ESG 投资的研究主要集中在资产管理机构（如共同基金、对冲基金等），考察他们在投资实践中进行 ESG 整合的有效性。未来研究可以扩展到其他金融中介，包括但不限于风险资本、投资银行、商业银行和会计师事务所，充分认识金融中介的 ESG 投资行为及其经济后果，全方位地加深对 ESG 投资的理解。

第四，深入探讨中国情境下的 ESG 投资研究。中国政府与监管机构高度重视企业、社会与资本市场的高质量与可持续发展，并由此制定了多项环境保护、绿色经济、绿色金融与企业社会责任方面的政策。在此背景下，ESG 投资如何促进企业与资本市场高质量发展，以及政府之手与市场竞争在其中发挥的作用值得研究。与此同时，受我国制度与资本市场发展影响，个人投资者占比较多，交易较为活跃，研究不同类型投资者在 ESG 投资上的行为差异及其对资产定价与信息效率的异质性影响也显得极为重要，有助于为投资者保护与投资交易提供更准确、更优化的建议。

第五，ESG 投资行为及其经济后果的跨国比较也是一个有前景的研究方向。随着全球经济的日益一体化，ESG 投资已成为一个世界性议题。未来的研究可以比较不同国家在 ESG 投资方面的政策、实践和效果，并从国家制度与文化等角度进行深入分析，以借鉴和学习不同国家的经验与教训。同时，可以加强国际合作，共同推动 ESG 投资领域的研究和发展。

参考文献

［1］ Amel-Zadeh A, Serafeim G. Why and how investors use ESG information：Evidence from a global survey ［J］. *Financial Analysts Journal*, 2018, 74 （3）：87-103.

［2］ Bauer R, Ruof T, Smeets P. Get real！Individuals prefer more sustainable investments ［J］. *The Review of Financial Studies*, 2021, 34 （8）：3976-4043.

［3］ Basu S, Vitanza J, Wang W, Zhu X. Walking the walk？Bank ESG disclosures and home mortgage lending ［J］. *Review of Accounting Studies*, 2022, 27 （3）：779-821.

［4］ Chen M, Mussalli G. An integrated approach to quantitative ESG investing ［J］. *The Journal of Portfolio Management*, 2020, 46 （3）：65-74.

［5］ Cunha F A F S, et al. Can sustainable investments outperform traditional benchmarks？Evidence from global stock markets ［J］. *Business Strategy and the Environment*, 2020, 29 （2）：682-697.

［6］ Cornell B. ESG preferences, risk and return ［J］. *European Financial Management*, 2021, 27 （1）：12-19.

［7］ Cerqueti R, Ciciretti R, Dalò A, Nicolosi M. ESG investing：A chance to reduce systemic risk ［J］. *Journal of Financial Stability*, 2021 （54）：100887.

［8］ Cojoianu T F, Hoepner A G F, Lin Y. Private market impact investing firms：Ownership structure and investment style ［J］. *International Review of Financial Analysis*, 2022 （84）：102374.

［9］ Cao J, Titman S, Zhan X, Zhang W. ESG preference, institutional trading and stock return patterns ［J］. *Journal of Financial and Quantitative Analysis*, 2023, 58 （5）：1843-1877.

［10］ Ciciretti R, Dalò A, Dam L. The contributions of betas versus characteristics to the ESG premium ［J］. *Journal of Empirical Finance*, 2023 （71）：104-124.

［11］ Cohen G. The impact of ESG risks on corporate value ［J］. *Review of Quantitative Finance and Accounting*, 2023, 60 （4）：1451-1468.

［12］ Dikolli S S, Frank M M, Guo Z M, Lynch L J. Walk the talk：ESG mutual fund voting on shareholder proposals ［J］. *Review of Accounting Studies*, 2022, 27 （3）：864-896.

［13］ Eccles N S, Viviers S. The origins and meanings of names describing investment practices that integrate a consideration of ESG issues in the academic literature [J]. *Journal of Business Ethics*, 2011 (104): 389-402.

[14] Gibson Brandon R, et al. Do responsible investors invest responsibly? [J]. *Review of Finance*, 2022, 26 (6): 1389-1432.

[15] Kim S, Yoon, A. Analyzing active fund managers' commitment to ESG: Evidence from the united nations principles for responsible investment [J]. *Management Science*, 2023, 69 (2): 741-758.

[16] Kumari J, Issam M, Sudha M, Sheeja S. An impact investment strategy [J]. *Review of Quantitative Finance and Accounting*, 2023 (61): 177-211.

[17] Liang H, Sun L, Teo M. Responsible hedge funds [J]. *Review of Finance*, 2022, 26 (6): 1585-1633.

[18] Liu M, Guo T, Ping W, Luo L. Sustainability and stability: Will ESG investment reduce the return and volatility spillover effects across the Chinese financial market? [J]. *Energy Economics*, 2023 (121): 106674.

[19] Luu E, Rubio S. Millennial managers [J]. *Corporate Governance: An International Review*, 2024, 32 (4): 732-755.

[20] Meira E, et al. The added value and differentiation among ESG investment strategies in stock markets [J]. *Business Strategy and the Environment*, 2023, 32 (4): 1816-1834.

[21] Pacelli V, Pampurini F, Quaranta A G. Environmental, social and governance investing: Does rating matter? [J]. *Business Strategy and the Environment*, 2023, 32 (1): 30-41.

[22] Pástor L', Stambaugh R F, Taylor L A. Sustainable investing in equilibrium [J]. *Journal of Financial Economics*, 2021, 142 (2): 550-571.

[23] Pedersen L H, Fitzgibbons S, Pomorski L. Responsible investing: The ESG-efficient frontier [J]. *Journal of Financial Economics*, 2021, 142 (2): 572-597.

[24] Raghunandan A, Rajgopal S. Do ESG funds make stakeholder-friendly investments? [J]. *Review of Accounting Studies*, 2022, 27 (3): 822-863.

[25] Riedl A, Smeets P. Why do investors hold socially responsible mutual funds? [J]. *The Journal of Finance*, 2017, 72 (6): 2505-2550.

［26］Rojo-Suárez J, Alonso-Conde A B. Have shifts in investor tastes led the market portfolio to capture ESG preferences? ［J］. *International Review of Financial Analysis*, 2024 （91）: 103019.

［27］Starks L T. Presidential address: Sustainable finance and ESG issues—Value versus values ［J］. *The Journal of Finance*, 2023, 78 （4）: 1837-1872.

［28］Widyawati L. A systematic literature review of socially responsible investment and environmental social governance metrics ［J］. *Business Strategy and the Environment*, 2020, 29 （2）: 619-637.

［29］Wang H. ESG investment preference and fund vulnerability ［J］. *International Review of Financial Analysis*, 2024 （91）: 103002.

［30］Wang X, Ye Y. Environmental protection tax and firms' ESG investment: Evidence from China ［J］. *Economic Modelling*, 2024 （131）: 106621.

［31］Yoshino N, Yuyama T, Taghizadeh-Hesary F. Diversified ESG evaluation by rating agencies and net carbon tax to regain optimal portfolio allocation ［J］. *Asian Economic Papers*, 2023, 22 （3）: 81-96.

［32］Young-Ferris A, Roberts J. Looking for something that isn't there: A case study of an early attempt at ESG integration in investment decision making ［J］. *European Accounting Review*, 2023, 32 （3）: 717-744.

［33］Zeidan R. Why don't asset managers accelerate ESG investing? A sentiment analysis based on 13000 messages from finance professionals ［J］. *Business Strategy and the Environment*, 2022, 31 （7）: 3028-3039.

［34］Zhou X, Kang J. Searching for ESG information: Heterogeneous preferences and information acquisition ［J］. *Journal of Economic Dynamics and Control*, 2023 （153）: 104693.

［35］蔡贵龙, 张亚楠. 基金 ESG 投资承诺效应——来自公募基金签署 PRI 的准自然实验 ［J］. 经济研究, 2023, 58 （12）: 22-40.

［36］蒋海, 陈霜怡, 王梓峰. 新发展理念下的 ESG 投资与商业银行风险承担——基于中共二十大报告绿色发展视角 ［J］. 金融经济学研究, 2023, 38 （1）: 65-83.

［37］凌爱凡, 黄昕睿, 谢林利, 杨晓光. 突发性事件冲击下 ESG 投资对基金绩效的影响: 理论与实证 ［J］. 系统工程理论与实践, 2023, 43 （5）:

1300-1319.

［38］宋科，徐蕾，李振，王芳 . ESG 投资能够促进银行创造流动性吗？——兼论经济政策不确定性的调节效应［J］. 金融研究，2022（2）：61-79.

［39］唐棣，金星晔 . 碳中和背景下 ESG 投资者行为及相关研究前沿：综述与扩展［J］. 经济研究，2023，58（9）：190-208.

［40］徐凤敏，景奎，李雪鹏 . "双碳"目标背景下基于 ESG 整合的投资组合研究［J］. 金融研究，2023（8）：149-169.

第二节 负责任的投资：ESG 的有效边界*

一、问题提出

近年来，金融领域对 ESG 因素关注度显著提升，投资者和资产管理者管理着数万亿美元的资金，他们正积极尝试将 ESG 融入投资决策过程。然而，尽管市场对 ESG 投资的兴趣日益增长，投资者在如何实际操作上仍面临困惑，且市场对此存在分歧。一方面有学者认为注重 ESG 会损害投资表现，另一方面有研究发现良好的 ESG 表现能带来超额回报。理论研究方面，Merton（1987）开启了关于 ESG 的探讨，后续研究假设 ESG 敏感型投资者会拒绝持有某些资产，导致市场分割，进而影响资产预期收益率，如高排放公司的股票可能因被排除在某些投资组合外而获得更高的预期回报。该文在此基础上进行了拓展，不仅考虑了市场分割，还对多资产类别中 ESG 评分的作用进行建模分析，综合反映了公司基本面信息和投资者偏好。

在当今社会，随着环境问题的日益严峻和公众对社会责任的日益关注，投资者开始越来越多地考虑将 ESG 因素纳入其投资决策中。这种转变标志着从传统追求单一财务收益的投资策略，向更为全面、具有社会责任感的投资策略的演

---

* Pedersen L H, Fitzgibbons S, Pomorski L. Responsible investing：The ESG-efficient frontier［J］. *Journal of Financial Economics*，2021，142（2）：572-597.

文中引用文献请参考原作。

变。在这样的背景下，该文提出了一个崭新的理论框架，旨在探讨 ESG 评分在投资决策中的双重作用。通过模型，该文提出了"ESG 有效边界"概念，这是投资者在不同 ESG 水平下所能达到的最高风险调整后收益（夏普比率）的集合，为投资者提供了一个综合考量风险、收益及 ESG 责任的投资决策框架。

企业的 ESG 表现不仅反映了其基本面信息，如经营效率、管理质量等，同时影响着投资者的偏好。传统的投资组合理论往往忽略了 ESG 因素的影响，而该文的研究突破了这一局限，提出了一个基于 ESG 评分的有效边界理论。该理论揭示了投资者如何在不同 ESG 水平下实现最高的夏普比率，即风险调整后的收益最大化。通过这一理论框架，投资者可以更加清晰地了解 ESG 因素在投资决策中的重要作用，并据此构建出既符合自身风险偏好，又能实现社会责任目标的投资组合。

该文的研究动机主要源于对当前全球经济发展与环境可持续性之间日益加剧的矛盾的深刻关注。在全球化的今天，随着工业化和城市化的快速推进，全球气候变化和环境污染问题越发严重，给人类的生存和发展带来了前所未有的挑战。这一背景下，企业的 ESG 表现逐渐成为衡量其综合价值和社会责任的重要标准。企业的 ESG 表现，不仅直接反映了其在环境保护、社会责任和公司治理方面的投入和成效，也深刻影响着其长期竞争力和市场地位。企业的 ESG 表现已成为消费者、投资者和监管机构等多方关注的焦点。良好的 ESG 表现不仅可以提升企业的品牌形象和声誉，还可以吸引更多的消费者和投资者，进而增强企业的市场竞争力。然而，企业的 ESG 表现与其财务绩效之间的关系一直是复杂而又具有争议的问题。一方面，有观点认为企业的 ESG 表现与其财务绩效之间存在正相关关系，即良好的 ESG 表现可以促进企业财务绩效的提升；另一方面，有学者指出企业的 ESG 表现与其财务绩效之间存在负相关或无关关系。上述争议不仅反映了理论研究的不足，也反映了实践中的复杂性和多样性。因此，该文将深入探究企业 ESG 表现与其财务绩效之间的关系，以期为企业和政府提供有益的参考和启示。

基于上述研究动机，该文拟深入探讨企业 ESG 表现与其财务绩效之间的关联，并据此提出以下研究问题：第一，企业 ESG 表现与其财务绩效之间是否存在显著的正向关系？这是该文的核心研究问题。该文将系统分析大量企业和市场数据，深入剖析企业 ESG 表现在不同维度（如环境保护、社会贡献和公司治理）上的具体表现，以及这些表现如何影响企业的财务绩效，如盈利能力、市场价值、投资回报率等。通过实证研究，该文期望揭示 ESG 表现对财务绩效的具体影响机制，为企业决策者和投资者提供科学的决策依据。

第二，企业如何通过优化 ESG 表现来增强自身的长期竞争力并实现可持续发展？在明确了 ESG 表现与财务绩效的正向关系后，该文将进一步探讨企业如何通过提升 ESG 表现来实现长期可持续发展。具体而言，该文将分析企业在环境保护、社会责任和公司治理等方面的具体实践，如绿色技术创新、员工权益保护、公司治理结构优化等。同时，该文还将探讨这些实践如何影响企业的长期竞争力，包括品牌声誉、客户关系、投资者信心等方面，以及这些影响如何进一步促进企业的可持续发展。

第三，不同行业、不同规模的企业在 ESG 表现与财务绩效关系上是否存在差异？考虑到不同行业和不同规模的企业在经营环境、资源禀赋、竞争态势等方面存在差异，该文期望进一步探讨这些差异如何影响 ESG 表现与财务绩效的关系。这将有助于该文更加全面地理解 ESG 表现与财务绩效的关系，并为企业制定更加精准的 ESG 战略提供指导。

二、研究发现与贡献

该文不仅丰富了对 ESG 投资领域的理解，也为投资者提供了重要的实践指导。具体而言，该文的研究发现主要包括如下四点：第一，该文的研究结果表明，投资者在构建投资组合时会充分考虑 ESG 因素。通过理论分析和实证检验，该文证实了在 ESG 有效边界上选择投资组合的策略是合理的。这意味着，投资者可以在保持一定风险水平的同时，通过优化 ESG 配置来实现更高的投资回报。可见，投资者在追求财务收益的同时，会关注社会责任和环境可持续性的问题。

第二，该文揭示了 ESG 因素在投资决策中的双重作用。一方面，ESG 评分提供了关于公司基本面的重要信息，如经营效率、管理质量等；另一方面，ESG 因素也影响了投资者的偏好。因此，投资者在构建投资组合时，需要综合考虑 ESG 评分和财务指标，以实现投资目标和价值观的协调统一。

第三，该文发现，ESG 评分对投资回报的影响是复杂的。通过实证分析，该文发现不同的 ESG 指标对投资回报的预测能力存在差异。一些治理方面的指标可能正向预测投资回报，而一些社会或环境方面的指标可能产生负向或接近零的影响。这一发现提醒投资者在选择 ESG 投资策略时，需要综合考虑不同 ESG 指标的影响，并根据自身的投资目标和价值观进行权衡。

第四，该文还探讨了 ESG 筛选可能带来的意外影响。[①] 通过计算实证 ESG 有效边界，该文估计了负责任投资的成本和收益。该文发现，ESG 筛选不仅可能提高投资组合的整体表现，在某些情况下也可能增加投资成本或降低预期回报。因此，投资者在采用 ESG 筛选策略时，需要充分了解其潜在的影响，并进行充分的风险评估和收益预测。

该文从理论和实证两个层面为 ESG 投资领域提供了新的见解。在理论方面，该文的主要贡献在于，基于投资者是否从 ESG 因素中获得效用，提出了关于 ESG 的均衡资产定价的不同情况。该文详细探讨了 ESG 得分如何影响预期现金流和折现率，进而影响公司股票价格。通过这一分析，该文揭示了具备不同 ESG 偏好的投资者对公司股价的潜在影响。此外，该文的理论框架还预测了 ESG 对投资回报的积极作用，特别是 ESG 得分较高的公司进行实际投资时可能拥有更低的资本成本。这一观点为解释公司为何增加对 ESG 的投资提供了理论依据，并阐明了为何具有更强 ESG 表现的公司更可能实现高增长。

在实证方面，该文的贡献主要体现在对 ESG 投资影响的深入研究上。通过对大量数据的分析，该文探讨了 ESG 对未来公司利润的预测能力，揭示了 ESG 因素在预测公司未来表现中的重要作用。此外，该文还分析了 ESG 如何影响投资者的预期回报，为投资者构建 ESG 投资策略提供重要的参考。

三、理论分析

该文深入探讨了 ESG 因素在资产定价模型及均衡价格推导中的影响。首先，该文构建了一个经 ESG 调整的资本资产定价模型，该模型不仅考虑了传统金融理论中的风险和回报关系，还融入了 ESG 因素，以反映投资者对可持续投资日益增长的需求和偏好。文中构建了一个综合多期分析框架，引入了世代交叠模型（Overlapping-Generations Model，OLG 模型），用于模拟不同类型投资者在市场中的行为和资产价格形成过程。该模型假定每个时期都有新的投资者进入，并且投资者只在市场中存活 1 个时期，与此同时，不同类型的投资者拥有不同的财富。

在推导均衡价格和回报时，该文特别关注了稳态均衡，即价格和预期回报在一定时期内保持恒定的状态。在这种情境下，因为价格保持不变，超额回报主要

---

① ESG 筛选是一种投资策略，根据环境、社会、治理等 ESG 因素筛选和评估投资标的。这些因素可以帮助投资者评估公司或组织的可持续性和社会责任性，从而做出更加全面和综合的投资决策。

由股息风险驱动。该文通过分析 ESG 因素对股息风险和投资者偏好的影响，来探究 ESG 如何影响资产价格和回报。

此外，该文还提出了一系列可测试的理论预测，以验证 ESG 因素在投资决策中的作用。其中，一个关键的概念是 ESG-SR 边界，它展示了在给定 ESG 水平下投资者可以达到的最高夏普比率。该文预测，随着投资者对 ESG 因素关注的增加，那些具有更强 ESG 偏好的投资者（"M"形投资者）将更倾向于选择 ESG 评分较高的投资组合，即使这可能导致其夏普比率略低于不考虑 ESG 因素的投资组合。这一预测不仅反映了投资者社会责任意识的提升，也揭示了 ESG 因素在塑造市场结构和投资者行为中的重要作用。

通过结合 ESG 调整的资产定价模型和均衡价格的推导，该文为理解 ESG 因素在金融市场中的作用提供了新的视角。

四、研究思路与结果

（一）数据来源与主要变量

该文按照如下方式构造 ESG 测度：

1. ESG 中的 E 得分：碳强度

作为衡量公司绿色程度的指标，碳强度（CO_2）定义为碳排放量（以千吨为单位）与销售额（以百万美元为单位）之比。关于碳排放量，该文使用范围 1（指公司的直接排放，如来自公司自身的化石燃料使用）和范围 2（指购买能源的间接排放，如电力）碳排放量之和进行衡量。该文剔除范围 3（指其他间接排放）碳排放量，因为这些排放要么很少被公司报告，要么由数据提供商提供估计数据，但各提供商提供的数据存在较大差异。为便于理解，该文取碳强度的相反数作为 E 的测度（碳排放强度越低，公司更具绿色性）。相关数据来自 Trucost 数据库，数据期间为 2009 年 1 月至 3 月。

2. ESG 中的 S 得分：非罪恶股票指标

一些注重 ESG 的投资者会避开某些"罪恶"行业的股票，如烟草、赌博和酒精。该文采用哑变量进行衡量，对于"罪恶"股票取值为 0，其他股票取值为 1。其中，"罪恶"行业的定义参考 Hong 和 Kacperczyk（2009）的研究，该数据的期间为 1963 年 1 月至 2019 年 3 月。

3. ESG 中的 G 得分：低应计利润程度

会计文献指出，低应计项表明公司在利润会计方面较为保守（Sloan，

1996)，而治理水平较高的公司往往采用更为保守的会计处理方法（Kim et al.，2012）。已有研究表明，受到美国 SEC 执行行动的公司在这些行动之前往往有异常高的应计额（Richardson et al.，2006），这些公司更可能进行财务重述。因此，该文采用应计利润的相反数衡量企业公司治理水平。

4. ESG 总体得分：MSCI ESG 评分

MSCI 对每家公司的 ESG 概况进行综合评估，并给出 ESG 评分，是机构投资者最广泛使用的 ESG 评分之一，数据期间为 2007 年 1 月至 2019 年 3 月。该文使用行业调整下的顶层 ESG 分数，取值从 0（最差的 ESG）到 10（最佳的 ESG）。

该文将这些数据集与 XpressFeed 数据库（用于股票回报和市场价值）、Compustat 数据库（用于计算公司基本面）、由 Thomson Reuters 汤姆逊路透汇总的 13f 持股报告中的机构持股、从盘中交易数据计算的签名订单流，以及 Barra 美国股票风险模型（USE3L，用于计算实证 ESG 有效边界）进行合并。

为了计算 ESG—夏普比率边界，投资者首先需要确定他们的投资范围并计算风险与预期回报。该文以 S&P 500 指数的月度回报率为研究对象，剔除结果受微型股驱动的可能性。为了计算资产组合风险（S&P 500 股票的协方差矩阵），该文假设所有投资者都采用 Barra 美国股权风险模型（Barra USE3L 模型）。

对于不了解 ESG 信息的投资者（"U"形投资者）和关注 ESG 信息的投资者（"A"形投资者），他们计算预期回报的方式不同。"U"形投资者侧重于一般股权风险溢价和传统的价值因子，即市净率，而"A"形投资者还会考虑 ESG 信息。

"U"形投资者计算任何股票 i 在任一月份 t 的年化预期回报为：

$$E_t^U(r_{i,t+1}) = \overline{MKT_t} + bm_{i,t}\ \overline{BM_t}$$

其中，$\overline{MKT_t}$ 代表股权风险溢价，$bm_{i,t}$ 是股票 i 在横截面上标准化后的账面市值比因子载荷（该股票的账面市值比减去横截面均值，再除以横截面标准差），而 $\overline{BM_t}$ 是价值因子的回报溢价。对于每一个因子，时间 t 的回报溢价是其恒定的夏普比率乘以其波动率，波动率利用 Barra 模型估计得出。具体的估计方法在文中附录中详细说明。

类似地，"A"形和"M"形投资者计算股票 i 的年化预期回报为：

$$E_t^A(r_{i,t+1}) = \overline{MKT_t} + bm_{i,t}\ \overline{BM_t} + s_{i,t}ESG_t$$

其中，ESG_t 是 ESG 因子的回报溢价；$s_{i,t}$ 是股票 i 在时间 t 的 ESG 得分，是股票 i 在横截面上标准化后的 ESG 因子载荷（该股票的 ESG 原始得分减去横截面均值，再除以横截面标准差）。s_i 取值为 0 意味着该股票在 ESG 指标上处于平均水平，s_i 取值为 2 表示该股票的 ESG 得分比平均水平高出两个标准差，依次类推。投资组合的 ESG 平均得分，则采用各风险资产在投资组合中的投资占比进行加权得到。

运用上述方法，该文针对两种 ESG 代理变量（环境 E 和治理 G）计算了 ESG-SR 边界。该文没有为 S（社会）构建边界，因为 S 的代理变量是哑变量（"罪恶"或非"罪恶"），是非连续变量，无法进行连续筛选操作。为简单起见，该文省略了总体 ESG 的边界计算，因为它与 E 边界相似。

（二）实证思路与结果

该文的实证思路与结果主要包含三个部分：第一部分为 ESG-SR 边界的计算，探讨了如何通过实际数据计算出有效边界，以此来量化负责任投资的成本与收益。第二部分为 ESG 筛选的实现过程，考察了在投资组合管理中实施 ESG 约束，特别是排除 ESG 评分最低的股票，对投资绩效的潜在影响。第三部分为 ESG 的前瞻性作用，从 ESG 与未来基本面预测、ESG 与投资者需求预测、ESG 与预测估值和未来回报三个方面展开。

1. ESG-SR 边界的计算

该文构建并分析了 ESG 投资的有效边界，以此评估在考虑 ESG 因素时投资者可能实现的最优风险调整回报（最高夏普比率），帮助投资者理解在追求更高 ESG 得分时可能面临的绩效折中。对于"M"形（ESG 偏好型）投资者，其效用随投资组合的 ESG 得分和夏普比率双增而提升，表现为向下倾斜的无差异曲线；而"A"形（关注 ESG 信息的）投资者的偏好曲线是水平的，表示他们并不直接从 ESG 得分中获得额外满足感，仅结合 ESG 信息对股票收益进行预测。此外，研究通过实证数据计算了基于碳排放量和公司治理指标的 ESG 边界，并发现虽然 ESG 的环境得分对平均回报解释力有限，但在构建低碳投资组合时，牺牲的回报率相对较小，为负责任投资的成本与收益提供了实证依据。

2. ESG 筛选的实现过程

该文关注了当投资者在构建投资组合时实行 ESG 约束，特别是排除 ESG 评分最低的股票，对投资策略和绩效的潜在影响。通过对比无 ESG 筛选的投资者与实施不同程度 ESG 筛选（如排除评分最低 10% 或 20% 的股票）的投资者的 ESG-SR 边界，揭示了几个重要发现。首先，实施 ESG 筛选确实降低了投资组合的绩效表现，筛选越多，夏普比率下降越明显，意味着在更小的选择范围内，任何给定的 ESG 水平所能达到的最佳风险调整回报都更低。其次，研究发现投资组合收益下降的幅度与投资选择的范围大致成比例（Grinold and Kahn，1995），例如，10% 的投资选择减少大约会降低夏普比率 5%，而 20% 的投资选择减少大约会降低夏普比率 10%。并且，在 ESG 评分接近 0 时投资组合收益所受影响较小，因为此时投资组合可能不包含 ESG 表现极端的股票。有趣的是，对于追求高 ESG 评分的投资组合，绩效损失远超预期，特别是剔除低 ESG 股票。这是因为，投资者不能卖空这些低 ESG 表现的资产来对冲风险或融资买入更大规模的高 ESG 资产。此外，研究还发现，实施筛选的投资者构建的最优投资组合，其总体 ESG 得分有时反而低于未实施筛选的投资者，这是由于后者可以更灵活地利用低 ESG 股票进行投资组合管理。

3. ESG 的前瞻性作用

首先，该文考察了 ESG 指标能否预测公司的未来基本面情况。该文发现，至少某些 ESG 指标（如公司治理 G）与未来的公司财务表现稳健相关。例如，低会计激进程度（G 的一个代理变量）预示着未来盈利能力的增强。这意味着，如果 ESG 指标能够反映公司未来的经营状况，它们就有可能成为评估企业长期价值的有用工具。

其次，该文探讨了 ESG 是否会影响投资者需求。研究表明，机构投资者确实将 ESG 因素纳入其投资组合配置中，所有 ESG 指标与机构持股比例均呈正相关。例如，二氧化碳排放较低的公司、拥有较好治理结构或非"罪恶"行业的公司会吸引更多机构投资。此外，交易活动和买入订单比例在某些 ESG 指标改善时增加，这表明投资者对 ESG 表现更佳的股票表现出更大的兴趣和购买倾向。

最后，该文检验了 ESG 是否能预测估值和未来回报。结果显示，具有良好的 ESG 得分（尤其是环境 E、社会 S 和整体 ESG）的股票，虽然与未来基本面的直接关联不如 G 显著，却因投资者的强烈需求可能享有估值溢价。例如，低碳排放的公司估值可能更高，即使它们的交易活跃度不高。理论上，当投资者偏好较强时，即使 ESG 与基本面的直接联系较弱，也能推高股价。

五、研究结论

该文的研究结论主要包括以下五个方面：

第一，该文提出了一个理论框架，每家公司的 ESG 评分在投资决策中扮演双重角色：它不仅提供了关于公司基本面的信息，还影响了投资者的偏好。基于这一理论，投资者会在 ESG 有效边界上选择他们的最优投资组合。

第二，该文发现有效边界上的投资组合满足四基金分离原则，这些投资组合包括无风险资产、切线组合、最小方差组合以及 ESG—切线组合。这一发现为投资者如何在纳入 ESG 因素下构建多样化投资组合提供了指导。

第三，该文进一步研究了均衡资产价格的确定机制，发现它符合 ESG 调整的资本资产定价模型。该模型揭示了当 ESG 评分上升或下降时，所需的投资回报率会如何变化。这有助于投资者和市场分析师更准确地预测 ESG 因素如何影响资产的长期表现。

第四，该文结合了多个大型数据集，计算了 ESG 有效边界，并据此估算了负责任投资的成本和收益。该文揭示了 ESG 筛选可能带来的意想不到的影响，包括在某些情况下提高投资组合的整体表现，但在其他情况下可能增加投资成本或降低预期回报。

第五，该文利用四个 ESG 代理变量（环境、社会、治理和整体 ESG）对该文的理论预测进行了实证检验。这些测试为该文提供了关于为什么某些 ESG 指标正向预测投资回报（如某些治理方面的指标）而其他指标负向［如非"罪恶"股票，作为社会（S）指标的一个方面］或接近零［如低碳排放，作为环境（E）指标的一个例子和商业 ESG 指标］的合理解释。这些发现为投资者在构建 ESG 投资策略时提供了重要的实践指导。

第三节 ESG 偏好、机构交易与股票收益[*]

一、问题提出

过去 20 年间，机构投资者的投资策略和偏好发生了显著变化。一方面，受到学术研究影响，机构投资者在投资决策中更加倾向于采用量化的手段，依赖复

---

* Cao J, Titman S, Zhan X, Zhang W. ESG preference, institutional trading and stock return patterns ［J］. *Journal of Financial and Quantitative Analysis*, 2023, 58（5）: 1843-1877.

文中引用文献请参考原作。

杂的数据模型和算法来指导投资决策。这种方法侧重于利用市场中的定量信息，如财务报表数据、股票价格变动等来捕捉投资机会。另一方面，众多机构投资者的视野逐渐拓宽，开始将 ESG 表现纳入其评估企业的框架中。ESG 投资强调投资不仅是为了追求财务回报，还要关注投资活动对环境、社会和治理的影响。因此，这些机构更加关注企业的可持续发展能力、社会责任履行情况以及公司治理结构的完善程度等因素，这种转变反映了投资界对可持续性和社会责任的关注日益增长。自 2004 年起，SR 投资的资产规模加速增长。在 2004 年之前，SR 投资者对回报模式的影响微乎其微。之后随着越来越多关注 ESG 的投资者加入市场，SR 投资者可能暂时性地改变了股票回报的模式。其中的原因是，SR 投资者更侧重于企业的 ESG 绩效，而非仅仅基于风险和收益的传统考量，这使他们的投资组合选择对量化信号不那么敏感。

在当今复杂的金融环境中，投资者的决策过程日益受到多种非传统因素的影响。其中，ESG 因素作为一股新兴的力量，正在逐渐改变投资者，特别是机构投资者的投资偏好和策略。这一转变不仅体现了投资者对社会责任的日益重视，也反映了市场对企业可持续发展能力的认可。近年来，随着全球气候变化、环境恶化和社会不平等问题的加剧，ESG 因素在投资决策中的重要性越发凸显。越来越多的投资者开始关注企业的环境绩效、社会责任和公司治理结构，认为这些因素对企业的长期发展和稳定性具有重要影响。因此，ESG 投资已成为一种趋势，并逐渐渗透到主流的投资实践中。

尽管 ESG 投资的重要性已得到广泛认可，但关于 ESG 偏好与机构投资者交易行为以及股票回报模式关系的研究仍相对有限。传统的金融理论认为，投资者的决策主要基于财务信息，如公司的盈利能力、市场地位等。然而，随着 ESG 投资的兴起，这一传统观念正面临挑战。机构投资者作为金融市场的重要参与者，其交易行为不仅反映了市场的供求关系，也影响了股票的回报模式。因此，深入研究 ESG 偏好与机构投资者交易行为以及股票回报模式之间的关系，对于理解当前金融市场的运作机制、指导投资者的投资决策具有重要的理论和现实意义。

该文的研究动机主要源于对金融市场中投资者决策行为及其对企业价值的影响。随着全球金融市场的日趋成熟和投资者结构的日益多元化，投资者的投资理念正经历着从传统的财务投资向更加全面、多维度的 ESG 投资理念的转变。这不仅体现了投资者对企业长期价值的深度关注，更彰显了投资者对可持续发展理念的认同和追求。首先，从全球金融市场的成熟度和投资者结构来看，随着信息技术的飞速发展和全球金融市场的互联互通，投资者能够获取到的信息更加丰富和多元化，这使他们在做出投资决策时能够综合考虑更多的因素。随着机构投资者、个人投资者以及社会责任投资者的不断涌现，投资者结构也变得更加多元化。

其次，ESG 投资理念的兴起也是该文研究动机的重要来源。ESG 投资理念强调在投资决策中综合考虑企业的环境、社会和治理因素，以评估企业的长期价值和潜在风险。这种投资理念不仅反映了投资者对企业长期价值的关注，也体现了投资者对可持续发展理念的认同和追求。随着全球环境问题和社会问题的日益严重，越来越多的投资者开始认识到 ESG 因素对企业长期价值的重要性，并将其纳入投资决策的考量范围。

最后，研究 ESG 偏好对机构投资者交易行为及股票回报模式的影响具有重要的理论和实践意义。从理论上讲，这一研究有助于该文更好地理解现代金融市场的运行规律，特别是投资者在投资决策中的行为模式和心理机制。从实践上讲，这一研究可以为投资者提供有价值的参考和指导，帮助他们优化投资决策，实现资产的长期稳健增值。对于企业而言，了解投资者的 ESG 偏好也有助于企业更好地履行社会责任，推动企业的可持续发展。该文旨在为推动现代金融市场的健康发展、优化投资者的投资决策以及促进企业的可持续发展提供有益的参考和启示。

该文拟深入探索机构投资者在投资决策中的 ESG 偏好及其影响。为此，该文提出了以下三个核心研究问题：第一，机构投资者在投资决策中是否显著体现了 ESG 偏好？随着全球对可持续发展和环境保护的日益重视，ESG 因素在投资决策中的作用逐渐凸显。因此，了解机构投资者是否将 ESG 因素纳入其投资决策框架，对于理解金融市场的发展趋势具有重要意义。第二，ESG 偏好如何影响机构投资者的交易行为？通过深入研究这一问题，该文可以揭示 ESG 因素在机构投资者交易决策中的具体作用机理，以及这种影响是否具有显著性和可持续性。机构投资者的交易行为往往对金融市场产生深远影响。因此，了解 ESG 偏好如何塑造机构投资者的交易行为，有助于该文更好地理解 ESG 因素在金融市场中的传播和扩散方式。第三，ESG 偏好如何通过机构投资者的交易行为影响股票回报模式？该文旨在深入剖析 ESG 因素在影响机构投资者行为的同时，探讨作用于股票市场的价格形成原理以及股票的回报模式。通过回答这个问题，该文可以揭示 ESG 因素在金融市场中的微观作用机制，为投资者和政策制定者提供有益的参考。

二、研究发现与贡献

该文主要揭示了以下几个发现：第一，SR 机构在投资决策中更倾向于考虑 ESG 因素，而非仅仅依赖传统的定量信号。这一发现表明，SR 机构在评估投资机会时，不仅关注企业的财务表现，还重视企业的社会责任、环境管理和公司治理结构。因此，它们对定量错误定价信号的反应相对迟钝，这可能与它们对 ESG 因素的重视有关。第二，该文进一步揭示了 SR 机构持有股票与 ESG 表现之间的正相关关系。具体而言，拥有更多由 SR 机构持有的股票与这些机构的 ESG 表现有更高的相关性。这表明，SR 机构在选择投资标的时，更倾向于选择 ESG 表现较好的企业。第三，当市场出现与 ESG 相关的错误定价信号时，SR 机构持有的股票往往会表现出异常的回报。这些异常回报与机构持有比例呈正相关，说明 SR 机构对 ESG 因素的重视影响了它们的投资决策，进而影响了股票价格和交易量。然而，在 ESG 投资兴起之前，这种关联性并不显著，这进一步证明了 ESG 因素在 SR 机构投资决策中的重要性。

该文的研究贡献主要包括如下：首先，在 2004～2016 年的样本期间内，该文深入探究了 SR 机构在股票投资决策中的独特行为。研究结果表明，与其他机构相比，SR 机构在面临信号不利（有利）时，更倾向于保持其持股状态，而非轻易出售（购买）股票。这一发现挑战了传统投资理论中的"理性人"假设，揭示了 SR 机构在投资决策中可能更多地考虑了企业的社会责任表现，而非仅仅基于财务信号。其次，该文进一步考察了标准化未预期盈余（Standardized Unexpected Earnings，SUE）① 和 SYY 综合错误定价指标②对股票回报的预测能力。对于那些被 SR 机构更多持有的股票，SUE 和 SYY 信号的预测效力显著增强。这意味着，SR 机构的投资选择并非随意，而是基于对这些股票未来表现的深入分析和判断。最后，该文对比了 SR 机构的持股与 ESG 评分对股票回报模式的影响。尽管 ESG 评分是衡量企业社会和环境表现的重要指标，但在预测股票回报模式

---

① 标准化未预期盈余（SUE）为意外收益（EPS 减去 EPS 的期望）除以过去意外收益的标准差。

② SYY 信号是 Stambaugh 等（2015）中的综合错误定价指标的相反数，结合了股票发行、应计利润、资产增长率等 11 个变量综合计算得到。

方面，SR 机构的持股行为具有更大的影响力。该文的发现不仅为投资者提供了更全面的决策依据，也为企业提供了改善其 ESG 表现、吸引更广泛投资者的策略建议。

三、理论分析

首先，该文基于文献综述和现有理论框架，界定了 ESG 偏好如何影响 SR 机构的投资决策。ESG 偏好通常指的是投资者在投资决策中考虑公司对环境、社会和治理实践的贡献和影响的倾向。这种偏好可能导致 SR 机构在选择投资组合时，更倾向于持有在 ESG 方面表现良好的公司，而对其他财务指标可能给予较低的权重。

其次，该文探讨了 SR 机构的"有限关注"现象。有限关注理论指出，由于信息过载和认知资源的有限性，投资者可能无法对所有相关信息给予充分的关注和处理。在这种情况下，SR 机构可能更侧重于关注与 ESG 相关的信息，而忽视其他可能影响股票价格的定量信息，如错误定价信号。

再次，该文分析了定量错误定价信号的本质及其在市场中的作用。定量错误定价信号通常是通过复杂的量化模型和分析工具得出的，旨在捕捉市场价格与基本面价值之间的偏离。这些信号对于定量投资者来说至关重要，因为它们提供了潜在的交易机会。

最后，该文将 ESG 偏好、有限关注和定量错误定价信号结合起来，形成了该文的研究假设。该文认为，由于 SR 机构对 ESG 因素的偏好和有限的关注，它们持有的股票往往对定量错误定价信号反应不足。这意味着，当市场上出现基于定量模型的错误定价机会时，SR 机构对定量错误定价信号的反应较弱，从而导致其投资组合的表现与其他投资者存在差异。

四、研究思路与结果

（一）数据来源与主要变量

该文的数据来源广泛且多样化，确保了研究结果的全面性和准确性。股票回报、价格和交易量数据来源于 CRSP 数据库，会计数据来源于 Compustat 数据库，分析师覆盖率和预测数据来源于 I/B/E/S 数据库，Fama-French 风险因素和无风险利率数据来源于 Kenneth French 的个人网站，季度机构持股量（13F）和共同基金持股量（s12）数据来源于 Thomson Reuters，股票贷款数据则来源于 Markit。

此外，该文还从 Robert Stambaugh 的网站上获取了个人股票的错误定价得分指标，这一数据由 Stambaugh 等（2015）提出并广泛应用于金融市场研究中，用于衡量股票价格的偏离程度。该文从 MSCI（ESG KLD）数据库获取公司环境、社会和公司治理（ESG）绩效的数据。该数据库在企业社会责任领域享有盛誉，它提供了衡量企业层面社会绩效的全面指标，包括社区关系、产品特征、环境影响、员工关系、劳动力多样性和企业治理等方面。

该文涉及的主要变量的测度方式呈现如下：

1. 错误定价

SUE score：标准化未预期盈余得分，定义为当前季度盈余与上年同期盈余之间的差，然后除以过去八个季度未预期盈余的标准差。

SYY score：定义为 Stambaugh 等（2015）的综合错误定价指标的相反数，取值范围在 $-100 \sim -1$。SYY 取值最低的股票被认为是最"高估"的股票，而取值最高的股票被认为是最"低估"的股票。SYY 分数每月更新一次。

2. 企业社会绩效（ESG）

ESG score：由 MSCI（ESG KLD）提供的净得分，计算方法为公司治理、社区、多元化、员工关系和环境五个维度的优势总和减去关注点的总和。该指标每年更新一次。

3. 社会责任机构所有权

SR_IO：社会责任机构持有的股份占所有机构持有的股份的百分比。该文使用规模调整后的 ESG 评分来计算所有机构的价值加权 ESG 评分（ISRS），并将最高等级定义为具有社会责任感的机构。该指标每季度更新一次。

SR_MO：具有社会责任感的主动型共同基金持有的股份占所有主动型共同基金持有的股份的百分比。该文使用规模调整后的 ESG 评分来确定所有主动型共同基金的价值加权 ESG 评分，其中排名靠前的 ESG 评分被确定为具有社会责任感的主动型共同基金。该指标每季度更新一次。

4. 股票定价效率

Price Delay：Hou 和 Moskowitz（2005）定义的价格延迟评估了股票回报变化在多大程度上由滞后市场回报来解释。更高的价格延迟指标意味着对回报创新的响应延迟更强。该指标是利用周度数据，对同期和四周滞后市场回报进行分年度回归计算得到。价格延迟度量的计算方法是：1 减去受回归限制的 R^2 的比率。

（二）实证思路与结果

1. 可持续投资的兴起与 ESG 趋势分析

在描述性统计部分，该文指出 1995～2018 年，美国可持续与负责任投资领域显著扩张，ESG 理念在投资决策中发挥着日益重要的地位。具体而言，SR 投资者对股票收益的影响在 2004 年之前很小；而在 2004 年之后，越来越多的 SR 投资者影响了股票收益模式。

2. 错误定价信号、SR 机构持股和股票收益

基于回归分析，该文研究了错误定价信号如何影响不同类别机构（SR 机构与非 SR 机构）的交易行为与投资组合调整，以及这种行为如何转化为实际的回报表现。研究发现，与非 SR 机构相比，SR 机构对错误定价信号的反应较差。而非 SR 机构根据 SUE 和 SYY 得分对投资组合的调整幅度更大。与此同时，该文根据 SR 机构持股水平（SR_IO 变量）和错误定价信号独立排序进行分组，并考察不同投资组合的月度收益率。结果表明，错误定价信号能准确预测那些被 SR 机构持有较多的股票的收益率。具体而言，当投资组合的 SR_IO 取值较高时，定价最高和定价最低的投资组合之间的收益差异更高，这表明错误定价信号对高 SR_IO 股票的预测更为准确。

3. SR 机构持股、套利限制和资金可得性

为了剔除股票特征差异带来的影响，该文检验了低 SR_IO 股票和高 SR_IO 股票在特征上是否具有系统性差异。文中考虑的股票特征包括公司规模、异质性风险、股票流动性、分析师覆盖率、机构持股比例以及股票借贷成本，这些特征往往与股票错误定价的套利限制程度相关。结果显示，在大多数情况下，高 SR_IO 股票和低 SR_IO 股票在这些特征维度上看起来相似。

在此基础上，该文研究做空投资组合收益与做空成本、融资限制之间的关系，以厘清资本约束的重要性。该文使用 Adrian 等（2014）的总资金流动性因子衡量套利资本可得性，该因子是基于经纪交易商杠杆交易冲击计算得到。研究发现，仅在资金可得性较差期间，错误定价信号能够预测高 SR_IO 投资组合收益。相反，该现象在资金可得性较高期间不存在。

4. SR_IO 与股票定价效率

该文继续研究 SR 机构持股对股价信息效率的影响。研究发现，SR 机构持股减缓了股票价格对信息的反应速度，增加了股价延迟度。进一步分析发现，如果按照由经纪商杠杆冲击代理的资金可得性对样本期间分组，SR_IO 对股价延迟度

的影响在资本可得性较低时期更加显著。

5. 其他稳健性检验

为了保证结果的稳健性，该文展开了多项稳健性检验。例如，该文发现研究结果不太可能受到投资期限或被动投资的干扰。再如，在使用了 Thomson Reuters ASSET4 ESG 数据库中的 ESG 分数重建 SR_IO 后，该文的发现仍然成立。此外，该文的主要结果也不易受到企业规模的影响。

五、研究结论

研究结果表明，在交易行为上，SR 投资者与非 SR 投资者存在显著的差异。首先，SR 投资者的周转率相对较低，这反映出他们在投资决策时更为审慎和稳健，不倾向于频繁交易。其次，SR 投资者对超额收益和其他量化错误定价信号的反应似乎较为迟钝。这一发现表明，SR 投资者在投资决策时可能更侧重公司的长期价值和社会责任表现，而非仅仅追求短期的市场收益或量化信号。

尽管自 2004 年以来，错误定价信号的预测能力有所减弱，但这些信号仍然能够预测 SR 机构持股比例较高的股票回报，这一发现揭示了 SR 投资者对错误定价信号有效性的影响。此外，该文的研究结果还凸显了投资者偏好对股票收益的间接影响。SR 投资者的出现和他们的交易行为，通过影响市场的定价机制，间接地影响了股票收益模式。这进一步证明了投资者行为与市场表现之间的紧密联系，以及社会责任投资理念在金融市场中的重要作用。

第四节 言行一致：ESG 共同基金的股东提案投票*

一、问题提出

随着全球可持续发展意识的提升，越来越多的投资者开始关注企业的环境、

---

* Dikolli S S, Frank M M, Guo Z M, Lynch L J. Walk the talk：ESG mutual fund voting on shareholder proposals [J]. *Review of Accounting Studies*，2022，27（3）：864-896.

文中引用文献请参考原作。

社会和治理表现，ESG 投资逐渐成为一种重要的投资策略。ESG 投资基金旨在通过投资那些具有较好 ESG 表现的企业，推动社会的可持续发展。根据 Morningstar 的权威数据，2020 年，美国共同基金中流向具有既定 ESG 目标的资金高达 511 亿美元，相较于 2019 年数额增长了两倍，较 2018 年激增了 9 倍之余。Morning-star 报告指出，美国的 ESG 基金数量在 2020 年已攀升至 369 只，相较于 2019 年实现了 23%的增长。资本流动和资金增长的态势不仅体现了投资者对 ESG 投资目标的热切关注，也反映了美国机构正积极将其投资战略与投资者价值观相契合。

与此同时，监管机构也开始对资产管理公司是否符合其可持续投资主张提出了质疑。2019 年，欧盟率先通过了《可持续金融披露条例》（以下简称《条例》），《条例》自 2021 年 3 月起正式实施，要求资产管理公司对可持续投资实践进行更为详尽、更为标准化的披露和报告，旨在遏制"漂绿"现象。此外，美国 SEC 也于 2021 年 4 月 9 日发布了风险警报，针对投资顾问和基金在 ESG 投资中的不足以及内部控制弱点提出了建议。这一系列举措表明，监管机构正逐步加强对 ESG 投资领域的监管力度，以确保资产管理公司的实践与其可持续投资主张相符，从而保护投资者的权益，促进市场的健康发展。

既然 ESG 投资已成为市场主流趋势，且监管层对资产管理者的 ESG 声明和实践是否相符持审慎态度，那么声称以 ESG 为投资目标的美国共同基金在实践中，尤其是在涉及股东提案的投票行为上，是否真的践行了 ESG 投资目标？换言之，当面对具体的公司治理、环境和社会责任提案时，这些基金是否能够"言行一致"，以实际行动支持那些符合 ESG 理念的变革？

该文的研究动机主要体现在以下四个方面：第一，验证 ESG 基金承诺的履行情况。随着投资者对可持续投资兴趣的增长，监管机构对 ESG 基金是否真实遵循其宣传的投资目标较为关注。该文希望检验 ESG 基金是否在投票活动中体现其 ESG 原则，即是否"言行一致"。第二，理解不同基金类型的行为差异。该文特别关注指数基金与主动管理基金在 ESG 投票行为上的区别。由于指数基金受制于跟踪特定市场指数，无法通过买卖股票来表达对 ESG 问题的看法，因此投票成为其唯一可用的证明 ESG 目标的方式。而主动基金有更多的选择，可以通过买卖证券来反映其 ESG 偏好。该文探索基金的结构差异如何影响它们对 ESG 提案的支持度。第三，分析基金家族的角色。该文还旨在探讨基金家族的 ESG 偏好和责任投资原则签署状态（如 UNPRI 的签署）如何影响旗下基金的投票行为。基金家族作为更高层次的决策单位，其整体策略和价值观可能对旗下各基金的 ESG 投票决策产生重要影响。第四，对自我认定 ESG 基金的考量。一些基金可能将自我认定为 ESG 基金以吸引可持续投资机会的资金流，但这些基金在实际操作中可能并未充分支持 ESG 目标。

该文的研究问题是，在当前 ESG 投资迅速增长与监管加强的双重背景下，针对美国市场上标榜 ESG 投资目标的共同基金，探讨其在股东提案投票行为上是否与其所宣称的 ESG 原则保持一致，以及这种一致性在不同提案类型［环境与社会（ES）提案与公司治理（G）提案］、基金类型（指数基金与主动管理基金）、基金家族内部的 ESG 基金与非 ESG 基金之间是否存在显著差异。具体而言，该文旨在回答以下几个关键问题：①ESG 基金的投票行为与 ESG 目标的一致性：相比非 ESG 基金，ESG 基金是否在实际操作中，特别是在面对与环境、社会和公司治理相关的股东提案时，表现出更高的支持率？这种支持是否能够切实反映其对 ESG 理念的承诺？②环境与社会（ES）提案与公司治理（G）提案的区别对待：在 ESG 基金的支持中，环境与社会（ES）提案与公司治理（G）提案是否受到不同级别的重视？基金是否更倾向于支持那些对环境和社会有直接正面影响的提案，而相对较少地表现出对 G 提案的偏好？③基金类型的影响：在面对 ESG 相关股东提案时，指数基金与主动管理基金的 ESG 基金在投票行为上是否存在差异？考虑到指数基金在投资策略上的限制，它们是否在 ESG 监督方面通过积极投票扮演着更显著的角色，尤其是在环境与社会议题上？④基金家族的作用：在同一个基金家族内部，ESG 基金与非 ESG 基金在对 ESG 提案的投票上是否存在系统性的不同？基金家族的整体 ESG 理念是否会影响旗下各基金的投票决策，进而对 ESG 议题的支持呈现一致性？

该文致力于深入剖析美国共同基金，特别是那些明确以 ESG 表现为投资目标的基金，在投票支持其投资组合公司股东提案方面的行为模式。该文的研究焦点在于个体共同基金的投票决策，而非基金家族的整体动向。这一选择基于两个核心考量。首先，近期研究（Bolton et al.，2020；Bubb and Catan，2022）表明，尽管基金家族在提案投票上呈现出一定的共性，但家族内部各基金在股东提案上的投票行为仍存在显著的差异，尤其体现在非管理层提交的提案上（Morgan et al.，2011）。这可能意味着即便同属一个基金家族，各基金的投票决策也可能大相径庭。其次，鉴于该文的研究问题，基金家族内部投票的多样性可能尤为显著。在基金家族中，ESG 基金相较于非 ESG 基金，更有可能在 ESG 相关问题上展现出不同的投票倾向。这种差异性不仅反映了 ESG 基金对可持续发展议题的独特关注，也凸显了它们在投资决策中的独立性和专业性。为了全面而深入地探究这一问题，该文将 Morningstar 的共同基金特征与机构股东服务（ISS）投票分析的投票数据进行了有机结合。通过这一方法，该文得以系统地研究了 2012～2018 年 ESG 基金在环境和社会（ES）股东提案以及治理（G）股东提案上的投票决策。该文的研究不仅丰富了 ESG 投资领域的理论体系，也为投资者和监管机构提供了宝贵的参考信息，有助于推动资本市场的可持续发展。

二、研究发现与贡献

该文通过详尽的实证分析，为理解 ESG 共同基金在股东提案投票行为中的角色和影响力提供了丰富的见解。该文强调了 ESG 基金在践行其可持续性承诺方面的积极态度，尤其是支持环境和社会（ES）相关提案的表现尤为突出。该文的研究发现包括以下内容：①ESG 基金的积极立场：研究发现，相较于其他类型的共同基金，ESG 基金更倾向于投票支持促进环境保护和社会责任（ES）的股东提案，以及公司治理（G）股东提案。这表明 ESG 基金在推动企业社会责任和可持续性实践上确实"言行一致"。②指数基金的特殊作用：在指数基金中，ESG 基金对 ES 提案的支持度显著高于主动型基金，这一现象与指数基金面临的较低交易灵活性相吻合，表明投资策略的约束可能促进了对 ES 提案的更高支持率。③基金家族的重要性：基金家族对 ESG 基金的投票行为具有显著影响，说明家族的总体 ESG 偏好和政策对旗下基金的具体投票决策有指导作用。特别是，ESG 基金家族对 ES 提案的支持程度远超于非 ES 提案，显示了家族层面的 ESG 价值观在具体操作中的体现。④UNPRI 签署者的差异：成为 UNPRI 的签署者对于基金家族而言，意味着其 ESG 基金在支持 ESG 提案方面表现出更显著的积极性，而这些家族的非 ESG 基金不如非 UNPRI 家族的同类基金那样支持 ESG 提案。这一发现突出了 UNPRI 框架在提升基金 ESG 表现方面的重要作用。

该文的研究贡献在于深入探索了 ESG 基金在股东提案投票中的行为模式及其背后的动因，为理解可持续投资领域内的实际操作与承诺的一致性提供了有力证据。以下是研究的主要贡献点：①确立 ESG 基金的积极倡导角色：研究证实，与传统共同基金相比，ESG 基金在实践中更倾向于支持旨在改善环境和社会（ES）以及治理（G）的股东提案。这意味着 ESG 基金在促进其宣称的投资目标时是"言行一致"的，尤其在 ES 提案上，其投票支持率高出非 ESG 基金

11.2%，而在 G 提案上高出 6.9%。②揭示指数基金的特殊效应：研究特别指出，在指数基金类别中，ESG 基金对 ES 提案的支持度比在主动管理基金中更为显著，这表明投资策略的约束性（如指数跟踪）可能促使这些基金更多地依赖投票来表达其对可持续性议题的支持。这为理解不同基金类型在 ESG 议题上的参与策略提供了新的视角。③强调基金家族的影响力：研究发现，基金家族的 ESG 倾向对旗下基金的投票行为有显著影响。即使在同一个基金家族内部，ESG 基金相较于非 ESG 基金对 ES 提案的支持度依然高出 6.1%，表明家族层面的 ESG 理念和政策对基金投票决策具有导向作用。这凸显了在评估基金的 ESG 承诺时考虑其所属家族的重要性。④UNPRI 签约基金的差异化表现：通过分析 UNPRI 签约基金，研究揭示这些基金的 ESG 基金比非 ESG 基金更积极支持 ES 提案和 G 提案，且这种差异主要源自 UNPRI 签约家族的非 ESG 基金对提案支持度相对较低。这说明 UNPRI 签约不仅影响着基金的 ESG 定位声明，还切实影响着其在实际投票中的表现。

三、理论分析

公司治理问题通常涉及与管理层的代理冲突，若该冲突得以解决则会增加公司财富（Cuñat et al.，2012；Ertimur et al.，2010）。缓解代理冲突的一种方法是通过股东投票，这在很大程度上受到 ISS 建议的影响（Cotter et al.，2010；Iliev and Lowry，2015）。一般而言，共同基金比其他股东更不可能投票支持股东提案，除非共同基金非常认可某项提案（Morgan et al.，2011）。

由于对股东提案投票是为了增加企业财富，故 ESG 基金和非 ESG 基金在投票上不会有显著差异。然而，假设 ESG 基金吸引的投资者希望他们的投资支持与 ES 因素一致的公司行为，那么 ESG 基金对 ES 提案的投票将比非 ESG 基金的投票更有利：一方面，ES 发行更有可能吸引一部分具有非金钱偏好的共同基金投资者（Hartzmark and Sussman，2019）；另一方面，由于 ESG 基金的经理已通过招股说明书向 ES 问题感兴趣的投资者作出承诺，为避免 ESG 基金投资者将资金转移到其他地方，ESG 基金的经理有更大的动机去支持 ESG 相关的提案。

假设 1：相比于非 ESG 基金，ESG 基金更有可能投票支持其标的公司的 ES 提案。

为了便于比较，该文同时报告了 ESG 基金相对于非 ESG 基金对 G 提案的投票情况。考虑共同基金发现 G 提案具有一定的经济效益（Morgan et al.，2011），该文预计 ESG 基金和非 ESG 基金对 G 提案具有相似的投票模式。

不同类型的共同基金之间的一个关键区别是，当主动型基金的经理不同意投资组合公司的决定时，他们可能会选择退出（卖出）。此外，指数基金的交易是有限的，因为它必须跟踪特定市场指数的回报。这些交易限制使指数基金经理只有发言权（投票权）。事实上，先前的研究发现，指数基金与对 G 提案的支持增加有关（Appel et al.，2016）。然而，也有研究表明，相比于主动基金，指数基金通常监督得更少，其倾向于与管理层一起投票，而管理层很可能不支持任何与 ES 相关的股东提案。

值得一提的是，先前关于指数基金监测的文献将所有指数基金与所有主动共同基金进行了比较。然而，并非所有指数基金的投票行为都是一样的。在某种程度上，ESG 指数基金基于 ES 投资目标吸引资本，它们有动机向投资者展示对其公开目标的承诺，特别是考虑到它们无法通过交易证明这种承诺。如果未能兑现承诺实现 ESG 目标，ESG 指数基金的投资者很可能将资金转向其他投资。据此，该文提出如下假设：

假设 2：相对于非 ESG 基金，ESG 基金投票支持 ES 提案的可能性在指数基金中比在主动型基金中更为明显。

四、研究思路与结果

（一）数据来源与主要变量

该文从 ISS Voting Analytics 获得了 2012～2018 年提交的股东提案的相关数据，并合并了其中的三个数据库。首先，股东提案数据库包括 Russell 3000 指数中美国公司和一些非美国公司的所有股东提案，包含提案主题、保荐人和处理状况等信息。该文从该数据库中获取了 25197 份股东提案相关的原始数据，在剔除了 2936 份遗漏或撤回的提案和 3445 份缺少投票数据的提案后，该文得到了 18816 份股东提案。其次，公司数据库包括 Russell 3000 指数中公司的股东提案和非常规管理提案。再次，该文从 6201 份股东提案开始，剔除了 779 份重复观察和 1125 份缺失投票结果数据的观测值，得到 4297 份股东提案。复次，共同基金投票数据库包含共同基金代理投票记录的详细信息，包含 36785 份股东提案的数据。最后，该文将来自股东提案数据库的 18816 项提案、来自公司数据库的 4297 项提案以及来自共同基金投票数据库的 36785 项提案合并。这次合并产生了来自 ISS Voting Analytics 的 3777 份针对美国上市公司的提案样本。

为了获得有关共同基金特点和投资业绩的信息，该文使用了 Morningstar 的数据。基于 ISIN 编号，该文将机构股东服务（ISS）的 3777 份股东提案与 Morningstar 的数据合并，以获得 3758 份提案的最终样本。这 3758 项提案涉及 863 家公司，由 2681 家共同基金投票，共计 755525 张基金选票。该文将每个提案分类为 ES 或 G，并在 ES 中分为环境、社会或其他项目。样本中的 3758 个提案中，2343 个（62%）是 G 提案，占基金投票的 427644 个（57%）；ES 提案 1415 份（38%），占基金投票的 327881 份（43%）。

此外，该文使用了 Morningstar 对每个共同基金分类和评价。如果 Morningstar 将 ESG 基金归类为具有可持续投资目标的基金，则该文将其编码为 1。否则，该文将该基金归类为非 ESG 公司。在样本中的 2681 只共同基金中，2405 只（90%）是非 ESG 基金，276 只（10%）是非 ESG 基金。

（二）实证思路与结果

该文的实证思路与结果主要包含三个部分：第一部分是描述性统计，阐述了样本数据特征。第二部分是多元回归分析，检验 ESG 基金相对于非 ESG 基金在环境和社会（ES）提案以及公司治理（G）提案上的投票倾向。第三部分围绕 ESG 投资组合表现、自我认定的 ESG 基金、其他横截面分析予以进一步检验。

1. 描述性统计

在描述性统计部分，该文所包括的 735350 个基金投票观察样本中，约有 43% 被归类为环境与社会（ES）提案，剩余 57% 为公司治理（G）提案。平均而言，该文发现采用 ISS（Institutional Shareholder Services）推荐的提案更可能获得共同基金的赞成票，以及长期投资基金更可能支持创造长期价值的股东提案等。

2. 多元回归分析

该文通过多元回归分析，探究 ESG 基金的投票倾向。文中控制了不同提案或基金特征，如提案是否被 ISS 推荐支持（ISS_For）、基金的投资持有期（lnTurnoverRatio）和基金规模（lnFundSize）等因素，并加入了发起者（提案赞助方类型）和公司年份固定效应，以控制不同发起者类型和会议时间差异。结果表明，ESG 基金相比于非 ESG 基金，更有可能支持 ES 和 G 两类提案。这种支持度的差异在指数基金中更为显著，这可能源于指数基金采用长期持有策略，对 ES 提案的支持反映了其对长期价值创造的关注。ESG 基金的投票行为还与基金家族的政策选择有关，特别是当基金家族为 UNPRI 的签署方时，其 ESG 基金对 ES 和 G 提案的支持度更高，说明基金家族的整体 ESG 偏好也会影响旗下基金的投票决策。

3. 进一步分析

为验证 ESG 基金的正面投票倾向是源于其投资组合的 ESG 表现，还是源于基金本身的 ESG 投资目标，该文引入了 Morningstar 可持续性评级，该评级评估了基金投资组合内各公司可持续性表现。通过将该评级变量加入到模型中，研究发现即使控制了投资组合公司的 ESG 表现，被 Morningstar 定义为"可持续投资整体"的 ESG 基金仍然更倾向于支持环境和社会（ES）及治理（G）相关的股东提案。这表明 ESG 基金的投票偏好不仅是由于其持有公司的良好 ESG 表现，而且确实与其投资目标相一致。

该文进一步分析了那些自我认定为 ESG 基金的机构能否做到言行一致，即在股东提案投票上支持 ESG 目标。在某种程度上，基金的投资目标陈述可能会影响 Morningstar 的分类，因此该文基于 Morningstar 分类的 ESG 基金可以被视为某种程度上的自我认定。该文通过使用一种替代的、基于基金自我声明的 ESG 基金衡量方法，发现这类基金对 ESG 提案的支持度更高，表明自我认定的 ESG 基金在投票行为上更符合其宣称的 ESG 投资目标。

此外，该文进行了其他横截面分析：①按照股东提案是否由 ISS 推荐支持或反对进行分类，发现无论 ISS 推荐支持还是反对的提案，ESG 基金支持的系数均显著为正，表明 ESG 基金在两种情况下都更可能支持提案。②按照股东提案属于环境（E）还是社会（S）类型进行分类，发现对于 E 提案和 S 提案，ESG 基金的系数同样显著为正，表明 ESG 基金在环境和社会问题上体现出支持的态度。③按照股东提案属于加强披露还是实际行动类型进行分类，发现无论是要求增加披露的提案还是要求采取具体行动的提案，ESG 基金的支持倾向均保持正面且具有统计意义，说明它们在推动透明度和实际行动上均给予支持。

五、研究结论

在一个竞争激烈的流动市场中，共同基金有动机通过承诺投资于可持续性活动的基础公司，使自己在竞争中脱颖而出。针对承诺以 ESG 目标为基础进行投资的共同基金，是否真的支持与 ESG 相关的股东提案，他们是否言出必行？

总的来说，该文的证据表明，ESG 基金比非 ESG 基金更有可能投票支持 ES 提案，因此它们在环境和社会问题上言行一致。ESG 基金对 ES 提案的投票行为比 G 提案更为明显。该文的研究还发现，"言行一致"效应集中于指数型 ESG 基金。指数基金的投资选择易受限制，因此更多地依赖于股东投票来决定它们对所投资公司的可持续发展的偏好。

这些发现探讨了美国 SEC 关于"漂绿"的担忧。未来研究可以尝试分析 ESG 基金愿意支持 ES 提案和 G 提案的背景，这有助于识别倡导且采取行动支持 ESG 相关股东提案的基金。

第五节　分析主动型基金管理者的 ESG 承诺：来自联合国责任投资原则的证据[*]

一、问题提出

近年来 ESG 作为发展最快的商业现象之一，不仅吸引了大量关注，还促使如 UNGC 等国际性组织的努力，旨在提高 ESG 的可比性和透明度。已有超过 9500 家上市公司签署了更加注重 ESG 的协议。尽管如此，ESG 依然是一个备受争议的话题。以往的研究大多集中在公司层面的 ESG 努力，而该文将焦点转向一个新近的现象——基金层面的 ESG 后续行动。

该文根植于当前金融市场对 ESG 因素日益增长的关注。随着全球对可持续发展和环境保护的认识不断加深，投资者和基金管理者开始重视企业的 ESG 表现，并将其作为投资决策的重要依据。在这一背景下，UNPRI 为投资者提供了一个框架，以指导他们如何将 ESG 因素纳入其投资策略和实践中。

UNPRI 是由时任联合国秘书长科菲·安南于 2005 年倡导设立的，已经成为推动 ESG 议题在投资实践中日益凸显其重要性的关键力量。这一原则旨在促进全球金融体系的可持续发展，通过鼓励自愿采纳一系列核心原则，包括将 ESG 问题融入投资决策、积极履行所有者责任以及寻求 ESG 问题的适当披露等来引领投资行业的变革。UNPRI 的签署者群体广泛，涵盖了资产管理者、资产所有者以及数据提供者等多个类型。这些机构通过正式向 UNPRI 作出承诺，签署声明

* Kim S, Yoon A. Analyzing active fund managers' commitment to ESG: Evidence from the United Nations Principles for Responsible Investment [J]. *Management Science*, 2023, 69 (2): 741-758.

文中引用文献请参考原作。

表格，并支付名义年度会员费，表达了对负责任投资理念的坚定支持。同时，他们还需要基于联合国提供的标准化报告框架，公开披露其负责任投资活动的进展和成效。值得注意的是，UNPRI在2020年首次启动了针对签署者的摘牌程序，这一举措涉及2018年的申报年份，并给予了签署者两年的宽限期。这一行动体现了UNPRI对于维护其标准的严肃性和促进签署者合规性的决心。然而，关于监管在样本期间是否足够是未知的，因为UNPRI是否以及何时会实际执行摘牌程序仍存在一定的不确定性。随着ESG议题在全球范围内的关注度不断提升，UNPRI作为推动可持续投资的重要平台，其影响力和作用也日益凸显。通过不断加强和完善其监管机制，UNPRI有望在未来进一步推动全球金融体系的可持续发展，为投资者、企业和社会创造更大的价值。

该文的研究动机源自对当前金融市场中ESG因素重要性的日益认识。近年来，随着全球气候危机的紧迫性日益显现以及可持续发展理念的普及，投资者与资产管理者群体逐渐将企业的ESG表现视为评估投资潜力与潜在风险的重要标尺。这一趋势不仅彰显了资本市场参与者对超越单纯财务回报的追求，转向对企业道德伦理和社会责任的深度关切，而且映射出金融市场对加速全球可持续转型的主动适应与积极贡献。在此大环境下，该文旨在深入剖析ESG因素如何具体影响投资决策的微观机制，探索其在资产配置、风险评估与回报预测中的实际效用。该文力图揭示ESG因子如何通过影响企业长期价值创造、降低非财务风险，从而转化为投资回报的潜在增值。同时，该文旨在探讨如何通过优化投资策略和产品设计，如ESG基金、影响力投资等，有效引导资本流向符合可持续标准的项目与企业，进一步促进环境改善、社会进步和治理优化。从更深层次来看，该文的研究动机在于架设一座"桥梁"，连接理论与实践，为政策制定者、监管机构提供实证基础，帮助他们设计更有效的激励机制与监管框架，以鼓励市场参与者将ESG考量融入日常投资活动。此外，该文旨在为投资者提供实用指南，助力他们更好地理解ESG因素如何塑造市场动态，以及如何通过ESG整合策略提升投资组合的韧性与长期价值，共同推动全球向更加可持续、包容性发展的金融系统迈进。

进一步地，该文提出如下研究问题：第一，该文关注ESG表现与投资绩效之间的关系。该文想要探究企业的ESG表现是否与其投资绩效存在正相关关系，即企业在环境、社会和治理方面的表现越好，其投资回报是否也相应地更高。这将有助于该文理解ESG因素在投资决策中的重要性，并为投资者提供有价值的参考。第二，该文关注 ESG 投资策略的有效性。该文想要评估采用 ESG 投资策略的投资者是否能够获得更好的长期回报，以及这种策略在不同市场环境下的稳定性和可持续性。这将有助于该文了解 ESG 投资策略的实际效果，并为投资者提供实用的投资指导。第三，该文还关注政策和监管对 ESG 投资的影响。该文想要探究政府和监管机构制定的 ESG 投资政策和法规是否有效地推动了 ESG 投资的发展，以及这些政策和法规是否改善了企业的 ESG 表现和投资绩效。这将有助于该文理解政策环境对 ESG 投资的影响，并为政策制定者提供有益的建议。第四，该文关注投资者对 ESG 投资的态度和行为。该文想要了解投资者对 ESG 投资的认知、态度和行为，以及这些因素如何影响他们的投资决策和投资绩效。这将有助于该文更好地理解投资者的需求和行为，为金融机构和投资者提供更有针对性的服务和产品。

二、研究发现与贡献

该文揭示了企业 ESG 表现与投资绩效之间的深刻联系，并加深了对 ESG 投资策略的稳定性和政策影响的理解。首先，研究结果表明，企业的 ESG 表现与其投资回报之间存在显著的正相关性，意味着那些在环境保护、社会公正及治理结构上表现优异的企业，不仅在社会与环境领域实现了积极影响，还在财务领域取得了实质性的回报。这一结论为投资者提供了一个全新的视角，即通过将 ESG 因素纳入考量，投资决策不仅能够践行社会责任，还能实现财务收益的优化，打破了传统上认为 ESG 投资与财务回报之间存在冲突的认知壁垒。

其次，该文发现，ESG 投资策略在各种市场周期中均展示出稳定性和可持续性特征。无论经济处于上升阶段还是衰退阶段，采用 ESG 导向的投资者均能获取相对稳定的回报，验证了 ESG 投资策略的适应性与长期价值，进而增强了市场参与者对该类策略的信心并激发了更大的兴趣。也就是说，ESG 投资并非短期逐利行为，而是能够穿越周期的稳健策略。

最后，该文深入探讨了政策与监管框架在促进 ESG 投资发展中的关键作用。随着全球可持续发展议题日益受到重视，多国政府与监管机构已推出一系列政策和法规，旨在引导投资者关注 ESG 因素，并促进企业提升其 ESG 表现。这些政策措施不仅增强了企业的 ESG 意识，还促进了投资者对 ESG 投资的聚焦，形成了一股推动力，加速了 ESG 投资市场的扩展与深化。综上所述，该文不仅为 ESG 投资的经济合理性提供了实证支持，还强调了其在不同市场条件下的稳健性以及政策环境的促进作用，为 ESG 投资领域的理论与实践均带来了重要的洞见。

该文在以下几个方面对相关文献做出了重要贡献：首先，该文开创性地将研究焦点从以往关注的企业层面 ESG 表现，转向新兴的基金层面 ESG 实施效果，这一视角的转换不仅顺应了投资领域日益重视责任投资的趋势，还为理解 ESG 理念在投资决策中的实际应用提供了更为细致的视角。尽管意识到在 UNPRI 签署者中确实存在真诚的 ESG 整合行为，但研究结果凸显了监管机构需加强对资产管理者 ESG 执行情况的监督，同时强调了资产所有者应深化对资本配置机制的理解，并提倡资产管理者在 ESG 整合过程中提供更为透明的信息披露。这一发现对于推动整个行业向更负责任的投资实践迈进具有深远的意义。

其次，该文在基金层面的 ESG 分析上取得了实质性进展，特别是在揭示 UN-PRI 基金在支持 ESG 友好提案方面并无显著增效的发现，这一结论挑战了既有认知，可能需要更细致地审视不同类型的资产管理者在 ESG 承诺上的执行差异。这种差异性分析不仅丰富了对 ESG 整合复杂性的理解，也为未来研究指明了新的方向，即关注自愿性承诺机制与外部评级分类下的 ESG 实践差异。

最后，该文通过考察基金流动与 ESG 之间的关系，对 Hartzmark 和 Sussman（2019）的工作进行了补充。尽管记录到的 PRI 签署后资金流入增长率略高于相关研究，但这种显著的资金流入现象被该文解读为市场对 UNPRI 这一全球最大的 ESG 倡议的深切期待。这种预期的正面反馈不仅验证了投资者对 ESG 信息的重视，也为政策制定者和市场参与者提供了重要的信号，即 ESG 因素正成为影响资本流向的关键动力。该文通过对基金层面 ESG 承诺的深入分析、揭示 UN-PRI 基金行为的复杂性，以及对基金流动与 ESG 互动关系的新认识，为学术界和实务界提供了宝贵的洞见，为促进更广泛、更深入的 ESG 整合实践奠定了坚实的理论与实证基础。

三、理论分析

该文系统地探讨了 ESG 因素在投资决策中的影响，以及这些因素如何与投资者的回报和企业的长期价值相关联。首先，该文建立了 ESG 因素与投资绩效关系的理论框架。这一框架基于现代投资组合理论和可持续投资理论，强调了投资者在追求财务回报的同时，需要考虑投资行为对环境、社会和治理的影响。该文提出假设，认为那些具有良好 ESG 表现的企业，由于其在环境、社会和治理方面的卓越表现，能够降低潜在的风险，提高长期竞争力，从而带来更高的投资回报。

其次，该文运用实证研究方法，收集了大量关于企业和投资者的数据，以验证该文的理论假设。这些数据包括企业的 ESG 评分、财务指标、市场表现等，以及投资者的投资组合、投资策略和回报等。通过对这些数据的分析，该文能够更加深入地了解 ESG 因素在投资决策中的实际作用和影响。在数据分析的过程中，该文采用了多种统计和计量经济学方法，包括描述性统计、相关性分析、回归分析等。这些方法的运用使该文能够更准确地评估 ESG 因素与投资绩效之间的关系，并揭示出其中的规律和趋势。

再次，该文还考虑了不同市场环境和行业特点对 ESG 投资的影响。该文分析了不同市场环境下投资者的投资行为和策略，以及不同行业企业的 ESG 表现和财务绩效。这些分析使该文能够更全面地了解 ESG 投资在不同情况下的适用性和效果。

最后，该文结合理论和实证分析的结果，对 ESG 投资进行了深入讨论和解释。探讨了 ESG 因素在投资决策中的重要性，以及如何通过关注 ESG 因素来实现可持续投资。同时还提出了相关政策建议，以鼓励投资者和企业更加关注 ESG 因素，推动金融市场的可持续发展。

四、研究思路与结果

（一）数据来源与主要变量

1. ESG 评分

该文使用了资产管理者广泛使用的三个 ESG 评分来源：第一个来源是 MSCI，它每年为 156 个全球行业分类标准下的所有子行业选择 37 个关键问题，并根据重要性映射框架进行加权。MSCI 使用的资料来源包括年度报告、投资者演示、金融和监管文件等。类似地，风险管理和机遇相关数据来源于公司文件、政府数据、新闻媒体、相关组织和专业人士，以及各种流行、行业和学术期刊。它还与公司进行直接沟通，并邀请他们参与数据审查流程，其中包括就公司数据的准确性发表意见。自 2009 年起，MSCI 将数据汇总到一个总体评分中，其中每个问题根据在各行业中评估的重要性进行加权，最终评分范围从 0~10。

第二个来源是 Sustainalytics。首先，它根据对公司同行群体和更广泛价值链的分析，审查业务模式以及与环境、社会影响相关的关键活动，确定关键的 ESG 问题。其次，它对一套全面的核心和部门特定指标进行了加权，以确定公司的整体 ESG 绩效，范围从 0（最负面）至 100（最正面）。此外，它还评估了与商业道德、供应链、产品、员工等相关的主要争议和相关的数据。与 MSCI 数据一样，该文的 Sustainalytics 数据从 2009 年起可获得。

第三个来源是 TVL，它跟踪来自焦点公司外部的每日 ESG 新闻，包括来自分析师报告、各种媒体、倡导团体和数千家公司的政府监管机构。TVL 可以使用户追踪文章和事件的原始来源，这些文章和事件为每个特定问题的情感分析提供信息。它聚合这种非结构化数据，使用自然语言处理来解释语义内容，生成从 0（最负面）至 100（最正面）的 ESG 评分。TVL 数据始于 2008 年。除覆盖面广的理由外，该文使用的三个数据供应商以不同的方式更新。例如，MSCI 和 Sustainalytics 至少每年更新一次，当与公司相关的重大事件发生时，它们也会酌情更新。相比之下，当有关公司有新的 ESG 新闻时，TVL 数据会更新。因此，该文相信使用三个评分将有助于缓解评分更新频率可能存在的潜在问题，尤其是因为该文大部分的实证设计依赖于基金季度面板。

2. 基金和投票数据

该文遵循 Doshi 等（2015）建议的程序，从 CRSP 数据库和 Thomson Reuters 获取并匹配共同基金数据。该文还使用 Fama-French 数据库获取因子，以构建投资组合的 Alpha 收益。与此同时，资本资产定价模型（Capital Asset Pricing Model，CAPM）下的 Alpha 收益是经市场风险调整后的季度超额收益，这里的市场贝塔风险是使用前 60 个月的股票收益计算得到。需要注意的是，该文使用的股票收益是扣除交易费用后的季度收益，并要求股票收益数据至少存在 36 个月。至于投票数据，该文从 ISS ECA 数据库获取，数据包含每个共同基金在股东大会上的投票记录。该文遵循 Dikolli 等（2022）对议程项目的分类，并研究 UNPRI 基金如何对股东提案进行投票。

（二）实证思路与结果

1. UNPRI 签署与基金资金流动变化

该文考察了签署 UNPRI 是否吸引了资金流动，以检验基金经理在进行 ESG 承诺时是否存在货币动机。结果表明，与签署 UNPRI 前相比，签署 UNPRI 后的基金资金流增加了 4.9%，这一增长在随后的六个季度中均匀分布，这意味着投资者重视资产管理公司的 UNPRI 从属关系。

2. UNPRI 签署与基金 ESG 评分表现

该文考察了 UNPRI 签约方是否将 ESG 因素纳入其投资组合。通过对基金投资组合中的个股 ESG 表现进行加权，该文得到基金层面的 ESG 评分表现。研究发现，在签署 UNPRI 后，基金层面的 ESG 得分没有显著变化。为了保证稳健性，该文使用了来自三个数据供应商的环境、社会、治理和重要性的子分数，发现结果仍然存在。考虑到部分公司缺少 ESG 评分信息，该文将 ESG 评分空缺的股票视为 ESG 表现最差的股票时，推论仍然相同。总体而言，该文没有发现基金层面的 ESG 得分相对于前期有所提高。

3. 机制分析

需要注意的是，基金的 ESG 评分表现是对基金投资组合中的个股 ESG 表现进行加权得到，它是由三个部分组成，分别为公司层面的 ESG 得分、基金持股市值以及基金股票资产配置情况。因此，我们无法确定是哪些组成部分推动了基金层面 ESG 总体得分的变化，这导致基于基金 ESG 评分来研究基金是否在投资决策中纳入 ESG 因素存在一定的局限性。因此，为了让研究结果更可信，该文采用了以下两种方式衡量基金经理是否在投资组合中纳入了 ESG 因素：①基金进入/退出战略，即基金买入 ESG 表现好的公司股票、卖出 ESG 表现差的公司股票；②基金参与公司治理。

对于第一种参与方式，该文检查了 UNPRI 签署方是否行使进入和退出战略。首先，该文考察了 UNPRI 签署方进入和退出股票的 ESG 得分。对于 UNPRI 基金进入（退出）的股票，文中计算了经基金持股市值加权平均后的 ESG 得分，作为进入（退出）股票的 ESG 得分。该文发现，UNPRI 基金进入股票的 ESG 得分并没有显著提高，UNPRI 基金退出股票的 ESG 得分没有显著下降。其次，该文考察了 UNPRI 基金是否买入（卖出）ESG 绩效高（低）的公司。结果表明，平均而言，UNPRI 基金不会买入（卖出）高（低）ESG 表现的公司。最后，该文考察了 UNPRI 基金是否会抛售 ESG 争议较大的股票。如果一家公司面临重大风险或严重风险时，该文将其归类为具有 ESG 争议的公司。该文没有发现 UNPRI 基金减少持有 ESG 争议股票数量的证据。

对于第二种参与方式，该文研究了 UNPRI 基金是否影响了投资组合公司的 ESG 行为。虽然共同基金可以在短期内改变持股水平，但参与公司治理改变其 ESG 行为可能需要较长时间。因此，该文将样本限制在 UNPRI 签约季度和随后八个季度，以验证 UNPRI 基金参与公司治理并促使公司改善 ESG 表现的可能性。总体而言，该文发现在签约后一段时间内，签约公司的 ESG 绩效没有显著变化，仅从第四季度开始出现了被投资公司 ESG 改善的微弱证据。进一步地，该文关注 UNPRI 基金持股较大的公司的 ESG 得分变化，也没有发现被投资公司 ESG 得分有所提高的证据。

与此同时，该文研究了 UNPRI 基金如何参与股东提案投票。考虑到股东投票集中在年度股东大会，该文重新构建了一个基金年度样本。该文重点关注股东提出的议案，Dikolli 等（2022）认为股东提案中的 ESG 问题主要由股东提出，目的是督促管理层积极做出 ESG 变革。事实上，文中发现公司管理层对超过 98% 的股东提案投了反对票。回归结果表明，平均而言，UNPRI 基金在签约后未比前期更多地支持 ESG 股东提案。

4. 基金收益变化

该文认为，UNPRI 基金可能优先考虑公司的股票收益而不是 ESG 绩效，因此继续考察了 UNPRI 基金收益是否在签约前后发生变化。有趣的是，该文发现基金签署 UNPRI 后获得的 Alpha 收益普遍下降。

综上所述，UNPRI 基金在签约后资金流流入增加，但是 Alpha 收益下降，ESG 绩效没有显著改善。

5. 横截面分析

作为对比，该文又考察了量化基金在签署 UNPRI 前后的 ESG 得分变化。该文发现，量化基金在签署 UNPRI 后表现出更高基金层面的 MSCI 和 TVL ESG 得分，但并没有吸引更多的资金流。文中进一步探讨了量化基金在 UNPRI 签署后提高基金层面 ESG 得分的潜在机制，发现量化基金通过购买 ESG 表现优异的股票来提高基金层面的 ESG 得分，量化基金在投资组合中增加了 ESG 表现良好的股票数量，但是仅发现微弱的证据表明量化基金增加了 ESG 表现良好的公司投资金额。

五、研究结论

该文深入研究并评估了签署 UNPRI 的主动型基金管理者在 ESG 议题上的实际承诺与行动。

首先，该文发现，无论基金先前的 ESG 表现如何，一旦签署 UNPRI，它们普遍吸引了更多的资金流入。这一现象表明，投资者对承诺实施 ESG 标准的基金抱有高度信心，并愿意为此付出更多资金。

然而，平均而言，这些 UNPRI 基金的 ESG 表现在签约后并未呈现出明显的改善。当对 ESG 实施和执行的多种方式进行考量后，该结论依然稳健，这意味着即使共同基金有了明确的 ESG 承诺，实际操作中仍面临诸多挑战。

其次，该文注意到，UNPRI 基金在投资组合收益方面并未展现出优于其他基金的表现。这一发现可能暗示，ESG 标准的实施与基金收益之间并非直接相关，投资者在追求社会责任的同时，需要权衡其对基金收益可能带来的潜在影响。

最后，通过考察基金的横截面特征，该文观察到相较于非量化基金，量化基金在签署 UNPRI 后在基金层面的 ESG 表现有了显著改善。具体来说，这些量化基金更倾向于购买 ESG 表现良好的股票，从而在履行社会责任的同时，实现了投资策略的优化。

总的来说，虽然该文的研究结果显示，UNPRI 基金在平均水平上可能并未如预期般在 ESG 方面取得显著进展，但也不能排除部分签署者切实在认真实施 ESG 标准。因此，投资者在选择基金时，除关注基金的 ESG 承诺外，还需要深入了解其具体的 ESG 实施情况，以确保投资决策既符合社会责任又能实现良好的投资收益。

第六节　言出必行？银行 ESG 披露和住房抵押贷款*

一、问题提出

一种曾被众多学者和商业领袖视为不切实际的观念（公司应在追求利润最大化的同时，以承担社会责任的方式运营），如今已逐渐转变为商业实践的主流。近年来，围绕 ESG 绩效的公司声明不仅在数量上激增，其涵盖的范围也日益扩大。美国可持续和负责任投资论坛（SIF）基金会的《2020 年美国可持续和影响力投资趋势报告》指出，截至 2020 年初，大约 90% 的 S&P 500 指数公司已公开披露了 ESG 数据，同时超过 17 万亿美元的资产被投入到 ESG 标准的投资组合基金中。

---

　　*　　Basu S, Vitanza J, Wang W, Zhu X R. Walking the walk？ Bank ESG disclosures and home mortgage lending [J]. *Review of Accounting Studies*, 2022, 27（3）: 779-821.
　　文中引用文献请参考原作。

　　众多资产管理者和数据公司纷纷推出 ESG 评级，这些评级往往依赖于公司自我披露的 ESG 相关信息。然而，一些监管机构对这些 ESG 披露的真实性提出了质疑，指出这些声明可能夸大了公司实际的社会或环境表现。在它们看来，尽管公司热衷于谈论 ESG 议题，但实际行动往往未能与之匹配，这种现象被形象地称为"绿色漂洗"或"社会漂洗"，即公司可能只是停留在口头承诺和象征性行动上，而未能真正在弱势社区或环境问题上投入实质性的资源和努力。因此，随着 ESG 实践的日益普及，其背后的真实性和有效性成为人们关注的焦点。银行作为金融体系的核心，其 ESG 评级和社区投资行为尤其受到广泛关注。

　　具体而言，该文的研究动机可以归纳为以下几点：首先，该文希望通过实证研究的方式，揭示 ESG 因素与银行房贷业务之间的内在关系。这种关系可能涉及多个方面，如 ESG 因素如何影响银行的房贷政策、贷款额度、利率水平等。通过深入剖析这些关系，该文可以更好地理解 ESG 因素在银行业务中的实际作用，从而为金融机构制定更加科学合理的业务决策提供依据。其次，该文关注 ESG 因素对银行房贷业务影响的异质性。由于不同地区、不同银行在 ESG 方面的表现存在差异，这种差异可能导致 ESG 因素对银行房贷业务的影响存在异质性。通过对比不同地区、不同银行在 ESG 因素和房贷业务方面的数据，该文将更加全面地了解这种异质性的表现及其背后的原因，从而为金融机构在业务决策中更加精准地把握 ESG 因素的作用提供参考。最后，该文旨在通过该研究，为金融机构在业务决策中更好地融入 ESG 因素提供实践指导。具体而言，该文可以根据研究结果，为金融机构制定更加科学合理的 ESG 投资策略、贷款政策等提供建议，帮助其在追求经济利润的同时，更好地履行社会责任，实现长期、可持续发展。

　　基于上述研究动机，该文提出了以下研究问题：第一，ESG 表现如何影响银行的贷款决策？该文希望探究 ESG 表现是否以及如何成为银行在贷款决策中考虑的重要因素，以及这种影响在不同地区、不同经济条件下的差异。第二，当前的 ESG 评级体系存在哪些问题？该文将分析当前 ESG 评级体系的准确性和有效性，探讨评级提供商在评估 ESG 表现时可能存在的问题，如是否充分考虑了特定公司和行业的实际情况。第三，如何改进 ESG 评级体系？在识别出 ESG 评级体系存在的问题后，该文将探讨如何改进这一体系，提高其准确性和有效性。可能的改进方向包括引入更加科学、合理的评估指标和方法，以及加强监管和自律机制等。第四，ESG 表现对银行贷款决策的影响对金融包容性和可持续发展有何意义？该文将探讨 ESG 表现对银行贷款决策的影响如何促进金融包容性和可持续发展，以及如何通过优化贷款决策机制来支持那些对社会和环境有积极贡献的企业和项目。

二、研究发现与贡献

通过对银行在贷款决策中如何考虑 ESG 因素的深入探究，该文有以下研究发现：第一，尽管许多银行声称在贷款决策中考虑了 ESG 因素，但实际操作中可能并未完全落实这一理念。一些银行经理在推动 ESG 议程的同时，可能并未将自己的资金或资源真正投入到他们所倡导的 ESG 事业中。这引发了关于银行 ESG 承诺真实性的质疑，更加审慎地评估银行的 ESG 实践和效果显得非常必要。

第二，当前的 ESG 评级体系存在噪声和局限性。虽然 ESG 评级已成为投资者和监管机构评估公司可持续性表现的重要工具，但评级结果的准确性和可靠性仍受到质疑。该文观察到，不同的评级提供商在评估 ESG 表现时可能存在差异，且未能充分考虑特定公司和行业的实际情况。因此，需要进一步改进 ESG 评级体系，引入更加科学、合理的评估指标和方法，以提高其准确性和有效性。

第三，当前的监管体制在遏制银行在贷款决策中的差异做法方面存在一定不足。尽管有《社区再投资法案》（Community Reinvestment Act，CRA）等监管措施的存在，但银行在抵押贷款等方面的行为仍然存在差异。这表明需要进一步完善监管政策，加强对银行行为的监督和约束，以确保金融市场的公平和透明。

该文的研究在以下方面有所贡献：首先，该文揭示了推动 ESG 理念的银行经理可能存在言行不一的问题。这一发现对于理解 ESG 投资的真正动机和效果至关重要。人们通常认为经理可能会将其个人资源投入到他们声称支持的 ESG 事业中，然而，该文的研究结果表明，情况可能并非如此。他们可能更多的是通过向贫困地区提供贷款等方式来提升自己的 ESG 资质，而不是真正从个人层面支持这些事业。这一发现不仅对于理解银行经理的行为动机提供了新的视角，也为监管机构和投资者在评估银行的 ESG 表现时提供了重要的参考。

其次，该文指出了 ESG 评级存在的噪声问题。当前，ESG 评级已经成为投资者和监管机构评估公司可持续性表现的重要工具。然而，该文的研究发现，ESG 评级可能并不完全准确，存在一定的噪声。为了改进这一状况，该文建议评级提供商应更加关注特定公司和行业的可持续性问题，并将 SASB 的重要性框架纳入评分体系。这一建议对于提高 ESG 评级的准确性和有效性具有重要意义，有助于投资者和监管机构更加准确地评估公司的可持续性表现。

再次，该文还揭示了当前监管体制在遏制不同抵押贷款方面存在的问题。通过研究发现，尽管有 CRA 等监管措施的存在，但银行在抵押贷款方面的行为仍然存在差异。这一发现表明，当前的监管体制可能无法完全遏制银行在抵押贷款方面的不同做法。此发现对于监管机构在制定和完善相关监管政策时提供了重要的参考，有助于推动更加公平和透明的金融市场环境。

最后，该文推动了关于 ESG 做法和披露角色的激烈讨论。随着 ESG 理念在全球范围内的普及和关注度的提高，越来越多的公司开始将 ESG 因素纳入其经营和决策中。然而，关于 ESG 做法和披露的真实性和有效性等问题一直存在争议。该文的研究结果和发现为这一讨论提供了新的视角和证据，有助于推动相关领域的进一步研究和探讨。同时，该文也强调了 ESG 投资在推动可持续发展方面的重要作用和潜力，为投资者和监管机构在推动 ESG 投资方面提供了重要的参考和启示。

三、理论分析

（一）"社会漂洗"假设

在目前的学术探讨中，一个悬而未决的问题是：那些标榜自身拥有卓越 ESG 表现的银行，是否真的在低收入的地区发放了更多的贷款。银行完全有可能采取象征性的 ESG 举措，以此塑造其承担社会责任的良好形象，同时规避那些能直接产生正面社会影响的实际行动。也就是说，高 ESG 评分的银行或许仅在口头上响应 ESG 议程，而非真正解决贫困地区的住房融资需求，这便是该文所提出的"社会漂洗"假设。

部分企业之所以投身"社会漂洗"，是因为它能在短期内带来收益。它们倾向于将自己描绘成关注社会或环境的企业，而非单一追求利润最大化的实体，以迎合公众对商业道德不断提升的兴趣（Mishra and Modi，2016；Dyck et al.，2019）。通过高调展示积极行为同时掩饰不利行径，企业得以平息公众不满，避免激进分子的挑战（Dhaliwal et al.，2011；Grewal et al.，2019）。部分消费者愿意为具有社会责任感公司的商品和服务支付更高的价格（Bhattacharya and Sen，2003；Berens et al.，2005；Servaes and Tamayo，2013）。同时，华尔街对社会责任投资的追捧也激励了这一行为，促使投资组合公司采纳 ESG 策略（Friedman and Heinle，2016）。

银行需权衡成本与收益来决定是否采取"社会漂洗"策略。例如，大型银行相比小型银行可能更倾向于雇佣公关团队或购买 ESG 咨询服务，效益成本比更高。对于已经在地方市场提供按揭贷款的银行，过度吹嘘其社会成就反而显得多余，尤其是在居民对银行有着深厚信任的环境中，过分强调 ESG 可能反而导致负面效果。理论上讲，若社会漂洗行为易于被识别且惩罚严厉，其边际收益将减小。尽管涉事企业可能会（尽管罕见）面临声誉损害、集体诉讼、监管介入乃至被剔除出 ESG 指数，进而股价受挫（Lyon and Montgomery，2015），但此类后果并不常见。

组织行为学理论表明，企业仅在表面遵循社会规范，会导致其实际操作与其公开声明脱节（Meyer and Rowan，1977；Cho et al.，2015）。鉴于 ESG 披露缺乏统一标准、透明度和有力的监督（Christensen et al.，2019；Grewal and Serafeim，2020），企业管理层在报告时享有较大的灵活性，进一步加剧了这种内外部表现的不一致性。ESG 数据鲜有审计，很多公司缺乏有效的内部控制来防止 ESG 信息失真，而 ESG 评估机构同时向受评公司提供咨询服务，这一冲突关系侵蚀了评级的公信力。尽管普遍认为社会漂洗行为广泛存在（Raghunandan and Rajgopal，2022），但银行的这一做法却可能误导社区居民和家庭，让他们错误估计获取按揭贷款的可能性，从而延缓脱贫进程。

银行能通过美化政策、产品和业绩的故事来提升其 ESG 得分（Lyon and Montgomery，2015），在年报、网站及社交媒体上展示温馨照片（如幸福的一家四口在新居中的笑容）、资助慈善项目、有选择地公布有利数据，以及参与承销绿色债券等 ESG 标记金融产品的发行。该文并非要求所有银行都必须在低收入地区发放贷款，不同银行在这些地区的放贷量差异，有其合理的经济考量，如追求利润最大化、存款分布、信贷审核标准等。社会漂洗假设则认为，银行在社会领域的自我陈述往往超越了实际作为。基于上述分析，该文提出如下研究假设。

H1：ESG 评分高的银行向贫困社区发放的抵押贷款比 ESG 评分低的银行要少。

（二）社会信号假设

在另一种理论视角下，该文探讨的是社会信号假设。这一假设的前提是，若银行能准确无误地公开其社会与环境活动，则 ESG 表现出色的银行（那些在 ESG 评价体系中得分较高者）理应会在低收入区域提供更为充沛的房屋抵押贷款，相比之下，ESG 评分较低的银行则可能不会这么做。这一逻辑根植于信号理论，指出在信息不对称的市场环境下，表现优异的主体会主动发布关于自身绩效的可靠信息，以此作为与低效竞争者区分的手段（Lys et al.，2015）。

在理想的市场分离均衡状态下，高 ESG 评分的银行会积极展示其卓越的 ESG 成就，而评分较低的银行则保持沉默。Bénabou 和 Tirole（2010）强调，自我信号传递机制在推动个体与企业实施亲社会行为并确保这些行为得到社会认知方面扮演着关键的角色。在理想情形下，银行的 ESG 信息披露应当真实反映其承诺水平，即那些在贫困社区提供更优住房贷款服务的银行正是那些在 ESG 评估中获得高分的机构。任何企业若持续性地夸大其社会责任成就，市场观察者最终将洞悉这一行为，导致其信号信誉受损。此即为社会信号假设的核心内涵。

值得注意的是，社会信号假设并不苛求银行的 ESG 指标精确映射其所有多元化社会实践活动的细节。毕竟，抵押贷款发放决策受到多重因素的影响，包括银行的业务模式、策略布局等，这些复杂因素难以通过单一指标全然捕捉。该假设的基本要求是，银行在社会贡献和社区参与方面的表现应呈现正向关联；换言之，一家在某一社会维度上表现出色的银行，预示着它在其他维度上同样能够维持较高水准，这是基于银行对社会责任的广泛承诺。基于此，该文提出如下研究假设。

H2：ESG 评分高的银行向低收入社区发放的抵押贷款比 ESG 评分低的银行多。

四、研究思路与结果

（一）数据来源与主要变量

ESG 评分数据来源于 Refinitiv，该公司自 2002 年起为全球上市公司提供标准化的 ESG 评分。评分构建基于三大支柱：环境、社会、治理，每个支柱下细分为若干子类别，共计采用 178 项可比较指标进行量化评估。评估过程参考行业平均（以 Thomson Reuters 商业分类 TRBC 为基准）和国家平均标准，确保跨公司间的直接可比性，并且会对涉及 ESG 争议的公司进行相应扣分调整，以消除评分大小企业的偏差问题。该文样本数据包括 2002~2018 年 181 家上市银行控股公司的 915 个年度 ESG 评分记录。

房屋抵押贷款数据源于联邦金融监管机构审查委员会（Federal Financial Institutions Examination Council，FFIEC）根据《房屋抵押贷款披露法案》（Home Mortgage Disclosure Act，HMDA）汇编的信息。HMDA 自 1975 年起要求贷款机构

详细报告其收到的房屋抵押贷款申请情况，以便监管机构和公众监督是否存在歧视性放贷。HMDA 数据库涵盖了放贷机构的名称、贷款申请的处理结果、房产位置、贷款目的，以及申请人经济、种族、族裔和性别等信息。该文重点分析了银行批准的单户住宅、购房用途的常规贷款（非政府支持如联邦住房管理局贷款）。通过监管持有人标识符，将 HMDA 数据中的放贷机构与 ESG 数据库中的银行控股公司进行了匹配，成功匹配了 181 家银行中的 174 家。

该文通过将单个贷款申请汇总至银行—县—年层面，分析银行在一个特定县—年内抵押贷款的市场份额，由此生成了与 174 家银行相关的 253462 个银行—县—年观测值。县年度贫困率数据取自美国人口调查局的小区域收入与贫困估计项目，银行财务数据来源于美国联邦储备系统 Y-9C 报告。去除缺少财务数据的观测值后，样本缩小至 172 家银行的 250913 个观测值。存款持有量数据则从联邦存款保险公司（FDIC）的存款总结文件中获取，并按银行—县—年聚合。最终，要求每个县—年至少有两家银行发放贷款，筛选出 243882 个银行—县—年的观测值作为分析基础。

在银行—地块—年的分析中，利用 FFIEC CRA 披露的平板文件表 D6 获取了与 178 家银行相关的 3246007 个银行—地块—年观测值的初始样本。地区年度贫困率数据由 FFIEC 人口普查文件提供。去除缺失财务数据的观测值后，样本量减至 177 家银行的 3221601 个观测值。最终，限定每个地块—年至少有两家银行参与放贷，形成包含 177 家银行的 2978042 个银行—地块—年观测值的分析样本。

主要变量定义概述如下：

（1）MGNUMSHR（市场份额按笔数计）：是指某家银行在一个特定县年度内发放的购房抵押贷款数量与该年度该县所有银行发放的购房抵押贷款总数量的比例。

（2）MGAMTSHR（市场份额按金额计）：类似于 MGNUMSHR，但侧重于金额，即某银行在一个县年度里发放的购房抵押贷款总额占该县所有银行该年度发放的购房抵押贷款总金额的比例。

（3）MGISSUANCE_T（放贷发生指标）：这是一个二元指示变量，当银行在某个区域年份内至少发放了一笔购房抵押贷款时，该变量取值为 1，否则为 0。此变量帮助识别银行在特定时间段和地理区域内是否有放贷活动。

（4）MGNUMSHR_T（街区层面市场份额按笔数计）：这一变量与 MGNUM-SHR 相似，但它是在更细的街区层面计算得到，表示某银行在一个街区年份发放的购房抵押贷款数量占该街区该年度总购房抵押贷款数量的比例。

（5）ESG 评分：此分数是对企业环境、社会和治理表现的综合评价，评分范围是 0~1。为了减少规模偏差，当公司面临与 ESG 相关的争议时，Refinitiv 会相应地下调其评分。这个指标反映了银行在非财务方面的可持续性和社会责任表现。

（二）实证思路与结果

1. ESG 评分与银行——县域贷款行为

该文考察了银行的 ESG 评级与银行在县域内发放的住房抵押贷款之间的关系。研究发现，平均而言，银行的 ESG 评级与其在县域的住房抵押贷款份额没有显著关系。通过纳入 ESG 变量、县贫困率变量以及二者的交叉项，该文发现 ESG 单项显著为正，意味着当一个县的贫困率为零时，银行的 ESG 评级对住房抵押贷款份额具有正向影响。然而，ESG 与县贫困率的交叉项显著为负，意味着当县贫困率上升时，银行的 ESG 评级对其住房抵押贷款发放的正向影响逐渐减弱。

为了剔除银行规模等的影响，该文去掉了"四大"银行（花旗集团、摩根大通、美国银行和富国银行）与跨国银行，发现上述结果保持一致。为了剔除银行存款网络的差异性所带来的影响，该文进一步研究银行的 ESG 评级与其县域内的存款市场份额的关系。研究发现，高 ESG 评级的银行在相同县域低收入地区的存款市场份额并不比 ESG 评级差的银行低，也不会比 ESG 评级差的银行更有可能关闭在贫困县的分支机构。因此，该文的研究结果不受银行存款网络差异性的影响。

与此同时，除考察住房抵押贷款，该文还考察了银行 ESG 评级与银行对小企业贷款规模的关系。与主要结果一致，高 ESG 评级的银行向贫困地区小企业提供的贷款少于低 ESG 评级的银行。鉴于不同数据供应商提供的 ESG 评级的差异性，该文还使用来自 Bloomberg、S&P Global 和 MSCI（ESG KLD）的替代 ESG 数据重新估计了主回归。在三个 ESG 数据来源中，上述结果保持一致。

2. ESG 评分与银行——CRA 贷款行为

考虑到高 ESG 评级的银行可能本身不会在低收入地区设立或开设分支机构①，

---

① 例如，一家总部和分支机构位于西海岸的银行，由于地域多样化、借款人信息摩擦和抵押贷款市场竞争的限制，在东海岸低收入地区的抵押贷款敞口可能本身较低。

该文考察了银行在 CRA 评估社区的贷款行为。结果表明，即使在同一个县域内，相比于 ESG 评级较高的银行，低 ESG 评级的银行在贫困社区发放的住房抵押贷款更多。也就是说，高 ESG 评级的银行并未向低收入社区的购房者提供抵押贷款。此外，研究发现，高 ESG 评级的银行比低 ESG 评级的银行更不可能向陷入困境和服务不足的社区提供住房抵押贷款。与此同时，除考察住房抵押贷款规模，该文还考察了评估区域内银行住房抵押贷款的市场份额变化。回归结果表明，平均而言，与 ESG 水平较低的银行相比，ESG 水平较高的银行在贫困地区的抵押贷款总额所占比例较小。

3. 内生性问题处理

（1）飓风、"社会漂洗"和抵押贷款。为处理内生性问题，该文使用飓风灾难作为外生冲击，研究冲击前后银行的 ESG 评级与银行住房抵押贷款之间的关系。在一场严重的飓风过后，家庭需要修复或更换被毁坏的财产，获得抵押贷款对受灾家庭尤为重要。然而，额外的借款可能会导致贫困家庭的负债增加，并加大他们的抵押贷款违约风险，从而降低贷款人的放贷意愿。另外，在自然灾害发生后，银行可能增加一些可以表现其社会责任感的激励措施，以吸引大量的媒体关注。如果银行认为促进 ESG 的好处超过了实施象征性行动和因误导 ESG 披露而受到惩罚的小成本，那么"社会漂洗"现象就会出现。

该文使用事件研究法，考察飓风灾难袭击某个县域的前后各三年样本。该文将样本限制在飓风灾难发生前在该县发放抵押贷款的银行，并研究高 ESG 评级的银行在飓风灾难发生后是否比低 ESG 评级的银行更有可能削减抵押贷款。结果表明，高 ESG 水平的银行比低 ESG 水平的银行更有可能停止向遭受严重飓风袭击的贫困社区放贷。这种效应存在于事件发生后的整个时期，其中高 ESG 评级的银行撤退放贷在第二年达到顶峰。

总体而言，该文得到的证据与"社会漂洗"效应是一致的：ESG 评级较高的银行在飓风过后会更快地撤出低收入地区，而此时获得抵押贷款往往对家庭的复苏至关重要。

（2）工具变量法。该文同样使用了工具变量法，以处理内生性问题。平均而言，位于民主党倾向地区的公司比位于共和党倾向地区的公司更有可能支持 ESG 政策（Di Giuli and Kostovetsky，2014）。因此，该文使用银行总部所在州在上届总统选举中投票给民主党总统候选人的选民比例，作为银行 ESG 评级的工具变量，相关数据来自 Dave Leip 的美国总统选举地图集。由于银行总部所在地是预先确定的，不太可能因为选举结果而改变，这保证了该工具变量的外生性。该方法的一个关键假设是，各州的总统选举模式仅通过银行的 ESG 政策来影响银行的抵押贷款行为，而借款人的政治意识形态不会直接影响银行的抵押贷款决策。

该文使用 2SLS 模型重复了主回归的检验。研究发现，投票支持民主党总统候选人的州的银行比投票支持共和党总统候选人的州的银行拥有更高的 ESG 评级，银行 ESG 评级的增加降低了银行在低收入社区的抵押贷款份额。

（3）CRA 的执行是否降低了银行的社会漂洗行为。该文考察了 CRA 执法在减轻社会漂洗方面的效果。CRA 要求联邦银行监管机构评估商业银行在满足当地社区信贷需求方面的表现，特别是在低收入社区。银行在完成 CRA 考核后被授予四种评级之一："优秀""满意""需要改进""严重不合规"。前两个评级被认为是合格的，后两个评级是不合格的。1989 年，《金融机构改革、复兴与执行法案》（The Financial Institutions Reform, Recovery, and Enforcement Act, FIR-REA）要求监管机构公开披露银行的 CRA 评级。未通过 CRA 考核的银行在信贷业绩改善之前，不得进行并购、开设新分行和其他扩张活动。如果 CRA 执行力度强劲，该文预计在 CRA 审查中表现良好的银行，其 ESG 评级和抵押贷款将更好地保持一致。如果 CRA 执行力度较差或者监管不到位，银行 ESG 评级与低收入地区抵押贷款之间的脱节不会因 CRA 评级而有所不同。

该文从 FFIEC 机构的 CRA 评级文件中检索存款机构的 CRA 评级，结果表明，CRA 的审查和执行削弱了而不是消除了银行的社会漂洗行为。此外，该文比较了高 ESG 评级的银行与低 ESG 评级的银行在 CRA 评级下调后的抵押贷款行为。研究发现，在 CRA 评级下调后，高 ESG 水平的银行比低 ESG 水平的同行更积极地增加了对贫困社区的抵押贷款，以弥补它们失去的社会信誉。

4. 按揭贷款申请分析

该文同样从个人贷款申请的角度，探讨了银行 ESG 评级与其贷款决策之间的关系。首先，该文考察了银行 ESG 评级如何影响银行拒绝个人贷款申请倾向，结果表明，在控制了借款人和贷款属性之后，拒绝抵押贷款申请的倾向随着县贫困率的增加而增加，且高 ESG 评级的银行比低 ESG 评级的银行更快。造成这种结果的可能是，低收入地区的借款人信用较差，如若是这种情形，这些相同的信用风险应该反映在更高的贷款利率上。因此，该文检验了银行 ESG 评级对银行发行高价贷款的影响，发现在控制了借款人和贷款属性后，高 ESG 评级的银行对抵押贷款收取的利率与低 ESG 银行相似，而且这种差异不随房产所在县的贫困率而变化。可见，未被借款人观察到的信用风险指标不太可能推动银行早期拒绝贷款的结果。从贷款申请层面的分析中，该文可以推断，银行 ESG 披露与抵押贷款之间的脱节主要源于银行不同的贷款接受/拒绝决定，而不是贷款定价。

5. 剔除替代性解释

一种潜在的解释是，该文观察到的银行 ESG 评级与抵押贷款差异是由于不同 ESG 评级的银行的抵押贷款标准存在差异导致。因此，该文检验了高 ESG 评级的银行的贷款质量是否优于低 ESG 评级的银行。研究结果表明，高 ESG 银行的抵押贷款违约和冲销比例与低 ESG 银行相差较小。这意味着不同 ESG 评级的银行之间的抵押贷款标准没有差异。

还有一种可能的解释是，银行的低收入贷款只占银行 ESG 评级评估的一小部分，即使一家银行增加了低收入贷款，这些努力也可能不会体现在其 ESG 评级中。因此，该文检验了 Refinitiv ESG 评级是否包含了银行的低收入贷款。结果表明，银行的低收入贷款强度、CRA 评级与其 ESG 评级独立且正相关，这表明 Refinitiv 的 ESG 评级反映了这两个贷款指标，低收入贷款强度和 CRA 评级对银行 ESG 评级的影响是相互依存的。

另外，除抵押贷款，银行还可以进行社区发展投资，那么高 ESG 评级的银行在贫困地区是否用公益投资替代了抵押贷款？使用法律授权的银行公益投资数据发现，高 ESG 评级的银行在低收入地区的公益投资较少时，他们也减少了更多的抵押贷款。这一结果表明，银行抵押贷款与低收入地区的公益投资存在互补性，而非替代性。

五、研究结论

该文的研究发现，无论从贷款数量还是贷款金额来看，ESG 评级高的银行在贫困县发放的住房抵押贷款都少于 ESG 评级低的银行，这一现象在同一县内不同的低收入地区也是如此。这指向了一种"社会漂洗"现象，即高 ESG 银行可能更多地展现社会责任的表象，却在实际行动上未能给真正需要帮助的地区提供足够的贷款支持。

该文还发现了"社会漂洗"效应的其他表现形式。例如，在遭受飓风灾难的低收入地区，尽管这些地区的家庭恢复重建极度依赖于抵押贷款，但是高 ESG 评级的银行更倾向于暂停放贷。CRA 的严格执行能够在一定程度上纠正这种现象，表现为那些获得较高 CRA 评级的高 ESG 银行在贫困地区的贷款紧缩幅度较小。此外，高 ESG 评级的银行在 CRA 评级下降后，比低 ESG 评级的银行更快地增加对低收入群体的贷款。

对于高 ESG 银行可能拥有更严格的信贷标准的假设，研究发现两者间的抵押贷款违约或核销率并无显著差异。同时，尽管有学者认为住房抵押贷款仅占银行整体 ESG 努力的一小部分，因此增加对低收入地区的贷款可能不会改变其 ESG 评级。但研究证明，伴随 CRA 评级的变化，银行在低收入贷款强度上的变化，能够预示其 ESG 评级的变动。此外，该文的研究结果并不支持高 ESG 评级的银行在低收入地区以投资公共福利项目（如经济适用房）来替代抵押贷款发放的说法。该文的证据与市场上一些共同基金的公开质疑相呼应，这些基金质疑某些银行发行的绿色债券的实际 ESG 成效，同时指出不同评级机构对同一家银行给出的 ESG 分数存在较大差异，进一步加剧了人们对高 ESG 评级银行的实际表现的疑虑。

第五章　剖析评级：ESG 评级专题

第一节　导读

一、ESG 评级的起源

自 2004 年 UNGC 首次提出 ESG 理念以来，经过 20 年的发展，该理念已获得了国际社会的广泛认可。ESG 评级作为一种对企业在环境、社会和公司治理三个维度的风险暴露和管理水平进行综合评价的方法，旨在全面、客观地反映企业 ESG 表现，助力企业有效识别和管理可持续风险，并帮助投资者和其他利益相关者了解企业 ESG 表现和潜在风险。在监管机构、投资机构、企业以及评级机构的共同推动下，ESG 评级已成为全球重要的投资依据和企业评价标准。

随着 ESG 理念在全球逐步推广，众多第三方评级机构、指数研究机构、学术机构和非营利组织等积极探索与构建 ESG 评级体系。在这一过程中，欧美国家由于较早接触并发展 ESG 理念，其 ESG 评级机构数量迅速增长，并且已形成若干具有明显国际影响力的评级机构，如 MSCI、FTSE Russell、Sustainalytics 等。与欧美国家相比，我国的 ESG 评级行业起步较晚。自 2018 年中国 A 股被正式纳入全球最大指数公司 MSCI 的新兴市场指数后，ESG 评级在中国市场的关注度明显提升。目前，国内已有一批主流 ESG 评级机构，包括华证、商道绿融、中财绿金所、社会价值投资联盟、嘉实和润灵环球等，这些评级机构是推动国内 ESG 评级标准制定和实践应用的重要力量。

由于缺乏统一的评价标准，ESG 评级分歧问题逐渐显现。ESG 评级分歧主要来源于以下三个方面：第一，评级机构选择的评级体系和评价指标存在差异。不同评级机构受不同社会背景、法律身份和组织使命的影响，导致其对 ESG 三个维度的关注重点和评价标准存在差异。第二，评级机构选取的分类议题及度量方法具有差异。例如，在环境维度方面，评级机构对气候变化、污染处理等议题的解读存在差异，且评级机构的数据来源和信息处理方式多种多样。第三，评级机构在评级指标的权重设定方面存在差异。例如，部分评级机构会根据行业特征选择特定的指标，并相应地调整不同行业的 ESG 指标权重设定。

二、文献总体回顾

总体来看，关于 ESG 评级的研究主要聚焦于两大核心议题：一是 ESG 评级，包括 ESG 评级性质、影响因素和经济后果；二是 ESG 评级分歧，包括 ESG 评级分歧的影响因素和经济后果，如图 5-1 所示。

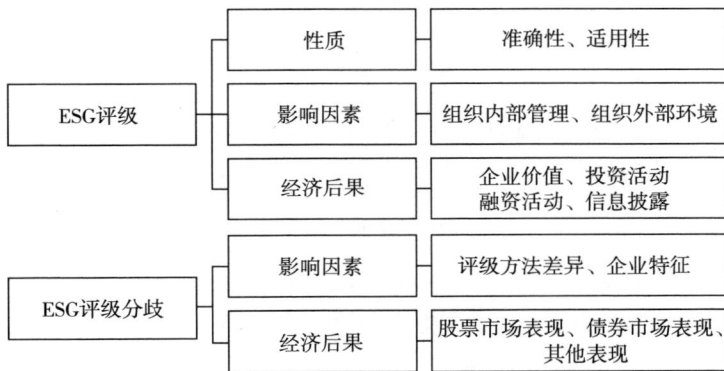

图 5-1　ESG 评级相关文献的总体框架

（一）ESG 评级

1. ESG 评级的性质

在探讨 ESG 评级性质时，相关研究主要聚焦于评级的准确性和适用性两个关键维度。已有研究不仅从评级机构视角探究了 ESG 评级的准确性，还从被评级企业视角分析了 ESG 评级的适用性。

在评级准确性方面，现有文献从评级机构的评估方法及评级行业的市场结构视角进行深入分析。首先，基于评级机构的评估方法视角，研究表明通过评估方法创新可以有效提升 ESG 评级的准确性。Agosto 等（2023）利用贝叶斯算法为不同机构的 ESG 评级分配概率权重，并整合为一个综合指标，能提升 ESG 评级准确性。Reig-Mullor 等（2022）结合层次分析法和技术排序法，根据数据的真实性、不确定性和潜在虚假性进行分类和加权，有助于提高 ESG 评级的可靠性。此外，Sahin 等（2023）通过量化企业未披露的 ESG 信息并将其纳入评估体系，能够保证 ESG 评级的全面性。其次，基于评级行业的市场结构视角，Avetisyan 和 Hockerts（2017）通过梳理 ESG 评级机构的发展历程，发现评级机构的行业整合（如并购）能促进可持续发展数据标准化和商品化，从而提高 ESG 评级的准确性和可信度。

在评级适用性方面，现有研究强调要将被评级企业的行业特征纳入 ESG 评级体系。Ielasi 等（2023）针对银行业的特殊性对评级标准和权重进行调整，使评级结果更符合银行业的实际情况。Aksoy 等（2022）研究发现，由于服务业具有无形性和异质性，消费者难以利用 ESG 评级有效区分服务质量，表明 ESG 评级机构需要考虑被评级企业的行业特征，以确保评级的适用性。

2. ESG 评级的影响因素

在探讨 ESG 评级的影响因素时，现有研究主要基于组织内部管理和组织外部环境视角进行分析。

许多学者从组织内部管理视角分析 ESG 评级的影响因素，指出被评级企业的治理结构和信息披露策略是关键因素。在治理结构方面，Aabo 和 Giorici（2023）发现，女性 CEO 通常具有更高的社会责任感，更倾向于推动企业的社会责任投资，从而提高企业 ESG 评级。Doshi 等（2024）发现，国有企业更加重视社会责任，因此获得更高的 ESG 评级。在信息披露策略方面，Mandas 等（2023）指出，企业通过增加信息披露能有效提高其 ESG 评级。Santamaria 等（2021）发现，高质量的非财务信息披露（如广泛采用 GRI 可持续发展报告标准、发布综合报告等）能提高企业 ESG 评级。

同时，也有学者从组织外部环境视角分析 ESG 评级的影响因素，指出宏观政策和地区特征是关键因素。David 等（2024）研究发现，严格的环境规制能提高企业社会责任意识，从而提高企业 ESG 评级。Li 等（2023）发现，企业 ESG 评级会受到同一地区其他企业行为的影响，表明地区特征会影响企业 ESG 评级。

3. ESG 评级的经济后果

现有研究主要从企业价值、投资活动、融资活动和信息披露四个方面研究 ESG 评级的经济后果。

（1）企业价值。在探讨 ESG 评级对企业价值的影响时，现有研究主要围绕收益和风险两个视角进行分析。

首先，围绕收益视角，已有文献基于利益相关者理论和代理理论等理论框架阐释了 ESG 评级对企业财务绩效和股票表现的影响机制。根据利益相关者理论，较高的 ESG 评级能够帮助企业获得利益相关者支持，进而提升企业财务绩效和股票回报（Boulhaga et al.，2023；Chen et al.，2023；Liu and Wan，2023；Sandberg et al.，2023）。然而，根据代理理论，若企业管理者为了提高个人声誉而推动 ESG 实践，股东和管理者之间的代理问题会加剧，ESG 评级与企业价值呈现负相关（Bifulco et al.，2023）。此外，部分学者发现 ESG 评级对企业财务绩效的影响并不明显（Sorensen et al.，2022；Narula et al.，2024）。

其次，围绕风险视角，已有研究主要关注 ESG 评级对企业财务风险、经营风险和市场风险的影响。较高的 ESG 评级有助于缓解企业融资约束和代理问题，从而降低企业财务风险并提高财务预测准确性（Fu et al.，2024；Liu et al.，2024）。此外，ESG 评级会促使企业提升可持续发展能力，进而有助于降低企业经营风险（晓芳等，2021）。与此同时，关于 ESG 评级对市场风险的影响，现有研究尚未达成一致意见。Hassan 等（2021）和 Bax 等（2023）指出，ESG 评级较高企业面临的市场风险相对较低。然而，Landi 等（2022）发现，若企业策略性地使用 ESG 评级作为自利行为的"粉饰工具"，较高的 ESG 评级可能掩盖企业潜在市场风险，进而增加企业风险敞口。

（2）投资活动。在探讨 ESG 评级对投资活动的影响时，相关研究主要关注 ESG 评级与企业环保投资、绿色创新的关系。

首先，在环保投资方面，较高的 ESG 评级能够帮助企业获取资金，进而促使企业加大环保投资力度。宋清华等（2023）研究 ESG 评级的"环境激励效应"，发现较高的 ESG 评级能帮助企业吸引更多投资者并获得政府补贴及银行贷款，从而促进企业增加环保投资。

其次，在绿色创新方面，已有研究尚未达成一致结论。Wang 等（2023）指出，ESG 评级能够缓解信息不对称，有助于企业提升内部管理效率和外部资本获取能力，增强内部监督和外部激励机制，促使企业增加绿色创新。胡洁等

（2023）分析 ESG 评级对企业绿色转型的影响，发现拥有较高 ESG 评级的企业会得到更广泛的利益相关者支持，能有效降低运营风险，激励企业进行绿色创新。进一步地，Yang 等（2024）基于成本与收益视角，分析企业 ESG 评级与绿色创新之间的关系，发现二者关系呈"U"形，具体地，ESG 评级较低的企业更关注公司治理与运营条件的改善，其绿色创新成本可能超过收益，进而减少绿色创新投入；但是，随着 ESG 评级的提升，企业逐渐认识到绿色创新作为其核心增长战略的重要性，进而增加绿色创新投入。刘柏等（2023）则发现 ESG 评级虽然提高了企业绿色创新数量，但降低了企业绿色创新质量。

（3）融资活动。在研究 ESG 评级对融资活动的影响时，现有文献主要从债务融资和股权融资两个方面分析 ESG 评级在不同融资渠道中的关键作用。

首先，在债务融资方面，研究表明 ESG 评级会影响非金融企业的债务融资活动，以及金融企业的系统性风险。基于非金融企业视角，较高的 ESG 评级能够帮助企业获得更优惠的信贷融资条件（Tian and Tian，2022），降低债务融资成本（Apergis et al.，2022；Ferriani，2023），扩大融资渠道与降低最优杠杆率（Asimakopoulos et al.，2023），并避免过度负债（Lai and Zhang，2022）。特别是在经济危机和政策冲击情况下，较高的 ESG 评级能帮助企业获得债务融资（Asimakopoulos et al.，2024；Li et al.，2024）。基于金融企业视角，ESG 评级能够缓解银行与企业之间的信息不对称，有助于银行与企业之间建立持久的商业关系，进而增强银行业务稳定性（Chiaramonte et al.，2022）。与此同时，银行在发放贷款时充分考虑企业 ESG 评级，可以减少银行面临的逆向选择和道德风险问题，减少企业违约概率，进而降低银行系统性风险（王思遥和沈沛龙，2023；Ling et al.，2023；Porzio and Battaglia，2024）。

其次，在股权融资方面，研究表明 ESG 评级能够提升企业股票市场表现。He 等（2023）发现，较高的 ESG 评级能够增加股票流动性并提高市场正面预期。Maquieira 等（2024）关注 ESG 评级与股利支付的关系，发现较高的 ESG 评级对股利支付有积极影响，并且 ESG 评级较高的企业能通过增加股息支付向利益相关者传递积极信号，从而提升企业声誉和增强投资者信心。Cumming 等（2024）分析 ESG 评级对众筹平台的影响，发现具有较高 ESG 评级的众筹平台能够吸引更多用户并提高资金筹集效率。

（4）信息披露。在探讨 ESG 评级对信息披露的影响时，现有文献发现 ESG 评级能够提升企业信息披露质量。具体地，ESG 评级能够吸引政府机构、新闻媒体等外部监督者的注意，从而发挥其监督作用，进而促使企业增强其社会责任意识，改善自身行为，提高信息披露质量（唐凯桃等，2023；Zhang et al.，2023；Mao et al.，2024）。

（二）ESG 评级分歧

1. ESG 评级分歧的影响因素

在研究 ESG 评级分歧的影响因素时，现有文献主要从评级方法差异和企业特征两方面进行分析。

首先，基于评级方法差异视角，Berg 等（2022）采用六家国际主流 ESG 评级机构的评级数据分析 ESG 评级分歧来源，发现 ESG 评级分歧主要由测度分歧（占 56%）、范围分歧（占 38%）和权重分歧（占 6%）三个部分构成。Erhart（2022）同样发现，评级机构的评级方法差异是导致 ESG 评级分歧的主要原因，并指出即使在调整评级的量表差异后，不同评级机构对同一上市公司的评级相关度仍然较低。马文杰和余伯健（2023）发现，ESG 评级分歧的非对称性主要源于国内外评级机构在评价企业隐性社会责任方面及是否按国际标准进行 ESG 信息披露评价方面存在差异。

其次，基于企业特征视角，Christensen 等（2022）发现，当企业披露更多 ESG 信息时，ESG 评级机构可能采用多样化的指标来评估企业 ESG 表现，进而导致更大的 ESG 评级分歧。宋献中等（2023）指出，企业聘请第三方机构对 ESG 报告进行鉴证能够提高信息披露质量，进而降低 ESG 评级分歧。

2. ESG 评级分歧的经济后果

在分析 ESG 评级分歧的经济后果时，已有研究主要关注 ESG 评级分歧对企业股票市场表现、债券市场表现及其他表现的影响。

首先，在企业股票市场表现方面，ESG 评级分歧会影响股票流动性和股票收益。刘向强等（2023）发现，ESG 评级分歧会加剧上市公司和投资者之间的信息不对称程度，进而提升股价同步性。Avramov 等（2022）发现，ESG 评级分歧会导致投资者面临更高的可持续投资风险，降低投资者需求，并提高市场溢价。李晓艳等（2023）发现，ESG 评级分歧会增加企业经营风险，降低市场对企业的正面预期，进而导致股票流动性下降。此外，Wang 等（2024）指出，ESG 评级分歧会增加投资者对评级结果的困惑，干扰投资者决策判断，进而降低股票超额收益。然而，Gibson Brandon 等（2021）发现，ESG 评级分歧会带来更多不确定性和风险溢价，从而提高股票收益。

其次，在企业债券市场表现方面，ESG 评级分歧会增加企业债券利差和债务资本成本。Zou 等（2023）发现，ESG 评级分歧会增加企业与投资者之间的信息不对称，导致投资者要求更高的风险溢价，进而增加企业债券利差。张云齐等（2023）分析 ESG 评级分歧对企业债务资本成本的影响发现，市场认为 ESG 评级分歧越大表示企业 ESG 表现背离评级均值的风险越高，因此 ESG 评级分歧较大的企业面临更高的债务资本成本。

最后，在企业其他表现方面，ESG 评级分歧会影响企业风险管理、信息透明度和绿色创新。周泽将等（2023a）从审计风险溢价视角研究 ESG 评级分歧的经济后果，发现 ESG 评级分歧越大，企业的审计风险溢价越高。周泽将等（2023b）和 Xiao 等（2023）均发现 ESG 评级分歧导致企业财务预测不确定性上升。何太明等（2023）发现 ESG 评级分歧会提高企业自愿性信息披露水平。Zhou 等（2024）分析 ESG 评级分歧对企业绿色创新的影响，发现 ESG 评级分歧较大的企业为了维护其市场合法性和绿色声誉，会增加绿色创新。

三、经典文献概述

本书精选了五篇经典文献，这些文献聚焦于 ESG 评级的发展历程和经济后果，以及 ESG 评级分歧的影响因素和经济后果，为学者进一步开展 ESG 评级领域的研究提供启示。

Macmahon（2020）基于其在 Sustainalytics 的工作经历，深入分析了 ESG 评级的发展历程及其面临的主要挑战，并探讨了 ESG 评级与公司行为之间的相互作用，以及提倡公司通过提高 ESG 信息披露质量和有效的风险管理来优化 ESG 评级。

Berg 等（2022）通过分析六家主流评级机构的 ESG 评级数据，揭示了评级分歧的主要来源，并创新性地将评级分歧细分为测度分歧、范围分歧和权重分歧，为理解 ESG 评级的复杂性和动态性提供新视角。

区别于 Berg 等基于评级机构视角的分析，Christensen 等（2022）从被评级企业视角分析 ESG 评级分歧的影响因素，指出较高的 ESG 信息披露水平会加剧评级分歧，这与信息披露通常会减少信用评级分歧和分析师预测分歧的现象不同，体现出 ESG 评级的独特性和复杂性。

Serafeim 和 Yoon（2023）聚焦于 ESG 评级的前瞻性属性，揭示了 ESG 评级在预测未来相关新闻方面的有效性，并发现 ESG 评级分歧会导致评级的预测效力降低，为研究市场对 ESG 评级的反应提供新的视角。

Avramov 等（2022）将 ESG 评级分歧纳入股票市场资产定价模型，探讨了评级分歧对可持续投资风险和市场参与者投资意愿的影响，揭示了风险与收益、社会效益及经济福利之间的复杂关系。

四、未来研究展望

在可持续发展的必然趋势下，ESG 评级的研究具备丰富的理论价值与实践意义，以下四个方面有待后续研究继续拓展和深化：

第一，在 ESG 评级方面，尽管现有研究已建立了关于 ESG 评级的基本理论框架，但关于 ESG 评级与企业财务绩效、市场风险的关系等尚未达成一致结论。未来研究应深入探讨 ESG 评级与企业财务绩效、市场风险之间的关系，并考虑企业治理结构、行业和地区特征等因素如何影响这一关系。

第二，在 ESG 评级分歧方面，尽管现有研究对 ESG 评级分歧的影响因素及经济后果进行了初步分析，但仍需更深入探讨。未来研究应关注外部监管机构和政府对 ESG 评级分歧的影响。同时，应探讨不同评级机构如何通过共享信息、技术和方法减少评级差异，并详细分析评级过程中的系统偏差及其背后的经济激励或结构性因素。

第三，在研究方法方面，未来可采用案例分析、调研访谈、问卷调查等多种研究方法，丰富 ESG 评级的研究范式。例如，利用案例研究方法具体分析 ESG 评级的流程和挑战，尤其是评级过程中的数据来源和标准化问题；结合调研访谈和问卷调查方法完成 ESG 相关信息数据收集。多样化的研究方法将有助于全面评估 ESG 评级的有效性，为深入理解 ESG 评级的经济后果提供支持。

第四，在基于中国制度背景的研究方面，现有文献对中国政策背景与企业 ESG 评级之间的关联性探讨尚显不足。有鉴于此，未来应深入分析中国政策导向与企业 ESG 评级的互动关系。具体地，未来研究应重点评估中国在绿色金融、节能减排等领域的政策如何为企业 ESG 评级提供支持和激励。此外，未来研究还应探讨在中国"双碳"目标和"高质量发展"战略目标等背景下，企业如何通过绿色转型升级等行动提升其 ESG 评级。通过上述研究，构建一个与中国政策导向更加契合的 ESG 评级框架，为企业提升 ESG 评级提供有针对性的建议。

参考文献

[1] 何太明，李亦普，王峥. ESG 评级分歧提高了上市公司自愿性信息披露吗？[J]. 会计与经济研究，2023，37（3）：54-70.

[2] 胡洁，于宪荣，韩一鸣. ESG 评级能否促进企业绿色转型？——基于多时点双重差分法的验证[J]. 数量经济技术经济研究，2023，40（7）：90-111.

[3] 李晓艳，梁日新，李英. ESG 影响股票流动性吗？——基于 ESG 评级和评级分歧的双重视角[J]. 国际金融研究，2023（11）：75-86.

[4] 刘柏，卢家锐，琚涛. 形式主义还是实质主义：ESG 评级软监管下的绿色创新研究[J]. 南开管理评论，2023，26（5）：16-28.

[5] 刘向强，杨晴晴，胡珺. ESG 评级分歧与股价同步性[J]. 中国软科学，2023（8）：108-120.

[6] 马文杰，余伯健. 企业所有权属性与中外 ESG 评级分歧[J]. 财经研究，2023，49（6）：124-136.

[7] 宋清华，周学琴，邓翔. ESG 评级与企业环保投资：激励还是掩饰？[J]. 金融论坛，2023，28（11）：60-70.

[8] 宋献中，李双怡，王筱棠. ESG 报告鉴证是否降低了 ESG 评级分歧？——来自我国上市公司的证据[J]. 财务研究，2023（6）：40-51.

[9] 唐凯桃，宁佳莉，王垒. 上市公司 ESG 评级与审计报告决策——基于信息生成和信息披露行为的视角[J]. 上海财经大学学报，2023，25（2）：107-121.

[10] 王思遥，沈沛龙. ESG 评级对我国商业银行系统性风险的影响研究[J]. 经济体制改革，2023（5）：193-200.

[11] 晓芳，兰凤云，施雯. 上市公司的 ESG 评级会影响审计收费吗？——基于 ESG 评级事件的准自然实验[J]. 审计研究，2021（3）：41-50.

[12] 张云齐，杨淏宇，张笑语. ESG 评级分歧与债务资本成本[J]. 金融评论，2023，15（4）：22-43+124.

[13] 周泽将，丁晓娟，伞子瑶. ESG 评级分歧与审计风险溢价[J]. 审计研究，2023a（6）：72-83.

[14] 周泽将，谷文菁，伞子瑶. ESG 评级分歧与分析师盈余预测准确性[J]. 中国软科学，2023b（10）：164-176.

［15］Aabo T, Giorici I C. Do female CEOs matter for ESG scores? ［J］. *Global Finance Journal*, 2023 (56): 100722.

［16］Agosto A, Giudici P, Tanda A. How to combine ESG scores? A proposal based on credit rating prediction ［J］. *Corporate Social Responsibility and Environmental Management*, 2023, 30 (6): 3222-3230.

［17］Aksoy L, et al. Environmental, social and governance (ESG) metrics do not serve services customers: A missing link between sustainability metrics and customer perceptions of social innovation ［J］. *Journal of Service Management*, *Emerald Publishing Limited*, 2022, 33 (4/5): 565-577.

［18］Apergis N, Poufinas T, Antonopoulos A. ESG scores and cost of debt ［J］. *Energy Economics*, 2022 (112): 106186.

［19］Asimakopoulos P, Asimakopoulos S, Li X. The combined effects of economic policy uncertainty and environmental, social and governance ratings on leverage ［J］. *The European Journal of Finance*, 2024, 30 (7): 673-695.

［20］Asimakopoulos P, Asimakopoulos S, Li X. The role of environmental, social and governance rating on corporate debt structure ［J］. *Journal of Corporate Finance*, 2023 (83): 102488.

［21］Avetisyan E, Hockerts K. The consolidation of the ESG rating industry as an enactment of institutional retrogression ［J］. *Business Strategy and the Environment*, 2017, 26 (3): 316-330.

［22］Avramov D, Cheng S, Lioui A, Tarelli A. Sustainable investing with ESG rating uncertainty ［J］. *Journal of Financial Economics*, 2022, 145 (2): 642-664.

［23］Bax K, Sahin Ö, Czado C, Paterlini S. ESG, risk and (tail) dependence ［J］. *International Review of Financial Analysis*, 2023 (87): 102513.

［24］Berg F, Kölbel J F, Rigobon R. Aggregate confusion: The divergence of ESG ratings ［J］. *Review of Finance*, 2022, 26 (6): 1315-1344.

［25］Bifulco G M, Savio R, Paolone F, Tiscini R. The CSR committee as moderator for the ESG score and market value ［J］. *Corporate Social Responsibility and Environmental Management*, 2023, 30 (6): 3231-3241.

［26］Boulhaga M, Bouri A, Elamer A A, Ibrahim B A. Environmental, social and governance ratings and firm performance: The moderating role of internal control quality [J]. *Corporate Social Responsibility and Environmental Management*, 2023, 30 (1): 134-145.

[27] Chen S, Han X, Zhang Z, Zhao X. ESG investment in China: Doing well by doing good [J]. *Pacific-Basin Finance Journal*, 2023 (77): 101907.

[28] Chiaramonte L, Dreassi A, Girardone C, Piserà S. Do ESG strategies enhance bank stability during financial turmoil? Evidence from Europe [J]. *The European Journal of Finance*, 2022, 28 (12): 1173-1211.

[29] Christensen D M, Serafeim G, Sikochi A. Why is corporate virtue in the eye of the beholder? The case of ESG ratings [J]. *The Accounting Review*, 2022, 97 (1): 147-175.

[30] Cumming D, Meoli M, Rossi A, Vismara S. ESG and crowdfunding platforms [J]. *Journal of Business Venturing*, 2024, 39 (1): 106362.

[31] David L K, Wang J, Angel V, Luo M. China's ESG scorecard: A predictive machine learning model [J]. *Corporate Social Responsibility and Environmental Management*, 2024, 31 (4): 3468-3486.

[32] Doshi M, et al. Does ownership influence ESG disclosure scores? [J]. *Research in International Business and Finance*, 2024 (67): 102122.

[33] Erhart S. Take it with a pinch of salt—ESG rating of stocks and stock indices [J]. *International Review of Financial Analysis*, 2022 (83): 102308.

[34] Ferriani F. Issuing bonds during the Covid-19 pandemic: Was there an ESG premium? [J]. *International Review of Financial Analysis*, 2023 (88): 102653.

[35] Fu C, Yu C, Guo M, Zhang L. ESG rating and financial risk of mining industry companies [J]. *Resources Policy*, 2024 (88): 104308.

[36] Gibson Brandon R, Krueger P, Schmidt P S. ESG rating disagreement and stock returns [J]. *Financial Analysts Journal*, 2021, 77 (4): 104-127.

[37] Hassan M K, et al. The crossroads of ESG and religious screening on firm risk [J]. *Research in International Business and Finance*, 2021 (58): 101500.

[38] He F, Feng Y, Hao J. Corporate ESG rating and stock market liquidity: Evidence from China [J]. *Economic Modelling*, 2023 (129): 106511.

[39] Ielasi F, et al. Measuring banks' sustainability performances: The BESGI score [J]. *Environmental Impact Assessment Review*, 2023 (102): 107216.

［40］ Lai X, Zhang F. Can ESG certification help company get out of over-indebtedness? Evidence from China ［J］. *Pacific - Basin Finance Journal*, 2022 （76）: 101878.

［41］ Landi G C, Iandolo F, Renzi A, Rey A. Embedding sustainability in risk management: The impact of environmental, social and governance ratings on corporate financial risk ［J］. *Corporate Social Responsibility and Environmental Management*, 2022, 29 （4）: 1096-1107.

［42］ Li H, Guo H, Hao X, Zhang X. The ESG rating, spillover of ESG ratings and stock return: Evidence from Chinese listed firms ［J］. *Pacific-Basin Finance Journal*, 2023 （80）: 102091.

［43］ Li W, Hu H, Hong Z. Green finance policy, ESG rating and cost of debt——Evidence from China ［J］. *International Review of Financial Analysis*, 2024 （92）: 103051.

［44］ Ling A, Li J, Zhang Y. Can firms with higher ESG ratings bear higher bank systemic tail risk spillover? —Evidence from Chinese A-share market ［J］. *Pacific-Basin Finance Journal*, 2023 （80）: 102097.

［45］ Liu J, Ge Z, Wang Y. Role of environmental, social and governance rating data in predicting financial risk and risk management ［J］. *Corporate Social Responsibility and Environmental Management*, 2024, 31 （1）: 260-273.

［46］ Liu X, Wan D. Retail investor trading and ESG pricing in China ［J］. *Research in International Business and Finance*, 2023 （65）: 101911.

［47］ Mandas M, Lahmar O, Piras L, De Lisa R. ESG in the financial industry: What matters for rating analysts? ［J］. *Research in International Business and Finance*, 2023 （66）: 102045.

［48］ Macmahon S. The challenge of rating ESG performance ［J］. *Harvard Business Review*, 2020, 98 （5）: 52-54.

［49］ Mao Z, Wang S, Lin Y E. ESG, ESG rating divergence and earnings management: Evidence from China ［J］. *Corporate Social Responsibility and Environmental Management*, 2024, 31 （4）: 3328-3347.

［50］ Maquieira C P, Espinosa-Méndez C, Arias J T. The impact of environmental, social and governance （ESG） score on dividend payment of large family firms: What is the role of financial constraints? International evidence ［J］. *Corporate Social*

Responsibility and Environmental Management, 2024, 31 (3): 2311-2332.

[51] Narula R, Rao P, Kumar S, Matta R. ESG scores and firm performance—evidence from emerging market [J]. *International Review of Economics and Finance*, 2024 (89): 1170-1184.

[52] Porzio C, Battaglia F. Analyzing the role of sustainable investor in global systemically important banks and less significant institutions [J]. *Research in International Business and Finance*, 2024 (68): 102166.

[53] Reig-Mullor J, Garcia-Bernabeu A, Pla-Santamaria D, Vercher-Ferrandiz M. Evaluating ESG corporate performance using a new neutrosophic ahp-topsis based approach [J]. *Technological and Economic Development of Economy*, 2022, 28 (5): 1242-1266.

[54] Sahin Ö, Bax K, Paterlini S, Czado, C. The pitfalls of (non-definitive) environmental, social and governance scoring methodology [J]. *Global Finance Journal*, 2023 (56): 100780.

[55] Sandberg H, Alnoor A, Tiberius V. Environmental, social and governance ratings and financial performance: Evidence from the European food industry [J]. *Business Strategy and the Environment*, 2023, 32 (4): 2471-2489.

[56] Santamaria R, Paolone F, Cucari N, Dezi L. Non-financial strategy disclosure and environmental, social and governance score: Insight from a configurational approach [J]. *Business Strategy and the Environment*, 2021, 30 (4): 1993-2007.

[57] Serafeim G, Yoon A. Stock price reactions to ESG news: The role of ESG ratings and disagreement [J]. *Review of Accounting Studies*, 2023, 28 (3): 1500-1530.

[58] Sorensen E, Mussalli G, Lancetti S, Belanger D. ESG, fundamentals, and stock returns [J]. *The Journal of Portfolio Management*, 2022, 48 (10): 193-205.

[59] Tian H, Tian G. Corporate sustainability and trade credit financing: Evidence from environmental, social and governance ratings [J]. *Corporate Social Responsibility and Environmental Management*, 2022, 29 (5): 1896-1908.

[60] Wang H, Jiao S, Ge C, Sun G. Corporate ESG rating divergence and excess stock returns [J]. *Energy Economics*, 2024 (129): 107276.

[61] Wang J, Ma M, Dong T, Zhang Z. Do ESG ratings promote corporate green

innovation? A quasi-natural experiment based on SynTao Green Finance's ESG ratings [J]. *International Review of Financial Analysis*, 2023（87）：102623.

［62］Xiao X, Liu X, Liu J. ESG rating dispersion and expected stock return in China [J]. *Emerging Markets Finance and Trade*, 2023, 59（11）：3422-3437.

［63］Yang C, Zhu C, Albitar K. ESG ratings and green innovation: A U-shaped journey towards sustainable development [J]. *Business Strategy and the Environment*, 2024, 33（5）：4108-4129.

［64］Zhang J, Li Y, Xu H, Ding Y. Can ESG ratings mitigate managerial myopia? Evidence from Chinese listed companies [J]. *International Review of Financial Analysis*, 2023（90）：102878.

［65］Zhou J, Lei X, Yu J. ESG rating divergence and corporate green innovation [J]. *Business Strategy and the Environment*, 2024, 33（4）：2911-2930.

［66］Zou J, Yan J, Deng G. ESG rating confusion and bond spreads [J]. *Economic Modelling*, 2023（129）：106555.

第二节　ESG 评级的挑战 *

该文作者通过回顾其在 Sustainalytics 的工作经历，详细描述了 ESG 评级业务的发展历程及 ESG 评级面临的挑战与应对方法。

首先，作者提到自己于 2008 年完成工商管理硕士学位后开始在 Sustainalytics 工作，当时 ESG 评级业务还是一个小众领域，Sustainalytics 规模较小，仅在多伦多有一个 20 人的办公室，为 300 家公司（其中大多是多伦多证券交易所上市的加拿大公司）提供 ESG 报告。随着时间的推移，Sustainalytics 规模逐渐扩大，员工数量增加，服务的公司数量也大幅提升，已成为业内的主要力量之一。2020年，Sustainalytics 在北美、欧洲、亚洲和澳大利亚已拥有 650 名员工，为数万家

---

* Macmahon S. The challenge of rating ESG performance [J]. *Harvard Business Review*, 2020, 98（5）：52-54.

文中引用文献请参考原作。

公司提供 ESG 研究、评级和数据。

作者认为，相比公司规模和研究数量的变化，ESG 评级的使用方式经历了更加明显的变化，体现为投资过程中 ESG 信息的使用急剧增加。早期投资界中只有少部分人对 ESG 信息感兴趣，到 2020 年几乎所有大型机构投资者都在使用 ESG 信息。投资者越发认识到 ESG 数据的价值，认为在多数情况下 ESG 数据能够优化投资回报，同时意识到忽视 ESG 风险可能导致公司利润及声誉受损。

其次，作者详细阐述了 ESG 评级过程中的各种挑战。具体地，由于 ESG 报告缺乏统一的披露要求，且许多环境和社会影响难以衡量，评估人员需要处理的数据多为非结构化、不完整的数据。缺乏披露准则和可靠的数据使评估人员的工作变得更加困难，但也更具有价值，因为他们能够通过整合和分析数据为投资者提供过去难以获得的独特见解。

Sustainalytics 的评级过程包括识别公司面临的 ESG 风险种类及其管理能力。Sustainalytics 将所有公司按 138 个行业进行分类，并针对每个行业制定一份风险清单。例如，采矿业公司通常会面临碳排放、环保系统、水资源管理、职业健康与安全以及公司治理等方面的风险。此外，评估人员还会根据公司在特定司法管辖区（如腐败高发区）的运营情况对 ESG 风险程度进行适当调整。例如，当公司在腐败行为高发的司法管辖区运营，或在社区管理和劳工关系问题较为棘手的司法管辖区运营时，公司被视为在高 ESG 风险区域运营。相较于未在高 ESG 风险区域运营的竞争对手，在高 ESG 风险区域运营的公司无疑会面临更多的潜在风险。因此，评估人员在进行风险评估时，会上调高 ESG 风险区域运营公司的风险敞口，以反映这类公司在复杂环境中可能遭遇的不利影响。

在确定公司的风险敞口后，评估人员还需要评估公司管理风险敞口的情况，这涉及查看公司在 ESG 方面的计划、政策和管理及其为避免或减轻某些 ESG 风险所做的准备，以考察公司是否具备有效策略和措施来应对 ESG 风险。不仅如此，公司的 ESG 信息披露质量将直接影响其 ESG 评级。作者指出，尽管各公司的 ESG 信息披露质量相较于早期已大幅提高，但仍然没有达到评估人员的期望水平。

此外，作者还提到 ESG 评级机构与公司的互动态度出现了明显变化。早期，仅有约 10% 的公司回应 ESG 评级请求并与评级机构讨论分析结果。2020 年，超过 60% 的大公司主动分享 ESG 信息，且主动分享 ESG 信息的公司比例持续上升。

公司对自身声誉的重视、投资者群体 ESG 意识的提升以及低评级导致的外部压力均促使各公司更加积极地与 ESG 评级机构沟通。

与此同时，部分公司高管会抱怨"调查疲劳"，表示他们需要应对众多评级机构的信息索取，并呼吁减轻负担。国际组织正致力于推动 ESG 报告标准化，有望缓解这一问题。作者认为，公司还应该与市场影响力较大的 ESG 评级机构建立深度联系，以缓解"调查疲劳"问题。

进一步地，完成评级流程后，评估人员会将 ESG 报告发送给被评级公司以获取反馈。由于 ESG 评级的重要性日益凸显，公司对从评级机构获取的 ESG 报告给予高度关注，如果公司认为报告存在任何不当之处，它们会积极向评级机构表达其观点。与此同时，评估人员在与公司的互动中也会持续关注任何有助于提升分析的补充信息，确保评级的准确性和完整性。

最后，作者深入探讨了 ESG 评级与公司行为之间的相互作用。公司 ESG 评级会随其解决可持续发展问题的新举措、重大 ESG 争议（揭示管理漏洞）或业务模式转型（导致风险暴露变化）而发生变动。正面案例如丹麦电力公司（Ørsted，前身为 Danske Olie og Naturgas），其向可再生能源的战略转型明显提高了其 ESG 评级。反之，脸书公司（Facebook）因数据隐私问题、亚马逊因反垄断压力和员工待遇争议均出现 ESG 评级下滑。

对于追求卓越表现的公司，公司的最佳策略是全面披露其面临的核心 ESG 挑战及应对策略。为了提升 ESG 信息披露质量，公司可以采取的最佳方式是遵循 GRI 可持续发展报告标准进行报告的编制。当公司投入充足的时间与精力编制报告时，评级机构的分析工作将变得更为高效，不同 ESG 评级机构之间的沟通交流时间也将大幅度地缩减。在此过程中，公司需要深入剖析其业务与经营模式，以便精准识别出 ESG 风险的关键所在。通过降低风险敞口或探寻更为高效的风险管理策略，公司不仅能够最大化其自身及投资者的利益，还能为环境和社会带来深远的积极影响。

综上所述，该文全面且具体地描述了 ESG 评级业务的发展历程，剖析了评级过程中面临的挑战及应对方法，强调了评级在投资决策中日益增加的重要性，以及公司在与评级机构互动中态度与行为的转变。同时，通过具体案例展示了评级变动的原因及其对公司声誉和投资吸引力的实际影响，提倡公司通过提高 ESG 信息披露质量和有效的风险管理来优化 ESG 评级。

第三节　为什么旁观者眼中的企业美德存在差异？以 ESG 评级为例*

一、问题提出

近年来，金融市场最大的发展之一是将 ESG 信息整合到投资决策中。为了获取更多的上市公司 ESG 信息，投资者在购买 ESG 评级数据上的支出从 2014 年的 2 亿美元增加到 2018 年的 5 亿美元（Gilbert，2019）。越来越多的学术研究探讨了 ESG 评级与感兴趣的变量之间的关系，包括股市表现、财务业绩、融资约束、治理特征等（如 Cheng et al.，2014；Khan et al.，2016；Hubbard et al.，2017）。然而，部分学者（Chatterji et al.，2016；Berg et al.，2020）和媒体对 ESG 评级提出了质疑，指出不同机构的 ESG 评级之间存在很大分歧。例如，《华尔街日报》的一篇文章指出："环境、社会和治理表现难以界定。不同的 ESG 评级机构对 S&P 500 指数公司的 ESG 评级结果往往不一致。但相比之下，评级机构对公司信用状况的评分结果往往是一致的"（Sindreu and Kent，2018）。同样，监管机构也关注 ESG 评级分歧问题。美国 SEC 委员皮尔斯在公开演讲中提到，不同的 ESG 评级其实差异很大，以致很难看到它们如何有效地指导投资决策。ESG 评级分歧问题非常重要，因为在对 ESG 绩效缺乏一致意见的情况下，市场的各方参与者可能会被 ESG 评级所误导。正如英国《金融时报》的一篇文章所指出的："投资者需要清楚他们选择的 ESG 评级数据实际上是在衡量什么以及为什么这样衡量，否则 ESG 评级可能会使投资者产生虚假的信心，而投资者并未真正了解数据背后是什么，进而没有真正理解他们的钱花在了哪里"（Allen，2018）。

虽然已有部分研究强调 ESG 评级数据提供者在如何评价一家公司的 ESG 绩

---

　　*　Christensen D M, Serafeim G, Sikochi A. Why is corporate virtue in the eye of the beholder? The case of ESG ratings［J］. *The Accounting Review*，2022，97（1）：147-175.
　　文中引用文献请参考原作。

效上存在巨大分歧，但较少研究对各评级机构间 ESG 评级分歧的原因展开探究。如果不理解造成 ESG 分歧的原因，不仅很难找到应对 ESG 评级分歧的方法，而且很难预测这种分歧产生的后果。

为了探究不同评级机构对同一公司的 ESG 评级产生分歧的原因，该文将重点关注可能导致 ESG 评级提供商出现分歧的关键公司因素，即公司的 ESG 信息披露程度。

二、研究发现与贡献

该文的研究发现主要有以下三点：第一，ESG 信息披露与 ESG 评级分歧之间显著正相关，且环境和社会信息披露会导致环境和社会评级的分歧，而治理信息披露不影响治理评级分歧。第二，相比于用于评估 ESG 绩效的投入（公司为实现预期结果所做的努力，如制定多元化政策）指标，评级机构之间在评估 ESG 绩效的结果（实际绩效结果，如女性员工比例）指标方面分歧更大，而且 ESG 信息披露会加剧对结果指标的分歧。第三，ESG 评级分歧越大，对资本市场的影响越大。具体来说，ESG 评级分歧越大，企业的绝对累计异常收益率、收益波动率越大，企业进行外部融资的可能性越小。

该文的研究贡献主要体现在三个方面：第一，该文补充了 ESG 评级分歧的相关文献（Chatterji et al., 2016）。该文发现 ESG 评级分歧更多地出现在 ESG 信息披露水平较高的公司中，表明企业的 ESG 信息披露是 ESG 评级分歧的一个关键性驱动因素。第二，该文拓展了评级分歧的相关文献。部分研究发现，信息披露有助于减少信用评级分歧或分析师预测分歧（Morgan，2002；Lang and Lundholm，1996；Bonsall and Miller，2017；Akins，2018）。与之相反，该文发现当公司的信息披露水平更高时，ESG 评级分歧会更大。该文研究结果表明，评级机构应在以下两个方面达成共识：一方面，什么是好的或坏的 ESG 绩效，即 ESG 绩效的评判标准；另一方面，使用什么指标来衡量 ESG 绩效。第三，该文丰富了 ESG 评级机构在面临挑战时的应对策略研究。该文研究表明，ESG 评级机构在评估一家公司的结果指标而非投入指标时，更难达成一致。在如何解释结果指标方面缺乏一致意见可能会使评级者更多地关注投入指标，从而损害评级可能发挥的企业问责机制的效果。因此，评级机构间应该有一个明确的基准来评估结果指标，从而发挥信息披露带来的积极作用。

三、理论分析

为了分析不同评级机构对同一家企业的 ESG 评级存在分歧的原因，该文重点关注一个可能导致 ESG 评级分歧的关键公司因素，即公司的 ESG 信息披露程度。从理论上讲，分歧是由于不同的信息集或对信息的不同解释而产生的（Cookson and Niessner, 2020）。由于 ESG 信息的主观性质，更高水平的 ESG 信息披露可能会导致更高的 ESG 评级分歧，这是因为 ESG 信息披露给了评级机构对信息不同解释的机会。具体来说，ESG 信息数据不像财务数据高度结构化，因此评级者在分析 ESG 信息数据时难以采用一种标准的范式去评估企业的 ESG 绩效，此外，目前对于应通过哪些指标来评估企业的 ESG 绩效，以及如何解释和判断这些指标对企业 ESG 绩效的影响尚未达成共识。具体地，第一，更多的 ESG 信息披露会导致评级机构在评估公司的 ESG 绩效时使用不同的指标。例如，在评估工作场所的安全性时，如果一家企业只披露工伤率，那么所有评级机构都会使用这一指标；如果还披露了其他信息（如事故造成的死亡人数、损失的工作天数等），那么评级机构可能会使用不同的指标来评估这家企业的安全表现，或者可能对每个指标赋予不同权重。第二，评级者可能对于如何解释给定指标存在分歧。在没有披露的情况下，评级者更有可能达成一致，因为他们可以使用类似的经验准则和推断技巧；而当披露水平高时，ESG 评级机构需要判断披露的信息是否意味着良好或糟糕的 ESG 绩效，并需要考虑如何综合评估公司提供的不同披露信息。例如，如果一家企业不披露所处行业的重要信息（Khan et al., 2016），那么评级机构会认为企业在这方面表现比较糟糕；而如果行业中大部分企业都没有披露这一信息，评级机构则会认为这一信息的披露对企业不重要，企业在这方面的表现处于行业的平均水平（Kotsantonis and Serafeim, 2019）。相比之下，对于 ESG 信息披露水平较高的企业，评级机构需要对特定信息进行主观判断，这便存在一定程度的主观性，从而引发了评级上的分歧。随着公司扩大披露范围，评级机构对信息进行判断的主观性会增强。

综上，更广泛的 ESG 信息披露会增加 ESG 评级的分歧，因为更高水平的披露为评级者提供了更多对信息进行不同解释的机会，从而更容易造成评级分歧。据此，该文提出假设：

H1：ESG 信息披露与 ESG 评级分歧呈正相关关系。

四、研究思路与结果

（一）数据来源与主要变量

该文从 MSCI、Thomson Reuters、Sustainalytics 三个 ESG 评级机构获取了 2004~2016 年的 ESG 评级数据，并从 Bloomberg 获取了 ESG 信息披露得分数据。公司财务数据来自 Worldscope 数据库，分析师关注度数据来自 I/B/E/S 数据库，机构投资者持股比例数据来自 FactSet 数据库。

该文的被解释变量为：

（1）*ESG_Disagreement*：t 年各 ESG 评级机构对 i 公司 ESG 评级的标准差。

（2）*ESG_Metric_Disagreement*：两家评级机构对各主题对应的指标评级的标准差。

（3）*Market Outcome*$_{(t-1, t+1)}$：①绝对累计异常收益率（*Absolute CAR*）：在新的 ESG 评级发布日期前后三天窗口期内，公司经市场调整的绝对累计收益率乘以 100。②收益波动率（*Return Volatility*）：在新的 ESG 评级发布日期前后的三天窗口期内，公司经市场调整收益的标准差乘以 100。③买卖价差（*Bid−Ask Spread*）：在 ESG 评级发布日期前后的三天窗口期内，平均每日相对买卖价差乘以 100。相对买卖价差的计算方法为（卖出价−买入价）/［（卖出价+买入价）/2］。④股份发行（*Equity Issuance*）：如果公司在 $t+1$ 年发行股票则等于 1，否则为 0。⑤债务发行（*Debt Issuance*）：如果公司在 $t+1$ 年发行债务则等于 1，否则为 0。⑥现金持有量（*Cash Holdings*）：$t+1$ 年公司的现金除以总资产。

该文的解释变量为：

（1）*ESG_Disclosure*：ESG 披露是 t 年 i 公司 ESG 信息披露表现得分。

（2）*Both Inputs*：两家 ESG 评级机构针对某主题都评估，投入指标则为 1，反之则为 0。

（3）*Both Outcomes*：两家 ESG 评级机构针对某主题都评估，结果指标则为 1，反之则为 0。

（4）*Input/Outcome*：一家评级机构针对某主题评估投入指标，而另一家评级机构评估结果指标则为 1，反之则为 0。

（5）*High ESG_Disclosure*：如果公司的 ESG 信息披露水平高于样本的中位数为 1，反之则为 0。

（6）*Industry High ESG_Disclosure*：如果一家公司所处行业的 ESG 信息披露

水平在 t 年高于样本中所有行业 ESG 信息披露水平的中值则为 1，反之则为 0。

（二）实证思路与结果

1. ESG 披露与 ESG 评级分歧

首先，该文研究企业高水平的 ESG 信息披露是否会产生更多的 ESG 评级分歧。一方面，由于评级机构间对于使用哪些指标评估 ESG 绩效尚未达成共识，更高水平的 ESG 信息披露会导致评级机构使用不同的指标评估企业的 ESG 绩效。另一方面，企业高水平的 ESG 信息披露将增加评级机构评级的主观性。因此，更高的 ESG 信息披露水平会增加 ESG 评级分歧。

为了验证假设，该文使用了如下回归模型：

$$ESG\_Disagreement_{it} = \beta_0 + \beta_1 ESG\_Disclosure_{it} + \sum \beta_k Controls + \varepsilon_{it} \tag{1}$$

该文采用了普通最小二乘（OLS）回归模型验证假设，结果显示 ESG 信息披露水平 $ESG\_Disclosure$ 与 ESG 评级分歧 $ESG\_Disagreement$ 显著正相关，说明当一家公司增加其 ESG 披露时，会加剧评级机构之间的 ESG 分歧，换言之，更多的披露似乎只为评级机构提供了更多产生不同意见的信息，当 $ESG\_Disclosure$ 从 25 分位数增加到 75 分位数时，$ESG\_Disagreement$ 相应地由 22% 增加至 31%。

其次，该文进一步探究了 ESG 各维度披露对 ESG 评级分歧的影响。具体地，该文使用环境信息披露水平 $E\_Disclosure$、社会信息披露水平 $S\_Disclosure$ 和公司治理信息披露水平 $G\_Disclosure$ 作为解释变量，与被解释变量 ESG 评级分歧 $ESG\_Disagreement$ 进行回归，回归结果表明环境信息披露水平 $E\_Disclosure$ 和社会信息披露水平 $S\_Disclosure$ 的系数显著为正，而公司治理信息披露水平 $G\_Disclosure$ 仅在没有控制公司固定效应的模型中显著为正。上述结果说明，企业的环境和社会信息披露会导致 ESG 评级分歧，而企业的治理信息披露只在横截面上导致 ESG 评级分歧，并不会随着时间的推移而加剧特定企业的 ESG 评级分歧。此外，该文进一步将被解释变量替换为环境表现评级分歧 $E\_Disagreement$，社会表现评级分歧 $S\_Disagreement$ 和公司治理表现评级分歧 $G\_Disagreement$ 进行回归分析，回归结果与上述一致，即环境和社会信息披露会导致环境和社会评级的分歧，而治理信息披露并不会影响治理评级分歧。

2. ESG 披露冲击的再检验

为验证研究结论的稳健性，该文进行多时点 DID 检验。一些国家曾交错出台关于强制披露 ESG 信息的政策法规，进而对企业的 ESG 信息披露产生外生冲击。

因此，该文以强制披露 ESG 信息政策为准自然实验，考察 ESG 披露对 ESG 分歧的影响。具体地，该文引入强制性信息披露变量 *Mandatory_Disclosure*，即如果公司在该年度的 ESG 绩效受到强制性 ESG 披露的影响，则该变量为 1，否则为 0，使用该变量替换模型（1）中的解释变量，构建 DID 模型研究强制性信息披露对公司的 ESG 信息披露水平和 ESG 评级分歧的影响。回归结果显示强制性信息披露变量的系数显著为正，表明强制性信息披露会提升公司的 ESG 信息披露水平并增加 ESG 评级分歧。为了验证平行趋势假设，该文还进行了动态效应检验，结果显示在企业受到强制性披露政策影响的之前几年，强制性信息披露变量的系数不显著，表明平行趋势假设成立。在强制性披露政策生效之后，企业的 ESG 信息披露水平上升和 ESG 评级分歧增加，尽管 ESG 评级分歧的增加有延迟。动态效应检验的结果表明 DID 检验的结果不是由于预先存在的趋势造成的。

3. ESG 投入与结果：指标层面的差异

该文考察 ESG 评级的度量指标。当 ESG 评级机构评估一家公司的 ESG 绩效以确定评级时，它们会分析大量的指标，其中一些指标是投入指标，另一些指标是结果指标。投入是公司为实现期望结果所做的努力，结果是公司努力的结果。例如，设定碳排放减少目标是一个投入，而企业的真实碳排放量是结果。在该文研究的三家 ESG 评级机构中，只有 Sustainalytics 和 Thomson Reuters 两家机构提供了它们关于用来生成整体评级的公司集数据。对于 Sustainalytics 和 Thomson Reuters，该文将它们使用的每个指标分类为投入或结果指标，然后根据指标所要反映的主题，将一家机构的每个指标映射到另一家机构相应的指标，从而得到两家机构在度量指标上的评级分歧。这种映射产生了三个类别变量：一是两家评级机构都评估投入指标（*Both Input*），例如，两家评级机构可能都评估一家公司为增加员工多样性而制定的政策或倡议；二是一个评级机构评估投入指标，另一个评级机构评估结果指标（*Input/Outcome*），例如，虽然两个评级机构可能都关注员工健康与安全，但一个机构更关注公司为防止事故和疾病而采取的措施力度（一项投入指标），而另一个机构更关注事故和伤亡的总数（一项结果指标）；三是两个评级机构都评估结果指标（*Both Outcomes*），如女性经理的比例。然后，该文以 ESG 评级分歧（Sustainalytics and Thomson Reuters 的评级标准差）为被解释变量，以 *Both Outcomes* 和 *Input/Outcome* 为解释变量，使用如下回归模型探究评级机构使用不同类型的指标评估企业的 ESG 绩效对 ESG 评级分歧的影响：

$$ESG\_Metric\_Disagreement_{it}=\beta_0+\beta_1 Both\ Outcomes_{it}+\beta_2 Input/Outcome_{it}+$$
$$\sum\beta_k Controls+\varepsilon_{it} \qquad (2)$$

回归结果显示，*Both Outcomes* 和 *Input/Outcome* 的系数均显著为正，且 *Input/Outcome* 的系数大于 *Both Outcomes* 的系数，说明当两家机构对同一主题都评估投入指标时，评级分歧最小；当两家机构对同一主题都评估结果指标时，评级分歧较大，因为评级机构对结果表现会做出不同的主观判断；当一家机构使用结果指标，而另一家机构使用投入指标时，评级分歧最大。上述结果表明 ESG 分歧更多源于评级机构对结果指标使用的差异，而非投入指标使用的差异。

在模型（2）中引入 *High ESG_Disclosure* 分别与 *Input/Outcome* 和 *Both Outcomes* 的交乘项，发现 *High ESG_Disclosure* 与 *Both Outcomes* 的交乘项系数显著为正，而与 *Input/Outcome* 的交乘项系数不显著，表明当两个评级机构对某主题都评估结果指标时，ESG 信息披露对 ESG 评级分歧的影响最大。然后，在模型（2）中引入 *Industry High ESG_Disclosure* 分别与 *Input/Outcome* 和 *Both Outcomes* 的交乘项，发现 *Industry High ESG_Disclosure* 与 *Both Outcomes* 的交乘项系数显著为正，而与 *Input/Outcome* 的交乘项系数不显著，表明行业内更高水平的 ESG 信息披露会加剧评级机构间对结果指标的分歧。上述结果说明在 ESG 表现评估标准出来之前，企业或行业整体的 ESG 披露增加不太可能减少 ESG 评级分歧，反而会给评级机构提供更多的信息，进而产生更多的 ESG 评级分歧。

4. ESG 分歧的后果

该文探究了 ESG 评级分歧对股票市场和企业融资的影响。该文认为，ESG 评级分歧会影响股价，此外，ESG 评级分歧会削弱对企业的问责机制，影响企业的可持续发展，这可能阻碍企业获得外部融资。该文使用如下回归模型探究 ESG 评级分歧的后果：

$$Market\ Outcome_{it(t-1,t+1)}=\beta_0+\beta_1 ESG\_Disagreement_{it}+\sum\beta_k Controls+\varepsilon_{it} \qquad (3)$$

具体地，该文以评级机构发布新的 ESG 评级日期为中心，使用为期三天的窗口（-1，+1）进行短期窗口测试，并进行 OLS 估计，结果显示，ESG 评级分歧与绝对累计异常收益率和收益波动率显著正相关，而与买卖价差的关系不显著。总而言之，ESG 分歧会影响股票价格。进一步引入时间趋势变量与 ESG 评级分歧的交乘项，结果表明随着时间的推移，ESG 评级分歧对股票市场的影响越来越大。进一步地，该文探讨了 ESG 分歧对公司融资选择的影响。该文使用股份发行（*Equity Issuance*）、债务发行（*Debt Issuance*）和现金持有量（*Cash Holdings*）作为被解释变量，使用 ESG 评级分歧作为解释变量回归。OLS 回归结果表明，当 *ESG_Disagreement* 从第 25 分位数增加至第 75 分位数时，第 *t*+1 年发行股本的可能性降低 0.2%～1.1%，发行债务的可能性下降 0～2.2%，公司在第 *t*+1 年的现金持有量增加 1.4%～5.1%。上述结果表明，ESG 评级分歧更大的公司不太可能获得外部融资，而是倾向于更多地依赖内部融资。此外，该文还发现随着时间的推移，ESG 评级分歧对融资结果的影响越来越大。综上所述，ESG 评级分歧与外部融资负相关，与内部融资正相关。

五、研究结论

首先，与信息披露会减少信用评级分歧和分析师预测分歧不同，该文发现更多的 ESG 披露会导致 ESG 评级机构之间的分歧增加，并且环境和社会信息披露会导致环境和社会评级分歧，但治理信息披露不会导致治理评级分歧。这是因为评级机构间对于使用哪些指标来评估企业的 ESG 绩效尚未达成一致意见，因此更高水平的 ESG 信息披露可能会导致评级机构使用不同的指标评估企业的 ESG 绩效。此外，企业更多的 ESG 信息披露将增加评级机构评级的主观性，从而为评级者提供更多对信息进行不同解释的机会。因此，更高的 ESG 信息披露水平会增加 ESG 评级的分歧。

其次，相比于投入指标，评级机构之间对 ESG 结果指标的分歧更大，而且 ESG 信息披露会加剧对结果指标的分歧，这是因为评级机构对于工作是否正在进行较容易达成一致意见而对结果表现会做出不同的主观判断。

最后，该文研究了 ESG 评级分歧的后果，发现 ESG 评级分歧越大，企业的绝对累计异常收益率、收益波动率越大，获得外部融资的可能性越小。

该文补充了 ESG 评级分歧的文献，揭示了导致 ESG 评级分歧的关键因素，同时阐明了 ESG 评级机构作为信息中介机构所面临的挑战，认为评级机构应该有统一的 ESG 评估标准，从而促使信息披露发挥积极作用。总体而言，该文强调了提高 ESG 信息披露会加剧不同机构对同一公司的 ESG 的评级差异。

第四节 聚合差异：ESG 评级分歧[*]

一、问题提出

当前，ESG 评级机构已成为有影响力的机构。总资产超过 100 万亿美元的 3038 家投资者已经签署了一份承诺书，表示会将 ESG 信息融入其投资决策（UNPRI，2020）。与此同时，可持续投资快速增长，并且根据 ESG 评级进行投资的共同基金也有大量的资金流入（Hartzmark and Sussman，2019）。鉴于这些趋势，更多的投资者依赖 ESG 评级来获得企业 ESG 表现的第三方评估。此外，越来越多的学术研究也依赖 ESG 评级来进行实证分析（Servaes and Tamayo，2013；Flammer，2015；Liang and Renneboog，2017；Lins et al.，2017；Albuquerque et al.，2019）。因此，ESG 评级对投资决策的影响越来越大。然而，不同机构提供的 ESG 评级存在很大分歧（Chatterji et al.，2016）。基于此，该文利用六家评级机构的数据，分析 ESG 评级分歧的现状、原因。

二、研究发现与贡献

该文通过构建一个通用分类法，将评级分歧分解为三个主要部分：范围（Scope）、测度（Measurement）和权重（Weight）分歧。研究发现：第一，通过通用分类法，可以 79%～99% 的准确率估计评级机构使用的潜在聚合规则；第二，测度分歧是 ESG 评级分歧的主要驱动因素；第三，测度分歧的部分原因是"评级者效应"，即在一个类别中获得高分的公司更有可能在其他类别中获得同一评级者的高分。

该文的研究贡献主要体现在以下三个方面：第一，量化了评级分歧的驱动因素。先前 Chatterji 等（2016）虽然探讨了评级分歧的影响因素，但并未对这些因

* Berg F，Koelbel J F，Rigobon R. Aggregate confusion：The divergence of ESG ratings［J］. *Review of Finance*，2022，26（6）：1315-1344.

文中引用文献请参考原作。

素在多大程度上影响分歧做具体分析。该文将分歧分解为范围、权重和测度三元素。范围和权重反映了 ESG 评级衡量内容，而测度反映了 ESG 评级的衡量方法。该文表明，测度分歧是 ESG 评级分歧的主要驱动因素，并且不同的评级者对 ESG 评估中哪些类别最重要持不同的观点是合理的。第二，该文提供了一种新的方法论框架。该文是第一篇基于完整的底层指标集比较不同 ESG 评级的文献，并表示可以基于共同分类法重新评估 ESG 评级。第三，该文揭示了"评级者效应"。评级者针对公司不同类别的 ESG 表现进行评级，当评级机构在一个类别中给予公司一个好的分数时，它倾向于在其他类别中也给该公司一个好的分数。评级者对不同类别的评分具有相关性，表明评级模式会影响对企业的评估方式。尽管该文不能完全确定造成"评级者效应"的原因，但该文认为"评级者效应"可能是因为 ESG 评级机构将评级人员的工作按公司划分而不是按类别进行划分，从而使评级人员对公司的整体看法可以影响到各类别的评估。

三、研究思路与结果

（一）研究数据

该文使用了来自六个不同 ESG 评级机构的数据：KLD、Sustainalytics、Moody's、S&P Global、Refinitiv、MSCI。其中，KLD 数据是 ESG 评级学术研究中使用最频繁的数据集，因此该文将该数据纳入研究，其他评级机构也是市场上主流的 ESG 评级机构。该文数据中的 ESG 评级机构均得到了可持续金融专业人士的广泛认可。笔者联系了这六家评级机构，并请求查阅了评级、底层指标以及关于指标聚合规则和衡量方法的文档。

该文以六家评级机构 2014 年的 ESG 水平为基准，从各评级机构获得至少1665 家公司样本，至多9662 家公司样本，即完整样本，其中包括了924 家共同公司样本，即共同样本。根据以上六家评级机构提供的评级指标，该文创建了一个包含所有可用指标及其详细说明的长列表，该列表共包含709 项指标。

（二）研究结果

1. ESG 分歧的存在

（1）Krippendorff's Alpha 值。该文通过进行评价一致度计算（Krippendorff's Alpha），判断 ESG 评级是否存在实质性分歧。这种方法的优点在于，它可以基于一个统计数据来衡量任意数量的评级机构总体评级的可靠性。一般来说 Alpha 值高于 0.8 被认为是更优的。该文基于共同样本得出的 Krippendorff's Alpha 值为

0.55，表明 ESG 分歧是实质存在的。

（2）Pearson 相关性。该文对六家评级机构的 ESG 综合评级以及各维度评级之间的成对 Pearson 相关性进行分析。结果显示，ESG 综合评级的相关性系数的范围为 0.38~0.71，均值为 0.54。在 ESG 综合评级上，相关性最高的是 Sustainalytics ESG 评级和 Moody's ESG 评级。在各维度上，环境维度的相关性系数最高，均值为 0.53；社会维度的相关性系数次之，均值为 0.42；治理维度的相关性系数最低，均值为 0.30。KLD 和 MSCI 与其他评级机构的相关性无论是从 ESG 综合评级还是从 ESG 各维度评级来看都是最低的。

该文还使用与其他五个评级相关性最高的 Sustainalytics ESG 评级作为基准，绘制出了其他评级机构评级值与该基准评级值相比较的散点图，以观察分歧程度。结果显示，各评级机构间 ESG 评级总体呈正相关，但是对于基准评级的任一级别，其他评级机构给出的评级差异较大，表明 ESG 评级出现实质性分歧。

2. ESG 分歧的分解

（1）范围分歧。"范围分歧"是指评级指标属性集不同。为了研究范围分歧，该文使用了自下而上的方法构建分类。首先，根据六家评级机构提供的评级指标，创建了一个包含所有可用指标及其详细说明的长列表，该列表共包含 709 项指标。其次，将描述相同属性的指标归入同一类别。最后，细化分类，遵循两个规则：①每个指标只分配给一个类别；②当至少两个来自不同评级者的指标都描述了一个现有类别尚未涵盖的属性时，建立一个新的类别。此外，对于一个评级者独有的、无法与其他评级者的指标进行归类的指标被划分为"未分类"。按照上述步骤，文章将 709 项指标划分为 64 个类别。

在 709 项指标中，Refinitiv 的单个指标最多，有 282 项；其次是 Sustainalytics，有 163 项；S&P Global、KLD、MSCI、Moody's 分别拥有 80 项、78 项、68 项、38 项。同时在划分的 64 个类别中，一方面，部分类别涵盖了所有评级机构的指标，表明这些类别是公认的核心 ESG 问题，包括生物多样性、员工发展、能源、绿色产品、健康与安全、劳工实践、产品安全、薪酬、供应链、水。另一方面，也有许多类别没有被所有的评级机构考虑，表明 ESG 评级范围存在分歧。

（2）测度分歧。"测度分歧"是指评级机构使用不同指标衡量同一属性的情况。该文基于分类法比较了不同评级者在类别水平上的评估来研究测度分歧。该文为每个类别、企业和评级机构创建了类别得分 C_{fkj}。类别得分是通过对分配给类别的指标值取平均值来计算的，它们基于不同的指标集，而每个指标又依赖于不同的测度方法。其计算公式如下：

$$C_{fkj} = \frac{1}{n_{fkj}} \sum_{i \in N_{fkj}} I_{fki} \qquad (4)$$

式（4）中，f 代表公司，k 代表评级机构，j 代表类别，N 代表每个类别中的指标，I 代表指标。

该文计算了各评级机构之间基于类别得分的相关性水平。结果发现，相关性水平是异质的，并且分歧程度非常严重，评级机构之间甚至会出现相反的结论。此外，相关性会随着下设指标个数的增加而增强。例如，水和能源类别的相关性平均分别为 0.36 和 0.38，大大低于环境维度的相关性（平均值为 0.53）。这意味着在加权聚合的过程中，单个类别的测度分歧被抵消。值得注意的是，为排除某些类别相关性低是由于共同分类法中的错误分类造成的，即高度相关的指标被分为不同的类别，该文进行了基于维度更小的 SASB 标准的替代分类法的稳健性检验，在一定程度上缓解了错误分类这一可能性的影响，结果发现各评级机构之间基于类别得分的相关性水平变化较小，表明该文测算得到的相关性水平不是由于该文共同分类法中的错误分类造成的。

（3）权重分歧。"权重分歧"是指评级机构使用不同权重聚合相同指标的情况。该文根据类别得分进行了权重分歧的分析，估计了将类别得分转换为每个评级机构的评级 R_{fk} 的聚合规则。对于类别分数，进行了如下处理：当没有可用的指标值计算给定公司的类别得分时，类别得分被设置为零；在共同样本中，该文对所有公司都存在可用值的类别进行剔除。经过此处理后，类别分数进行归一化处理为零平均值和单位方差，得到归一化评级。每个未分类的指标被视为一个单独的特定评级机构的类别。

该文采用非负最小二乘回归，同时考虑到该文所有指标的方向性，因此可以排除线性函数中的负权重，约束系数不能为负。该文用如下模型来估计权重 w_{kj}：

$$R_{fk} = \sum_{j \in (1, m)} C_{fkj} \times w_{kj} + \epsilon_{fk} \qquad (5)$$

$$w_{kj} \geq 0$$

该文重点关注 R^2，它是拟合质量的衡量指标。MSCI、Sustainalytics、KLD、Moody's、Refinitiv 和 S&P Global 的 R^2 依次为 0.79、0.90、0.99、0.96、0.92 和

0.98。这些高 R^2 值表明，基于分类法的线性模型能够准确地复制原始评级。同时，回归系数也可以解释为类别权重，该文发现，各评级机构权重排名前三位的类别并不相同，这表明不同机构对最重要的类别有不同的看法，各评级机构之间存在权重分歧。该文还进行了一些稳健性检验，包括运行普通的最小二乘回归、运行神经元网络、使用随机森林估计量、使用可持续发展会计准则委员会标准替代分类法以及使用 2017 年的数据回归，这些稳健性检验的结果也都基本证实了权重分歧的存在。

3. ESG 分歧的贡献度

该文进一步探讨了范围分歧、测度分歧和权重分歧对 ESG 评级分歧的贡献度，通过仅考虑两个评级中唯一包含的类别来部分排除范围分歧。通过计算具有相同权重的两个评级来隔离测度分歧。权重分歧是总分歧的剩余部分。

该文假设所有 ESG 评级都是其类别分数的线性组合，基于以下关系进行分解，其中，$\hat{R}_{fk}$ 表示拟合评级，$\hat{w}_{kj}$ 表示估计权重：

$$\hat{R}_{fk} = C_{fkj} \times \hat{w}_{kj} \tag{6}$$

两个评级者范围内都包含的类别为共同类别记为 $C_{fkj_{com}}$。只有一个评级者包含的类别为专属类别记为 $C_{faj_{a,ex}}$ 和 $C_{fbj_{b,ex}}$。基于共同类别和专属类别的分解如下：

$$\hat{R}_{fk,com} = C_{fkj_{com}} \times \hat{w}_{kj_{com}}$$

$$\hat{R}_{fk,ex} = C_{fkj_{k,ex}} \times \hat{w}_{kj_{k,ex}}$$

$$\hat{R}_{fk} = \hat{R}_{fk,com} + \hat{R}_{fk,ex} \tag{7}$$

在此基础上，对范围、测度和权重分歧的总体贡献度进行分析。范围分歧 $\Delta scope$ 是仅使用互斥类别计算的评级之间的差异；测度分歧 $\Delta meas$ 是根据两个评级机构的共同类别和相同权重计算得出的，相同权重 $\hat{w}^*$ 是两个机构的堆叠类别分数的堆叠评分的非负混合回归；权重分歧 $\Delta weight$ 是总分歧的余数。两家机构的评级分歧 $\Delta fa，b$ 由三个部分组成：

$$\Delta fa，b = \hat{R}_{fa} - \hat{R}_{fb} = \Delta scope + \Delta meas + \Delta weights \tag{8}$$

其中：

$$\Delta scope = C_{faj_{a,ex}} \times \hat{w}_{aj,ex} - C_{fbj_{b,ex}} \times \hat{w}_{bj,ex}$$

$$\Delta meas = (C_{faj_{com}} - C_{fbj_{com}}) \times \hat{w}^*$$

$$\Delta weights = C_{faj_{com}} \times (\hat{w}_{aj_{com}} - \hat{w}^*) - C_{fbj_{com}} \times (\hat{w}_{bj_{com}} - \hat{w}^*) \tag{9}$$

$$\begin{pmatrix} \hat{R}_{fa,com} \\ \hat{R}_{fb,com} \end{pmatrix} = \begin{pmatrix} C_{faj_{com}} \\ C_{fbj_{com}} \end{pmatrix} \times \hat{w}^* + \begin{pmatrix} \epsilon_{fa} \\ \epsilon_{fb} \end{pmatrix} \qquad (10)$$

评级分歧的方差：

$$\begin{aligned} Var(\Delta a,\ b) &= Cov(\Delta a,\ b,\ \Delta a,\ b) \\ &= Cov(\Delta a,\ b,\ \Delta scope) + Cov(\Delta a,\ b,\ \Delta meas) + \\ & \quad Cov(\Delta a,\ b,\ \Delta weights) \end{aligned} \qquad (11)$$

该文评级分歧贡献度的结果显示，平均而言，首先是测度分歧是评级分歧的主要驱动因素，占分歧的 56%，其次是范围分歧，占 38%，而权重分歧仅占 6%。这表明一半以上的 ESG 评级分歧可归因于 ESG 评级机构对同一类别的测度值不同。个别机构的分解结果与预期保持一致。例如，对于 KLD-MSCI 分歧分解组合，测度分歧只贡献了 17%，而范围分歧贡献了 81%。这一结果反映了这两个评级来自同一个供应商，很可能基于非常相似的底层数据，但涵盖了不同的属性范围。Sustainalytics-Refinitiv 的权重分歧贡献最高，为 22%，范围分歧的贡献最低，为 12%。Sustainalytics 和 Refinitiv 两大评级机构都覆盖了很多底层指标，且两家评级机构都涵盖大多数评级类别。在这种情况下，范围分歧的作用较小。Moody's-Refinitiv 的测度分歧贡献最大，为 78%。表明这两家评级机构对 ESG 的看法非常相似。然而，评级分歧仍然存在，并且这些差异主要是由于测度差异造成的。

该文还强调了评级机构之间的差异。MSCI 是六家评级机构中唯一的范围分歧贡献最大，而不是测度分歧贡献最大的机构。这一结果是由 MSCI 设定的风险敞口得分驱动的。MSCI 的风险指标分数基本上为每个类别设置了公司特定的权重，而这些分数在其他评级方法中没有对标指标，因此它们增加了 MSCI 相对于所有其他评级机构的范围分歧。同时，由于范围和权重分歧之间的负协方差，权重对 MSCI 的贡献为负。也就是说，对于 MSCI 评级而言，范围分歧和权重分歧的影响往往会互补。对于除 MSCI 以外的所有其他评级机构，测度、范围、权重分歧对 ESG 评级分歧的贡献依次降低。

该文的分析还能够识别测度分歧中最重要的类别。该文按类别对绝对测度分歧进行平均。事实证明，一些存在明显测度分歧的类别最终对评级分歧的影响并不大，因为它们在总评级中的权重往往较小。存在明显测度分歧的类别包括环境罚款、临床试验、员工离职、艾滋病毒项目和非温室气体排放。测度分歧对总体分歧影响较大的类别包括气候风险管理、产品安全、公司治理、腐败和环境管理系统。此外，该文还进行了一些稳健性检验来证明 ESG 分歧贡献的结果。首先，该文采用了可持续发展会计准则委员会标准替代分类法进行检验，结果发现测度分歧的贡献甚至更高，达到了 60%，表明当类别更广泛时，这些类别内的测度分歧也会增加。其次，该文以基于回归的分解作为一种替代方法。在该方法下，范围与测度分歧一样重要，但权重分歧仍然发挥次要作用。最后，该文利用 2017 年的数据重复上述分解步骤，再次证实了测度分歧是 ESG 评级分歧的主要来源。

4. 评级者效应

为了进一步考察测度分歧的深层次原因，该文对"评级者效应"的存在性进行检验。评级者效应描述了一种偏见，即一个类别的表现能够影响其他类别的感知表现。这种现象也被称为"光环效应"，并在社会学、管理学、心理学等领域得到了广泛的研究。评估企业 ESG 属性的过程似乎也容易产生评级者效应，当公司对某一特定指标的判断是积极的时候，它对另一指标的判断也可能是积极的。该文使用了两个方法来评估评级者效应。

（1）固定效应回归。公司的类别得分取决于公司本身、评级机构以及被评级的类别。该文研究固定效应在多大程度上增加了以下回归的解释力：

$$C_{fkj} = \alpha_f I_f + \epsilon_{fkj,1} \tag{12}$$

$$C_{fkj} = \alpha_f I_f + \gamma_{fk} I_{f \times k} + \epsilon_{fkj,2} \tag{13}$$

$$C_{fkj} = \alpha_f I_f + \gamma_{fj} I_{f \times j} + \epsilon_{fkj,3} \tag{14}$$

$$C_{fkj} = \alpha_f I_f + \gamma_{fk} I_{f \times k} + \gamma_{fj} I_{f \times j} + \epsilon_{fkj,4} \tag{15}$$

其中，I_f 表示公司虚拟变量，$I_{f \times k}$ 为公司与评级机构固定效应的交互项，$I_{f \times j}$ 为公司与类别固定效应的交互项，向量 C_{fkj} 将所有评级机构和企业的所有共同类别的得分进行加总。由于在评级和类别分数水平上进行了标准化，该文没有对单个类别和评级机构的固定效应进行研究，仅研究共同样本中的类别交集来减少样本偏差。结果显示评级者效应显著存在。在式（12）中，公司虚拟变量单独解释了基准回归方程中得分方差的 0.22，然而，当加入公司评级虚拟变量时，R^2 增加了 0.16，同样，式（14）和式（15）间的 R^2 差值增加了 0.15。因此，评级者效应解释了类别得分变化的 0.15 ~ 0.16。对比式（14）和式（12）的估计结果，该文发现加入公司类别虚拟变量后，拟合度提高了 0.25。类似地，比较式（15）和式（13）的结果可知，在加入公司类别虚拟变量后，拟合度增加了 0.24。综上，在类别得分中，公司虚拟变量解释了 0.22，公司类别虚拟变量解释了0.24~0.25，公司评级虚拟变量解释了0.15~0.16。这意味着在控制了在哪个类别中被评级的情况下，评级者本身对类别得分有实质性的影响。

（2）LASSO回归。该文通过LASSO回归来评估每个类别的边际贡献。使用LASSO回归可以测试不同类别之间的相关性，如果评级者效应很强，那么随着类别的增加，每个类别的边际解释力将减弱。这意味着可以通过较小的类别集合来复制机构的总评级。式（16）如下：

$$\min_{w_{kj}} \sum_j (\hat{R}_{fk} - C_{fkj} \times w_{kj})^2 + \lambda \sum_j |w_{kj}| \tag{16}$$

当$\lambda = 0$时，估计结果为OLS估计；随着λ的增大，解释力小的变量会被剔除，即回归中对R^2边际贡献最小的类别将从回归中被剔除。研究结果显示，KLD和MSCI的跨类别相关性最小，相比之下，Sustainalytics、Moody's、Refinitiv和S&P Global的测算斜率表明，只需用少数几个类别就已解释了大部分ESG评级内容。

评级者效应表明测度分歧不是随机分布的，而是遵循评级者和公司特定的模式，其可能是由于评级者的特定假设系统地影响评估，也可能是有经济激励因素影响测度结果。

四、研究结论

该文的研究结论主要有以下几点：首先，该文的研究表明可以根据对数据施加的通用分类法重新估计ESG评级；其次，ESG评级分歧可以分解为范围、测度和权重分歧，其中测度分歧是评级分歧的主要驱动因素；最后，部分测度分歧是由"评级者效应"驱动的。

该文的研究结果呼吁对ESG评级背后的数据生成过程给予更多关注，以提高评级的准确性和可靠性。同时，研究结果对学术研究者、投资者、企业、评级机构和监管者都具有重要的启示意义。对于学术研究者，在使用ESG评级数据时需要谨慎，应当仔细检查数据是如何产生的，并对数据产生过程不完全透明的数据保持怀疑态度。在无法获得高质量数据的情况下，学术研究者还应考虑自行收集ESG数据并共享数据集。总之，鉴于ESG评级分歧，任何使用ESG评级或指标的研究都需要特别注意所使用数据的有效性。对于投资者，该文的研究使投资者能够理解为什么一个公司从不同的评级机构获得了不同的评级，有助于投资者应对ESG评级分歧，如投资者可以从多个评级机构获取指标层面的数据，然后重新设定范围和权重，从而减少 ESG 评级之间的差异。对于公司，该文研究结果强调了公司的 ESG 评级在不同机构中存在分歧，这提高了公司在制定 ESG 目标方面的难度。一家评级机构提高了公司的 ESG 评级并不一定代表另一家公司也会提高该公司的 ESG 评级。特别是当公司将高管薪酬条件与特定的 ESG 指标联系起来时，这些指标的改善可能不会反映在使用其他指标的 ESG 评级中。因此，公司应确保自身的测度指标支持其潜在公司发展目标，并且这些目标也得到评级机构的认可。为了实现这一点，公司应该与评级机构合作，建立适当的衡量标准，并确保公司披露的数据是公众可公开获取的。对于评级机构，该文建议评级机构提高评级透明度，清晰地披露其评级方法和数据生成过程。更高的方法透明度将允许投资者和其他利益相关者（如评级公司、非政府组织和学者）对机构的测度结果进行评估和交叉核对。最后，对于监管者，该文认为监管者可以协助解决 ESG 评级分歧问题，包括引导公司进行 ESG 披露，为 ESG 评级机构提供可靠、免费的数据基础，以及建立统一的 ESG 评级类别分类法，提高 ESG 评级的可比性。

第五节　ESG 新闻的股价反应：ESG 评级和分歧的影响[*]

一、问题提出

资源的有效配置离不开信息中介机构的支持（Healy and Palepu，2001）。因此，大量资源被投入于中介机构对企业的绩效评估，如分析师预测、推荐评级和信用评级等，这些评级的一个核心特征是都实现了规范的评估。

随着 ESG 投资理念的兴起，ESG 评级作为一种相对较新的绩效评估方式，能够综合评估企业的非财务绩效，受到广泛关注。ESG 评级不仅符合当前社会对

---

　　[*]　Serafeim G，Yoon A. Stock price reactions to ESG news：The role of ESG ratings and disagreement ［J］. *Review of Accounting Studies*，2023，28（3）：1500-1530.
　　文中引用文献请参考原作。

可持续发展的追求，也有助于投资者更加全面地了解公司的运营情况和潜在风险，从而为投资者提供更全面的投资决策依据。然而，由于 ESG 评级的多维性和企业 ESG 实际绩效难以观测的特性，其有效性和准确性一直受到质疑。部分研究表明，不同评级机构对同一家公司的 ESG 评级可能存在较大差异，这引发了关于 ESG 评级质量的争议（Chatterji et al.，2016；Berg et al.，2020）。因此，对于 ESG 评级的有效性与准确性研究显得尤为重要。

在此背景下，该文提出了三个关键的研究问题。首先，该文关注了 ESG 评级是否能够预测公司未来的 ESG 新闻，以及评级分歧如何影响 ESG 评级的预测能力。通过回答这个问题，该文可以评估 ESG 评级在预测公司未来 ESG 表现方面的有效性。其次，该文研究了 ESG 评级的一致性和分歧如何影响股市对 ESG 新闻的反应。回答这个问题有助于理解 ESG 评级在影响市场对公司 ESG 表现预期方面的作用。最后，该文探究了 ESG 评级对未来股票收益的预测能力。

二、研究发现与贡献

该文研究发现，公司获一致 ESG 评级可以预测其未来 ESG 新闻，但对于 ESG 评级分歧较大的公司，ESG 评级的预测能力会减弱。同时，ESG 新闻与股价反应之间的关系受 ESG 评级分歧度的影响。当 ESG 评级存在较大分歧时，ESG 新闻与股价反应之间的关系会减弱，预测能力最强的机构评级可预测未来的股票回报。

该文的主要研究贡献如下：第一，该文丰富了有关 ESG 评级属性的文献。该文首次关注了 ESG 评级在 ESG 新闻方面的预测能力，验证了 ESG 评级能够预测未来新闻，但是在 ESG 评级存在重大分歧的情况下，评级预测的有效性会下降。第二，该文丰富了 ESG 评级影响市场对 ESG 新闻反应的文献。该文提供了 ESG 评级如何创造投资者对未来新闻预期的证据，并表明评级分歧与股价反应不足有关。第三，该文补充了探究投资者对 ESG 新闻做出反应的原因的相关文献。先前研究主要有两类观点：一类是认为投资者的反应源于非财务方面的原因，即 ESG 信息与价值无关，因此 ESG 信息在财务上并不重要；另一类是 ESG 新闻传达了有关公司未来增长、风险和竞争定位的价值相关信息。该文研究表明，短期股价反应主要由被归类为具有财务重要性的 ESG 新闻所驱动，投资者根据 ESG 新闻是否可能影响公司的基本面而做出不同的反应。

三、理论分析

（一）ESG 评级与 ESG 新闻

在 ESG 信息环境中，ESG 评级是不可或缺的一部分。ESG 评级由不同的机构发布，旨在帮助决策者了解公司在管理 ESG 风险和机遇方面的表现。评级机构采用专有方法，通过权衡数百个指标来得出综合 ESG 评级，这些评级被许多投资者用于投资决策。然而，渐渐地，人们发现 ESG 评级之间存在明显差异，ESG 评级的有效性也因此受到质疑（Chatterji et al.，2016；Christensen et al.，2022）。

在理解 ESG 评级的特性时，需要考虑 ESG 评级与 ESG 新闻之间的关系。ESG 新闻反映了公众、媒体和投资者对公司 ESG 表现的看法和态度。如果 ESG 评级能够准确地反映管理层在抑制负面 ESG 事件和促进正面 ESG 事件方面所做的努力，那么 ESG 评级与 ESG 新闻之间应该存在正相关关系。然而，如果 ESG 评级受到其他因素的干扰而不能准确反映管理层的努力，那么 ESG 评级与 ESG 新闻之间的关系可能就不那么显著了（Chatterji et al.，2016）。基于上述分析，该文提出以下假设：

H1：ESG 评级与未来更正面的 ESG 新闻之间存在正相关关系。

此外，评级机构之间的分歧将影响 ESG 评级与 ESG 新闻之间的关系。评级分歧反映出不同的评级机构对管理层努力的程度有不同结论，因此，在存在分歧的情况下，ESG 评级准确预测未来 ESG 新闻的可能性低。基于此，该文提出以下假设：

H2：ESG 评级分歧会削弱 ESG 评级与未来更正面的 ESG 新闻之间的关系。

（二）ESG 评级、ESG 新闻和股价反应

会计和金融领域广泛探讨了 ESG 新闻对资本市场的影响。研究表明，新信息的披露能够产生股价反应（Beaver，1968），缓解信息不对称问题（Kim and Verrecchia，1994；Tetlock，2010），并增加股票市场交易量（Berry and Howe，1994）。特别地，Barber 和 Odean（2008）发现，ESG 新闻能够引起投资者的关注，进而影响股票回报（DellaVigna and Pollet，2009；Hirshleifer et al.，2009）。

多项研究探究了市场对 ESG 相关事件的反应。例如，Grewal 等（2019）发现，ESG 披露水平较高的公司往往在面对负面市场事件时股价反应较小。Naughton 等（2019）发现，ESG 实践的公告能够产生正向回报。Flammer（2013）发

现，市场对环保倡议的公告也有积极反应。然而，也有观点认为 ESG 实践可能牺牲股东利益，导致市场对积极的 ESG 新闻做出负面反应（Krueger，2015；Capelle-Blancard and Petit，2019）。该文预计以下的假设将被拒绝：

H3：更正面的 ESG 新闻与更积极的股价反应相关。

该文认为，ESG 新闻与股价反应之间的关系将受到 ESG 评级的影响。由以往研究可知，预测会影响市场预期，而且有一些预测变化已经被市场预期并"计入价格"（Fried and Givoly，1982；Goh and Ederington，1993）。因此该文提出，ESG 评级可能会影响 ESG 新闻与股价反应之间的关系，即 ESG 评级可能影响市场对未来 ESG 新闻的预期，进而影响股价反应。并且该文还认为相较于 ESG 评级较高的公司，ESG 评级较低公司的正面 ESG 新闻的股价反应会更强烈，因为市场对 ESG 评级较低公司的 ESG 表现期望较低。

与正面 ESG 新闻不同，该文预测，无论 ESG 评级如何，负面 ESG 新闻将普遍产生负面股价反应（Pinello，2008）。负面新闻可能引发公众争议和媒体审查（Miller，2006；Lee et al.，2015），引发负面股价反应。因此，该文提出以下假设：

H4：对于正面的 ESG 新闻，ESG 评级会负向影响 ESG 新闻与股价反应之间的关系。

此外，该文还预测了评级分歧程度对 ESG 评级与 ESG 新闻之间关系的影响。该文认为在评级分歧较高的情况下，投资者可能对 ESG 新闻的解读感到困惑，导致 ESG 评级削弱对 ESG 新闻与股价反应之间关系的影响。此外，资本市场对公司 ESG 前景的困惑可能导致 ESG 评级的预测能力下降，进而降低市场对 ESG 新闻的反应。因此，该文提出以下假设：

H5：当 ESG 评级存在分歧时，ESG 新闻与股价反应之间的正向关系，以及 ESG 评级对 ESG 新闻与股价反应之间关系的影响作用将会减弱。

值得注意的是，考虑到具有财务重要性的 ESG 问题与企业未来股票回报和财务业绩相关（Grewal et al.，2020），该文预测上述关系对于具有财务重要性的 ESG 新闻将更加明显，即当投资者在分析 ESG 新闻时，他们更有可能基于财务动机做出相应的投资决策。

（三）ESG 评级和股票回报的差异预测能力

已有研究表明不同评级机构的 ESG 评级之间相关性较低，这是由于评级缺乏一致性（Chatterji et al.，2016）和存在主观性。Berg 等（2020）指出，ESG 评级的分歧是由于评级者在指标的测度、范围和权重方面存在差异。这也侧面反映了大多数 ESG 评级机构在解释公司 ESG 相关信息时采用了主观判断，不同评级机构对于 ESG 指标的理解及其评级结果可能存在分歧。基于上述分析，该文提出以下假设：

H6：不同的评级机构对未来 ESG 新闻的预测能力会存在差异。

鉴于 ESG 投资是一个新兴领域，且市场参与者对 ESG 指标和披露的理解还处于早期阶段（Christensen et al., 2022），所以，当 ESG 评级机构之间的预测能力存在差异的时候，资本市场可能不会及时地完全将差异预测能力纳入价格。这意味着，在 ESG 评级分歧较大的样本中，对于高预测性（差预测性）评级得分高（低）的公司长期持有和高预测性（差预测性）的评级得分低（高）的公司短期持有的投资组合将获得有利的超额收益。

因此，该文提出以下假设：

H7：ESG 评级机构预测能力的差异会逐渐被资本市场纳入并体现在股价中。

四、研究思路与结果

（一）数据来源

该文收集了 2010 年 1 月至 2018 年 6 月的 TruValue Labs 的 ESG 新闻数据和全球三家最著名的 ESG 评级机构——MSCI、Sustainalytics、Thomson Reuters 的 ESG 评级信息。公司财务数据来自 Compustat 数据库、CRSP 数据库和 Kenneth French 网站。最终参与回归的公司——日度观测值数量为 31854。

（二）变量定义

1. 因变量

ESG News：ESG 新闻得分，评分在 0（最负面）到 100 分（最正面）之间。ESG 新闻得分为 50 分表示中性新闻，50 分以上表示正面新闻，50 分以下表示负面新闻。

Ind Adj Ret-1，+1：新闻发布前后三天内经行业（按全球行业分类系统，Global Industry Classification Standard）调整后的收益率。

2. 自变量

Normalized Average ESG Rating：MSCI、Sustainalytics 和 Thomson Reuters 的最新 ESG 评级平均值，再将其标准化，其中将 MSCI 的评级乘以 10，使其与其他两个来源的评级具有可比性。

Disagreement：MSCI、Sustainalytics 和 Thomson Reuters ESG 评级的标准差。

（三）研究设计

该文构建回归模型（1a）和模型（1b）以研究 ESG 评级是否能预测未来的 ESG 新闻，以及评级分歧如何影响预测能力。

$$ESGNews_{i,t} = \beta_0 + \beta_1 Normalized\ Average\ ESG\ Rating_{i,t-1} + Control\ Variables +$$
$$Date\ FE + Industry\ FE + \varepsilon_{i,t} \tag{1a}$$

$$ESGNews_{i,t} = \beta_0 + \beta_1 Normalized\ Average\ ESG\ Rating_{i,t-1} + \beta_2 High\ Disagreement_{i,t-1} +$$
$$\beta_3 Normalized\ Avrage\ ESG\ Rating_{i,t-1} \times High\ Disagreement_{i,t-1} +$$
$$Control\ Variables + Date\ FE + Industry\ FE + \varepsilon_{i,t} \tag{1b}$$

其中，*High Disagreement* 表示高于平均水平的 ESG 分歧。控制变量包括 Log（*Market Cap*）（新闻发布当天公司开盘时的市值取对数）、*MTB*（市价对账面价值比率）、*ROE*（净资产收益率）、*Leverage*（杠杆率）、*Capex/PPE*（资本支出除以不动产、厂房和设备支出）、*SG&A/Sales*（销售费用、一般费用和管理费用与销售额之比）、Adv *Exp/Sales*（广告费用除以销售额）、*R&D/Sales*（研发费用除以销售额），除此之外还控制行业和时间固定效应，并在公司和时间层面进行双重聚类。

该文将 ESG 新闻以报道情绪得分进行分组，并构建模型（2a）和模型（2b）研究市场对 ESG 新闻的反应，以及 ESG 评级和分歧在其中的作用。

$$Ind\ Adj\ Ret-1,\ +1_{i,t} = \beta_0 + \beta_1 PositiveNews_{i,t} + Control\ Variables + Date\ FE +$$
$$Industry\ FE + \varepsilon_{i,t} \tag{2a}$$

$$Ind\ Adj\ Ret-1,\ +1_{i,t} = \beta_0 + \beta_1 PositiveNews_{i,t} + \beta_2 HighAverage\ ESG\ Rating_{i,t-1} +$$
$$\beta_3 Positive\ News_{i,t} \times High\ Average\ ESG\ Rating_{i,t-1} +$$
$$Control\ Variables + Date\ FE + Industry\ FE + \varepsilon_{i,t} \tag{2b}$$

其中，*Positive*（*Negative*）*News* 表示 ESG 新闻情绪得分位于最高（最低）四分位数的得分，*High Average ESG Rating* 表示公司的平均 ESG 评级高于总体平均水平。

最后，该文构建模型（3）、模型（4）来研究不同评级机构对未来 ESG 新闻的预测能力是否具有差异，并预测未来股票回报。

$$ESG\ News_{i,t} = \beta_0 + \beta_1 MSCI\ ESG\ Rating_{i,t-1} + \beta_2 Sustainalytics\ ESG\ Rating_{i,t-1} +$$
$$\beta_3 Thomson\ ESG\ Rating_{i,t-1} + Control\ Variables + Date\ FE +$$
$$Industry\ FE + \varepsilon_{i,t} \tag{3}$$

其中，*MSCI ESG Rating*、*Sustainalytics ESG Rating* 和 *Thomson ESG Rating* 分

别为 MSCI、Sustainalytics 和 Thomson Reuters 三家机构的 ESG 评级。

$$R_{i,t} = \alpha + \beta_{MKT} MKT_{i,t} + \beta_{SMB} SMB_{i,t} + \beta_{HML} HML_{i,t} + \beta_{RMW} RMW_{i,t} + \beta_{CMA} CMA_{i,t} + \varepsilon_{i,t} \qquad (4)$$

其中，$R_{i,t}$ 为投资组合 i 在 t 月超过无风险利率的收益率，MKT 为市场超额收益，SMB、HML、RMW 和 CMA 分别为 Fama 和 French（2016）提出的规模、账面市值比、盈利能力和投资因素，α 表示异常风险调整后的收益率。

（四）研究结果

1. 描述性统计

首先，*Ind Adj Ret* -1，$+1$ 的平均值和中位数均为 0.00。ESG 新闻得分的平均值和中位数分别为 56.26 和 56.53，这表明 ESG 新闻整体上略微偏向正面。其次，关于 ESG 评级，MSCI、Sustainalytics 和 Thomson Reuters 的平均 ESG 评级分别为 48.47、62.22 和 70.70。在样本中，ESG 评级平均值为 58.76，评级分歧的平均值为 10.28。

值得注意的是，ESG 新闻与 MSCI 评级、Sustainalytics 评级、Thomson Reuters 评级和平均 ESG 评级之间的相关性分别为 0.30、0.25、0.06 和 0.25，这表明 ESG 新闻与 MSCI、Sustainalytics 和 Thomson Reuters 的 ESG 评级都存在正相关关系。此外，MSCI ESG 评级与 Sustainalytics ESG 评级之间的相关性为 0.47，与 Thomson Reuters ESG 评级之间的相关性为 0.30。这与 Berg 等（2020）的观点一致，即 ESG 评级之间的相关性并不高，存在评级分歧。此外，Log（*Market Cap*）和平均 ESG 评级与分歧的相关性分别为 0.42 和 0.29，这表明市值高的公司通常具有较高的 ESG 评级，但也存在较大的评级分歧。

2. 主回归分析

为检验假设 1 和假设 2，该文对模型（1a）和模型（1b）进行回归，结果显示 *Normalized Average ESG Rating* 的回归系数为正且显著，说明 ESG 评级可以预测未来的 ESG 新闻，假设 1 得到验证。进一步考虑评级分歧的影响，发现 *Normalized Average ESG Rating* 和 *High Disagreement* 的交互项系数显著为负，说明此时的 ESG 评级依然可以预测未来的新闻，但是 ESG 评级分歧会削弱 ESG 评级与未来 ESG 新闻之间的关系。若只考虑具备财务重要性的 ESG 新闻，也就是具有经济意义的相关事件，结果和全样本保持一致，进一步验证了假设 1 和假设 2。接着，为了检验分歧中的哪个部分负向影响 ESG 评级与未来 ESG 新闻之间的关系，该文依据 Berg 等（2020），将 ESG 评级的分歧分为测度、范围和权重三个部分。结果发现是由于测度方面的分歧导致 ESG 评级预测未来 ESG 新闻的能力减弱。

为检验假设 3、假设 4 和假设 5，该文对模型（2a）和模型（2b）进行回归。结果显示，*Positive News* 的系数显著为正，说明股价对正面 ESG 新闻的反应更积极，再次验证了假设 3。然后，加入了 *High Average ESG Rating* 的影响，发现 *Positive News* 和 *High Average ESG Rating* 的交互项系数显著为负，表明正面 ESG 新闻下的股票回报率比负面 ESG 新闻高 75 个基点。然而，对于 ESG 评级较高的公司，正面与负面 ESG 新闻之间的股票回报差仅为 34 个基点，表明对于正面 ESG 新闻，ESG 新闻与股价反应之间的关系会受到 ESG 评级的负向调节，证实了假设 4。

若只考虑具备财务重要性的 ESG 新闻，*Positive News* 和 *High Average* 的交互项系数显著为负，表明对于 ESG 评级较低的公司，正面新闻和负面新闻的股票回报差进一步变大。同时，具备财务重要性的新闻的子样本回归结果系数大于全样本回归的结果系数，以及在高 ESG 分歧样本中 ESG 分歧的调节作用不显著，而在低 ESG 分歧样本中 ESG 分歧的调节作用显著，验证了假设 5。结合全样本的结果，该文认为 ESG 评级和评级分歧对 ESG 新闻和股价反应关系的调节作用主要是由财务重要性的 ESG 新闻驱动的。

为检验假设 6，该文使用模型（3）来检验不同评级机构的预测能力。结果显示 *MSCI ESG Rating*、*Sustainalytics ESG Rating* 和 *Thomson ESG Rating* 三者的系数都显著为正，表明当单独考虑 ESG 评级时，三种 ESG 评级都可以预测 ESG 新闻。但该文注意到，Thomson Reuters ESG 评级的预测能力最弱。同时，该文在一个回归中同时纳入三个评级，并检查了它们相对于彼此的预测能力，发现 *MSCI ESG Rating*、*Sustainalytics ESG Rating* 系数均显著，但 *Thomson ESG Rating* 的系数不显著，说明当与其他 ESG 评级一起考虑时，Thomson Reuters ESG 评级不能预测未来的 ESG 新闻。

该文只考虑具备财务重要性的 ESG 新闻。当其他评级与 MSCI ESG 评级一起使用时，Sustainalytics ESG 评级和 Thomson Reuters ESG 评级都失去了预测 ESG 新闻的能力，表明 MSCI ESG 评级的预测能力最强。这一结果验证了假设 6，即不同的评级机构对未来 ESG 新闻的预测能力不同。

为检验假设 7，该文使用模型（4）来检验 ESG 评级预测 ESG 新闻的能力差异是否被逐渐反映在股票价格中。该文选取三个评级中意见分歧较大的公司，形成多头和空头投资组合。具体地，买入那些 MSCI ESG 评级高于另外两个评级平均值且 MSCI ESG 评级高于 50（因此更有可能获得正面 ESG 新闻）的公司股票，出售那些 MSCI ESG 评级低于两个评级平均值且 MSCI ESG 评级低于 50（因此更有可能获得负面 ESG 新闻）的公司股票。结果显示，当使用等权重和价值权重方法时，多头、空头投资组合的超额收益分别为 4.27% 和 4.00%。这说明 ESG 预测能力的差异逐步反映在股价中，并且在存在高度 ESG 分歧的情况下，可以使用最具预测力的 ESG 评级来预测未来的股票收益，验证了假设 7。

3. 进一步分析

该文还研究了 ESG 评级是否能预测不具有财务重要性的 ESG 新闻。结果显示，*Normalized Average ESG Rating* 的回归系数显著为正，说明 ESG 评级同样可以预测不具有财务重要性的 ESG 新闻。但是，ESG 评级分歧对 ESG 评级与未来 ESG 新闻之间关系的调节作用明显弱于主回归中的结果。

4. 稳健性检验

为了验证研究结论的稳健性，该文还使用了标准化 ESG 评级。结果显示，当使用等权重和价值权重方法时，多头、空头投资组合分别产生 3.35% 和 3.22% 的超额收益，结论与假设 7 一致。这表明在存在高度分歧的情况下，可以使用最具预测性的 ESG 评级来预测未来的股票回报。

五、研究结论

该文研究了 ESG 评级对未来 ESG 新闻的预测能力，得出如下结论：第一，一致的 ESG 评级能够预测未来的 ESG 新闻，但这一关系会受到 ESG 评级分歧的负向调节。第二，市场对正面的 ESG 新闻有积极反应，而对负面新闻有消极反应，而且对于 ESG 评级较高的公司，市场对正面新闻的反应较小，可能是因为利好消息已经反映在股价中，而对于那些评级分歧较低的公司，市场对 ESG 新闻的反应更大。第三，ESG 评级机构预测 ESG 新闻的能力存在差异，且在评级分歧较大的情况下，具有最强预测能力的 ESG 评级机构的评级可以更好地预测未来的股票回报。

该文研究结果表明，ESG 评级代表了市场对企业未来表现的预期，并预测了未来的 ESG 新闻和股票回报，尽管评级分歧阻碍了 ESG 评级的实用性，但该文认为 ESG 评级对未来 ESG 新闻的预测能力只是衡量 ESG 评级质量的一个维度，重要的是这种预测能力可以为投资者的投资决策提供参考和帮助。综上所述，该文的论点可以为未来的相关研究打下基础，并有助于进一步理解 ESG 评级的性质特征。

第六节　ESG 评级不确定性下的可持续投资*

一、问题提出

可持续投资（Sustainable Investing）不仅需要考虑财务目标，还要兼顾 ESG 目标。自 2006 年 UNPRI 出台以来，签署国数量从 2010 年的 734 家增加至 2020 年的 3038 家，涉及的总资产金额从 2010 年的 2100 万美元增加至 2020 年的 103 万亿美元。《2021 年全球可持续发展融资报告》显示，可持续投资总额已从 2016 年底的 22.8 万亿美元增加至 35.3 万亿美元。可见，全球资本市场在可持续投资方面经历了大幅增长。

ESG 作为可持续投资中的重要考虑因素，其带来的资本重新配置效应将对市场投资组合决策和资产定价产生重大影响。然而，目前国内外 ESG 评级机构众多，各个评级机构在底层数据来源、评价方法和评价体系等方面存在较大差异，导致其评级结果明显不同（Berg et al.，2022）。评级结果的巨大差异不利于关注 ESG 的投资者进行投资决策，ESG 评级的不确定性很可能成为未来可持续投资的重要障碍。那么，ESG 评级不确定性是否会对市场投资组合决策和资产定价产生重要影响，进而阻碍可持续投资进程？

该文通过模型推导和实证检验分析了 ESG 评级不确定性对市场投资组合选择和资产定价的影响，具体探究 ESG 评级不确定性是否会影响均衡状态下的市场超额收益以及投资需求？ESG 评级不确定性是否以及如何改变 CAPM 中超额收益（Alpha）和 β 的大小？ESG 评级不确定性会产生哪些负面后果，即是否损害 ESG 投资者的效用，削弱可持续投资的积极社会影响？

二、研究发现与贡献

该文研究发现：第一，在市场均衡状态下，ESG 评级不确定性会导致更高的

* Avramov D，Cheng S，Lioui A，Tarelli A. Sustainable investing with ESG rating uncertainty［J］. *Journal of Financial Economics*，2022，145（2）：642-664.

文中引用文献请参考原作。

市场感知风险和市场超额收益以及更低的投资需求。第二，在考虑了多种风险资产和异质性经济主体时，ESG-Alpha 的负向关系减弱。第三，ESG 评级不确定性将损害 ESG 投资者的效用，并导致环境友好型公司（green firms）股权资本成本增加，进而削弱可持续投资引发的积极社会影响。

该文的研究贡献主要体现在三个方面：第一，该文在市场均衡状态下的资产定价分析中明确考虑了 ESG 评级不确定性因素，补充了关于资本资产定价方面的相关文献。第二，该文为 ESG 评级的横截面股票收益可预测性文献做出了增量贡献。第三，该文为政策制定者提供了重要启示，即应建立明确的 ESG 评级分类方法和统一的报告披露标准以降低 ESG 评级不确定性。

三、理论分析

该文在理论分析部分构建了多个经济模型。首先，该文基于单个风险资产和无风险资产的模型设置推导出最优投资组合，并讨论 ESG 评级不确定性对市场超额收益和经济福利的影响。其次，该文将单个风险资产设置扩展到多个风险资产设置，分析了 ESG 评级不确定性对个股收益的影响，得到横截面股票收益的资产定价模型，并讨论了 ESG 评级不确定性对资本资产定价模型的 Alpha 和 β 的增量影响。具体而言：

（一）单个风险资产模型

该文基于静态设置，构建了如下市场超额收益和 ESG 评级模型。其中 $\tilde{r}_M$、$\tilde{g}_M$ 分别为市场投资者组合的超额收益率和 ESG 得分，μ_M、$\mu_{g,M}$ 分别为市场预期超额收益和 ESG 得分的预期价值，残差 $\tilde{\epsilon}_M$（$\tilde{\epsilon}_{g,M}$）服从均值为 0、标准差为 σ_M（$\sigma_{g,M}$）的正态分布，$\rho_{g,M}$ 为残差 $\tilde{\epsilon}_M$ 与 $\tilde{\epsilon}_{g,M}$ 的相关系数。

$$\tilde{r}_M = \mu_M + \tilde{\epsilon}_M \tag{1}$$

$$\tilde{g}_M = \mu_{g,M} + \tilde{\epsilon}_{g,M} \tag{2}$$

依据 Pástor 等（2021）的研究，投资者的效用可以运用式（3）进行计算。其中 $\tilde{W}_1 = W_0(1 + r_f + x\,\tilde{r}_M)$ 为投资者的最终财富，W_0 为初始财富，x 表示投资者投资风险资产的财富占比，A 为投资者的绝对风险厌恶水平，B 表示投资者对非环境友好型公司股票的绝对厌恶水平（absolute brown aversion），BW_0 则表示投资者对非环境友好型公司股票的相对厌恶水平（relative brown aversion）。在接下来的分析中，该文都是基于市场关注环境因素（green market）与投资者厌恶非环境友好型公司的前提。

$$V(\widetilde{W}_1, \ x) = -e^{-A\widetilde{W}_1 - BW_0 x \widetilde{g}_M} \tag{3}$$

投资者在进行投资决策时，往往会选择使其预期效用最大化的投资组合。因此，由式（3）的预期效用最大化条件得到考虑 ESG 评级不确定因素的最优投资组合 x^*。其中，$b = \dfrac{B}{A}$，$\gamma = AW_0$ 表示相对风险厌恶水平，$\sigma_{M,U}^2 = \sigma_M^2 + b^2 \sigma_{g,M}^2 + 2b\sigma_M \sigma_{g,M} \rho_{g,M}$ 表示投资者感知到的收益方差。

$$x^* = \frac{1}{\gamma} \frac{\mu_M + b\mu_{g,M}}{\sigma_{M,U}^2} \tag{4}$$

在 ESG 评级不确定性下，风险资产由两个不同的资产组成，一是市场超额收益率为 $\widetilde{r}_M$ 的资产；二是反映 ESG 不确定性风险、收益率为 $b\widetilde{g}_M$ 的资产。此时投资者股票需求由相对风险厌恶水平（γ）和收益率为 $\widetilde{r}_M + b\widetilde{g}_M$ 的投资组合的风险溢价决定。

为提炼出 ESG 评级不确定性对投资者投资决策的影响，该文进一步将式（4）改写成如下形式：

$$x^* = \frac{1}{\gamma} \frac{\mu_M}{\sigma_M^2} + \frac{1}{\gamma} b \frac{\mu_{g,M}}{\sigma_M^2} - \frac{1}{\gamma} b \frac{\mu_M + b\mu_{g,M}}{\sigma_M^2} \left(b^2 \frac{\sigma_{g,M}^2}{\sigma_{M,U}^2} + 2b \frac{\sigma_M \sigma_{g,M} \rho_{g,M}}{\sigma_{M,U}^2} \right) \tag{5}$$

从式（5）可以清晰地看到，投资者股票投资需求由三部分构成：①第一部分 $\dfrac{1}{\gamma} \dfrac{\mu_M}{\sigma_M^2}$ 代表投资者对 ESG 漠不关心的情景（情景 I）。②第二部分 $\dfrac{1}{\gamma} b \dfrac{\mu_{g,M}}{\sigma_M^2}$ 代表投资者有 ESG 偏好，但 ESG 评级是确定的情景（情景 N）。③剩余部分代表投资者有 ESG 偏好，且 ESG 评级是不确定的情景（情景 U）。由式（5）的第三部分可以得知，ESG 评级不确定性将降低投资者股票投资需求。

接下来，该文进一步分析了 ESG 评级不确定性对均衡状态下市场超额收益的影响。该文假设在市场均衡状态时，投资者会将全部财富用于风险投资。因此由式（4）最优投资组合 x^* 等于 1 可以求解出均衡状态下的市场超额收益。该文同时计算了情景 I、情景 N 和情景 U 下的市场超额收益：

$$\mu_M^I = \gamma \sigma_M^2 \tag{6}$$

$$\mu_M^N = \gamma \sigma_M^2 - b\mu_{g,M} \tag{7}$$

$$\mu_M^U = \gamma \sigma_M^2 - b\mu_{g,M} + \gamma(\sigma_{M,U}^2 - \sigma_M^2) \tag{8}$$

由式（8）可知，当 ESG 评级不确定时，市场超额收益受到两种冲突因素的共同影响。一方面，投资者从关注环境因素的市场中获得正效用将使其愿意接受较低的市场超额收益；另一方面，投资者感知到 ESG 评级不确定性增加了市场风险，要求较高的超额收益以补偿增量风险。因此，当 ESG 评级不确定时，ESG 评级与市场超额收益的关系将变得模糊。

为进一步提炼出 ESG 评级对市场超额收益的增量影响，文章由式（6）~式（8）做差运算得到 ESG 评级导致的增量市场超额收益：

$$\mu_M^N - \mu_M^I = -b\mu_{g,M} \tag{9}$$

$$\mu_M^U - \mu_M^I = \gamma(\sigma_{M,U}^2 - \sigma_M^2) - b\mu_{g,M} \tag{10}$$

由式（9）和式（10）可以推断，当市场对环境因素的考量是中立的时候（$\mu_{g,M}=0$），若投资者厌恶非环境友好型公司（$b\neq 0$），ESG 评级确定情境下的 ESG 评级市场超额收益增量为 0，而 ESG 评级不确定情境下的 ESG 评级市场超额收益增量大于 0。当投资者处于关注环境因素的市场时（$\mu_{g,M}\neq 0$），若投资者厌恶非环境友好型公司（$b\neq 0$），ESG 评级确定情境下的 ESG 评级市场超额收益增量小于 0，而 ESG 评级不确定情境下的 ESG 评级市场超额收益增量无法确定方向。

总的来说，之前的文献已经表明在不考虑 ESG 评级不确定时，ESG 评级与横截面的超额收益呈负向关系。但该文的单个资产模型表示，ESG 评级与横截面的超额收益关系会受到两种相反效应的共同影响，ESG 评级不确定性将导致超额收益增加，由此环境友好型公司股票（较高 ESG 评级的股票）的超额收益可能高于非环境友好型公司股票（较低 ESG 评级的股票）。

为评估 ESG 评级不确定性对整体社会福利的影响，该文进一步在模型设置中考虑多个异质性投资主体。同样基于效用最大化条件和市场均衡条件计算出 ESG 不确定下的均衡市场超额收益：

$$\mu_M^U = \gamma_M \sigma_{M,U}^2 - b_M \mu_{g,M,U} \tag{11}$$

当投资者处于关注环境因素的市场时，较高的 ESG 评级将给环境友好型公司带来较低的股权资本成本，进而增加其社会责任投资，产生积极的社会影响（Pástor et al.，2021）。但在该文的模型设置中，ESG 评级不确定性将增加市场超额收益，导致环境友好型公司的股权资本成本上升，进而阻碍其资本投资，损害整体经济福利。

（二）多资产模型

该文进一步分析了在 N 种风险资产、i 个投资者的模型设置下，ESG 评级不确定性对投资者投资组合选择的影响。

该文按照单个模型的推理思路，得到投资者 i 的最优投资策略 X_i^*。其中，$\sum_{i,U}^{-1} = \sum_r + b_i^2 \sum_g + 2b_i^2 \sum_{rg}$，$\mu_r$ 是 $N \times 1$ 维的预期超额收益矩阵，μ_g 是 $N \times 1$ 维的 ESG 得分矩阵，b_i 是 $N \times 1$ 维的对非环境友好型公司的厌恶水平矩阵，γ_i 是 $N \times 1$ 维的相对风险厌恶水平矩阵，$\sum_r$ 是 $N \times N$ 维的收益方差矩阵，$\sum_g$ 是 $N \times N$ 维的 ESG 得分方差矩阵，$\sum_{rg}$ 是 $N \times N$ 维的收益与 ESG 得分协方差矩阵。

$$X_i^* = \frac{1}{\gamma_i} \sum_{i,U}^{-1} (\mu_r + b_i \mu_g) \tag{12}$$

由式（12）可知，ESG 评级不确定性通过矩阵 $\sum_{i,U}^{-1}$ 非线性地影响投资者投资决策，且投资者的投资需求会随着 ESG 不确定性的增大而下降。

（三）ESG 不确定下的资本资产定价模型

基于市场均衡条件和前文多资产模型分析中的公式，该文首先得到 ESG 评级确定情景下的股票预期超额收益：

$$\mu_r = \beta \mu_M - b_M (\mu_g - \beta \mu_{g,M}) \tag{13}$$

其中，$\mu_M = \gamma_M \sigma_M^2 - b_M \mu_{g,M}$ 为均衡时的市场超额收益，$\sigma_M^2 = X'_M \sum_r X_M$ 为市场超额收益的方差，$\beta = \dfrac{\sum_r X_M}{\sigma_M^2}$ 是 $N \times 1$ 维的市场 β 矩阵，$\mu_{g,M} = X'_M \mu_g$ 代表市场关注环境因素的程度，$X_M = \sum_{i=1}^{I} w_i X_i$ 是 $N \times 1$ 维的市场投资组合矩阵，b_M 是 $N \times 1$ 维的市场总体对非环境友好型公司的厌恶水平矩阵，γ_M 是 $N \times 1$ 维的市场总体相对风险厌恶水平矩阵。

由式（13）可知，股票预期超额收益由 β 调整后的市场超额收益（$\beta \mu_M$）和无法用 $\beta \mu_M$ 解释的超额收益 Alpha$[-b_M(\mu_g - \beta \mu_{g,M})]$ 两部分构成，且此时的 β 与标准资本资产定价模型的 β 相同。同时，Alpha 取决于有效的 ESG 得分，即公司自身的 ESG 得分与经 β 调整后的市场 ESG 得分之差。总之，只要市场对环境因素的考量不是中立的，Alpha 的方向和大小就取决于有效的 ESG 得分，而非公司自身的 ESG 得分。

接下来，该文运用同样的方法，推导出 ESG 评级不确定情景下的股票预期超额收益：

$$\mu_r = \beta\mu_M + (\beta_{eff} - \beta)\mu_M - b_M(\mu_{g,U} - \beta_{eff}\mu_{g,M,U}) \tag{14}$$

其中，$\beta_{eff} = \dfrac{\sum_{M,U} X_M}{\sigma_{M,U}^2}$ 是 $N \times 1$ 维的有效 β_{eff} 矩阵，$\sum_{M,U}^{-1} = \dfrac{\sum_{i=1}^{I} w_i \gamma_i^{-1} \sum_{i,U}^{-1}}{\sum_{i=1}^{I} w_i \gamma_i^{-1}}$

为经 ESG 得分调整后的股票收益方差矩阵的转置。$\mu_{g,U} = \dfrac{B_M \mu_g}{b_M}$ 为单个资产 ESG 得分组成的矩阵，$\mu_{g,M,U} = X'_M \mu_{g,U}$ 为市场总体 ESG 得分组成的矩阵。

与前文一致，对于任意资产而言，预期超额收益由两部分组成：一是实际超额收益；二是 b 乘以有效 ESG 得分。当 ESG 评级不确定时，市场和个股的 ESG 得分都是随机的，而两者 ESG 得分的方差和协方差都运用于 β 的计算中。因此，ESG 不确定情景下的 β 将不再是标准资本资产定价模型的 β，而是基于经 ESG 得分调整后的股票超额收益计算得出的有效 β_{eff}。超额收益 Alpha 此时也变成 $(\beta_{eff} - \beta)\mu_M - b_M(\mu_{g,U} - \beta_{eff}\mu_{g,M,U})$。

总的来说，N 种风险资产的预期超额收益可以由以下三个部分之和构成：①标准资本资产定价模型中反映市场风险的超额收益（$\beta\mu_M$）；②反映 ESG 不确定性风险的超额收益 $[(\beta_{eff} - \beta)\mu_M]$；③在 ESG 不确定性情景下，投资者从环境友好型公司股票持有中获得的非货币性收益 $[-b_M(\mu_{g,U} - \beta_{eff}\mu_{g,M,U})]$。

为了清晰地展示 ESG 评级不确定性如何影响 β_{eff} 和 Alpha，文章将 β_{eff} 和 Alpha 的形式改写成式（15）和式（16），同时假设投资者具有同质性（每个投资者都拥有同一个 γ 和 b）。其中，$\beta_g = \dfrac{\sum_g X_M}{\sigma_{g,M}^2}$，$\beta_{rg} = \dfrac{\sum_{rg} X_M}{\sigma_{rg,M}}$。

$$\beta_{eff} = \frac{\sigma_M^2}{\sigma_{M,U}^2}\beta + \frac{b^2\sigma_{g,M}^2}{\sigma_{M,U}^2}\beta_g + \frac{2b\sigma_{rg,M}}{\sigma_{M,U}^2}\beta_{rg} \tag{15}$$

$$\alpha = \left(\frac{b^2\sigma_{g,M}^2}{\sigma_{M,U}^2}(\beta_g - \beta) + \frac{2b\sigma_{rg,M}}{\sigma_{M,U}^2}(\beta_{rg} - \beta)\right) \times (\mu_M + b_M\mu_{g,M}) - b_M(\mu_g - \beta\mu_{g,M}) \tag{16}$$

由式（15）可知，β_{eff} 是三个 β 的加权平均：①标准资本资产定价模型的 β；②基于 ESG 评级不确定的 β_g；③基于收益与 ESG 评级协方差的 β_{rg}。由式（16）可知，如前文所述，Alpha 由补偿 ESG 评级不确定性风险的超额收益和反映持有环境友好型公司股票效用的超额收益两部分组成。

进一步地，该文假设 $\sum_g$ 是对角线上元素为 $\sigma_{g,j}^2 (j = 1, 2, 3, \cdots, N)$ 的对

角矩阵，$\sum_{rg}$ 是对角线上元素为 $\sigma_{rg,j}$ 的对角矩阵以简化模型。那么，对于任意资产 j 的 β_{eff} 和 Alpha 为：

$$\beta_{eff,j}=\frac{\sigma_M^2}{\sigma_{M,U}^2}\beta_j+\frac{b^2\sigma_{g,M}^2}{\sigma_{M,U}^2}\frac{X_j\sigma_{g,j}^2}{\sigma_{g,M}^2}+\frac{2b\sigma_{rg,M}}{\sigma_{M,U}^2}\frac{X_j\sigma_{rg,j}}{\sigma_{rg,M}} \tag{17}$$

$$\alpha_j=\left(\frac{b^2\sigma_{g,M}^2}{\sigma_{M,U}^2}\left(\frac{X_j\sigma_{g,j}^2}{\sigma_{g,M}^2}-\beta_j\right)+\frac{2b\sigma_{rg,M}}{\sigma_{M,U}^2}\left(\frac{X_j\sigma_{rg,j}}{\sigma_{rg,M}}-\beta_j\right)\right)\times(\mu_M+b_M\mu_{g,M})-b_M(\mu_g-\beta_j\mu_{g,M})$$
$$\tag{18}$$

由式（17）和式（18）可知，β_{eff} 和 Alpha 会随着个股 ESG 得分不确定性（$\sigma_{g,j}^2$）和个股 ESG 得分与收益协方差（$\sigma_{rg,j}$）的提高而提高。

（四）基于两种风险资产情景的股票投资需求和预期超额收益

该文基于环境友好型公司股票和非环境友好型公司股票两种风险资产模型设置，进一步分析了 ESG 评级不确定性对两种股票投资需求和定价决策的影响。由式（12）可以得到两种风险资产的最优投资策略：

$$X_{i,green}^*=\frac{1}{\gamma_i}\frac{\mu_{r,green}+b_i\mu_g}{\sigma_r^2+b_i^2\sigma_{g,green}^2+2b_i\sigma_{rg,green}} \tag{19}$$

$$X_{i,brown}^*=\frac{1}{\gamma_i}\frac{\mu_{r,brown}-b_i\mu_g}{\sigma_r^2+b_i^2\sigma_{g,brown}^2+2b_i\sigma_{rg,brown}} \tag{20}$$

其中，$\mu_{r,green}$、$\mu_{r,brown}$ 分别为环境友好型公司股票和非环境友好型公司股票的预期超额收益，两种股票对应的 ESG 得分分别为 μ_g、$-\mu_g$，股票收益的方差为 σ_r^2，两种股票对应的 ESG 得分方差分别为 $\sigma_{g,green}^2$、$\sigma_{g,brown}^2$，两种股票收益与 ESG 得分的协方差分别为 $\sigma_{rg,green}$、$\sigma_{rg,brown}$。

由式（19）和式（20）可知，首先，对于具有 ESG 偏好的投资者而言（$b_i>0$），投资者的股票投资需求会随着 ESG 得分不确定性（$\sigma_{g,green}^2$、$\sigma_{g,brown}^2$）的增加而降低，随着 ESG 得分均值（μ_g）的增加而增加。其次，对于漠不关心 ESG 的投资者而言（$b_i=0$），他们对环境友好型公司股票和非环境友好型公司股票的投资需求都等于均值—方差模型下的投资需求。

接下来，该文进一步分析了存在环境友好型公司股票和非环境友好型公司股票两种风险资产，且在存在关注 ESG 和漠不关心 ESG 两种投资者类型的情景下，股票预期超额收益如何变化。运用前文的公式，得到环境友好型公司股票和非环境友好型公司股票的预期超额收益，并基于一个简化设置（$\beta_{green}=\beta_{brown}=\beta$；

$\sigma_{g,green} = \sigma_{g,brown} = \sigma_g$；$\sigma_{rg,green} = \sigma_{rg,brown} = \sigma_{rg}$）分析两种股票的预期超额收益差距（Alpha 差距）：

$$\mu_{r,green} = \frac{\beta_{green}\gamma\sigma_M^2\left(1 + b_{ESG}^2 \frac{\sigma_{g,green}^2}{\sigma_r^2} + 2b_{ESG}\frac{\sigma_{rg,green}}{\sigma_r^2}\right) - w_{ESG}b_{ESG}\mu_g}{1 + (1 - w_{ESG})\left(b_{ESG}^2 \frac{\sigma_{g,green}^2}{\sigma_r^2} + 2b_{ESG}\frac{\sigma_{rg,green}}{\sigma_r^2}\right)} \qquad (21)$$

$$\mu_{r,brown} = \frac{\beta_{brown}\gamma\sigma_M^2\left(1 + b_{ESG}^2 \frac{\sigma_{g,brown}^2}{\sigma_r^2} + 2b_{ESG}\frac{\sigma_{rg,brown}}{\sigma_r^2}\right) + w_{ESG}b_{ESG}\mu_g}{1 + (1 - w_{ESG})\left(b_{ESG}^2 \frac{\sigma_{g,brown}^2}{\sigma_r^2} + 2b_{ESG}\frac{\sigma_{rg,brown}}{\sigma_r^2}\right)} \qquad (22)$$

$$\mu_{r,brown} - \mu_{r,green} = \frac{2w_{ESG}b_{ESG}\mu_g}{1 + (1 - w_{ESG})\left(b_{ESG}^2 \frac{\sigma_g^2}{\sigma_r^2} + 2b_{ESG}\frac{\sigma_{rg}}{\sigma_r^2}\right)} \qquad (23)$$

其中，w_{ESG}、$b_{ESG} > 0$ 分别表示关注 ESG 投资者的投资占比和对非环境友好型公司的厌恶水平，$w_{IND} = 1 - w_{ESG}$，$b_{IND} = 0$ 则表示对 ESG 漠不关心的投资者的投资占比和对非环境友好型公司的厌恶水平。文章假设投资者具有同质性，即拥有同一个风险厌恶水平 γ。β_{green} 和 β_{brown} 为资本资产定价模型中的 β。

由式（23）可知，非环境友好型公司股票与环境友好型公司股票的超额收益差距会随着个股 ESG 得分不确定性（σ_g）和个股 ESG 得分与收益协方差（σ_{rg}）的提高而缩小，表明 ESG 不确定性会削弱 ESG-Alpha 的负向关系。在 ESG 不确定性无限大的极限条件下，非环境友好型公司股票与环境友好型公司股票的超额收益差距趋近于 0。

四、研究思路与结果

（一）数据来源与主要变量

该文从 CRSP 数据库获取每日和每月的股票数据，并从如下数据供应商处收集 ESG 评级数据，包括 Refinitiv、MSCI、Bloomberg、Sustainalytics 和 Robeco-SAM。季度和年度财务报表数据来自 Compustat 数据库。分析师预测数据来自 I/B/E/S 数据库。机构所有权数据来自 Thomson Reuters 机构持股数据库。样本包括 2002~2019 年股票代码为 10 或 11 的纽约证券交易所或美国证券交易所或纳斯达克所有普通股。

该文涉及的主要变量是企业层面的 ESG 评级和 ESG 评级不确定性。该文首先根据各数据提供商的原始评分在特定评级机构特定年份内对 ESG 原始评分进行百分位排名，并得到百分位数。其次依据 6 家评级机构构造了 14 个评级对，并计算每个评级对的平均百分位数和不确定性（例如评级对 g_1 和 g_2，该评级对的不确定性为 $\dfrac{|g_1-g_2|}{\sqrt{2}}$）。最后将企业层面的 ESG 评级和 ESG 评级不确定性分别定义为所有评级对平均百分位数和不确定性的平均值。

（二）实证思路与结果

1. 投资者投资需求

机构投资者往往在投资决策中考虑 ESG 因素（Krueger et al.，2020）。因此，该文运用机构投资者持股情况作为 ESG 投资需求的代理变量，并考虑到不同机构投资者社会责任投资动机和所面临的社会规范压力不同，将机构投资者分成三类：受社会规范约束的机构投资者、对冲基金、其他机构投资者。该文具体的实证检验步骤如下：首先，该文对 t 年度的企业 ESG 评级和不确定性分别进行五分位排序，并取两者的交集构造 25 个（5×5）投资组合。其次，通过计算企业在 $t+1$ 年的季度机构持股比例均值为每个投资组合匹配机构持股比例变量。最后，在 $t+1$ 年重复上述步骤，得到 25 个投资组合各年度的季度机构持股比例均值。该文报告了 25 个投资组合中每个投资组合的季度机构持股比例的时间序列平均值，并计算了高 ESG 评级和低 ESG 评级投资组合（HML-R）之间机构所有权的平均差异，以及高 ESG 评级不确定性与低 ESG 评级不确定性投资组合（HML-U）之间的平均差异。

该文结果显示，首先，受社会规范约束的机构投资者倾向于投资更环保的企业（高 ESG 评级企业）。其次，当 ESG 评级不确定性增加时，低 ESG 评级和高 ESG 评级投资组合之间的所有权差距会缩小。总体而言，实证结果支持了模型预测，即对于关注 ESG 的投资者而言，对风险资产的投资需求随着 ESG 得分的增加而增加，但随着 ESG 评级不确定性的增大而减少。尽管机构投资者更加专业，能够获得特权信息，但企业 ESG 表现的不确定性仍然是他们投资的一个重要障碍。

2. 股票横截面收益的可预测性

按照前文的做法，文章通过计算企业在 $t+1$ 年的月度市值加权收益率为构造出的 25 个（5×5）投资组合匹配股票收益率变量。然后，文章报告了 25 个投资组合中每个投资组合的加权月度股票收益率的时间序列平均值，并计算了高 ESG 评级和低 ESG 评级投资组合（HML-R）之间股票收益率的平均差异，以及高 ESG 评级不确定性和低 ESG 评级不确定性投资组合（HML-U）之间的平均差异。另外，除原始股票收益率外，该文还进一步考虑了资本资产定价模型、Fama-French-Carhart 四因素模型（FFC）和 Fama-French 六因素模型（FF6）中的股票收益率。

该文结果显示，首先，在 ESG 评级不确定性较低的股票中，ESG 评级与未来股票收益率呈负相关关系（ESG 评级的负收益预测性）。其次，随着 ESG 评级不确定性的提高，ESG 评级的负收益预测性逐渐不再成立，在某些情况下甚至变为正收益预测性。此外，基于 ESG 评级的单变量投资组合排序实证结果也表明了 ESG 评级的负收益预测性逐渐减弱。基于 ESG 评级不确定性的单变量投资组合排序实证检验发现，随着 ESG 评级不确定性的增大，股票收益也在增加，尽管这种变化模式并不是线性的。总的来说，该文发现非环境友好型公司股票只有在 ESG 评级确定的情况下才优于环境友好型公司股票，并且 ESG 评级不确定性可能通过两种冲突因素（ESG 评级不确定性风险和环境友好型公司股票持有效用）改变这种关系。

为进一步验证研究结论的稳健性，该文还使用月度股票收益数据进行了回归（Fama and MacBeth，1973）。$Perf_{i,m}$ 指股票 i 在第 m 个月的原始超额收益或资本资产定价模型调整后的收益，$ESG_{i,m-1}$ 指 ESG 评级，$Low\ ESG\ Uncertainty_{i,m-1}$ 为一个虚拟变量，如果 ESG 评级不确定性处于该月所有股票中最低的五分位数，则该变量取值为 1，否则为 0。M 包含所有控制变量。

$$Perf_{i,m} = \alpha_0 + \beta_1 ESG_{i,m-1} + \beta_2 ESG_{i,m-1} \times Low\ ESG\ Uncertainty_{i,m-1} +$$
$$\beta_3 Low\ ESG\ Uncertainty_{i,m-1} + \beta'_4 M_{i,m-1} + e_{i,m} \tag{24}$$

结果显示，ESG 评级不能预测整个样本的股票收益，且当 ESG 评级不确定性较低时，ESG 评级与股票未来收益呈负相关关系。在控制其他潜在干扰因素后，这种关系在所有回归中均显著。总体而言，回归结果进一步验证了前文投资组合排序的结果。

3. 进一步分析和稳健性检验

考虑到过去十年可持续投资的快速增长，该文进一步考察了研究结果如何随着时间的推移而演变。具体而言，该文将整个样本分为两个子时期：2003～2010 年和 2011～2019 年，并重复主要实证检验。

该文发现，首先，对于三种机构投资者而言，它们对环境友好型资产的偏好都会随着时间的推移而增加。其次，对于受社会规范约束的机构来说，在这两个时期中，对环境友好型公司股票的投资需求都随着 ESG 评级不确定性的增加而减少，而这种影响在 2011 年之前更强。总体而言，该文的研究结果证实，即使 ESG 意识不断提高，ESG 敏感投资者对环境友好型资产的投资需求也会随着 ESG 评级不确定性的增大而减少。在 2011 年之前，在 ESG 评级不确定性较低的股票中，ESG 评级与未来股票收益呈负相关关系。随着 ESG 评级不确定性的提高，ESG 评级与未来股票收益的负向关系将不再成立。基于 ESG 不确定性的单变量投资组合排序进一步证实，资本资产定价模型的 Alpha 值随着 ESG 评级不确定性的增加而增加。相比之下，在 2011 年后，ESG 评级与 Alpha 并不存在显著关系。总之，当 ESG 评级不确定性较低时，ESG 评级表现为负收益预测性。随着 ESG 评级不确定性的提高，ESG 评级的负收益预测性逐渐被削弱。最后，该文还改变了 ESG 评级和不确定性的衡量方法，发现主要研究结论仍然保持不变。

4. 模型校准

该文通过设置相关参数进一步校准前文理论分析中的模型，以研究 ESG 评级不确定性对市场超额收益、经济福利、股票投资需求以及股票横截面的预期超额收益、β_{eff} 和 Alpha 的一般均衡影响。研究结果发现，ESG 评级不确定性会增加整体市场感知风险，进而导致市场超额收益提高，但两类投资者（有 ESG 偏好与没有 ESG 偏好）对市场投资组合的确定等价收益和投资需求存在不同。首先，对于有 ESG 偏好的投资者（以下简称 ESG 偏好投资者）而言，当市场对环境因素的考量是中立的时候，ESG 偏好投资者的确定等价收益和投资需求会随着 ESG 评级不确定性的增加而降低，因为此时唯一起作用的是对 ESG 评级不确定性的厌恶。如果市场对环境因素的考量不是中立的，ESG 偏好投资者持有环境友好型公司股票就会产生正的效用，并且当投资者对非环境友好型公司的厌恶程度和市场 ESG 评级较高时，这种效用会更大。ESG 评级不确定性所产生的风险可能会抵消 ESG 偏好投资者从关注环境因素的市场中获取的效用，进而导致 ESG 偏好投资者的效用产生损失。同时，对投资需求的降低效应将导致整体经济福利的下降。其次，对于没有 ESG 偏好的投资者而言，他们不会从关注环境因素的市场持股中获取效用，更高的均衡市场超额收益将转化为更高的确定等价收益，并使其在市场投资组合中位于杠杆位置（$X_{IND}^* > 1$）。总之，ESG 评级不确定性会提高均衡市场超额收益，降低有 ESG 偏好投资者的效用（确定等价收益），阻碍他们参与股票市场。

ESG 评级不确定性会提高股票预期超额收益，在 ESG 评级（对 Alpha 产生负面影响）和 ESG 评级不确定性（对 Alpha 产生正面影响）这两种冲突因素影响下，ESG 评级不确定性高的环境友好型公司股票可能比 ESG 评级不确定性低的非环境友好型公司股票具有更高的预期超额收益和 Alpha。有效 β_{eff} 随着 ESG 评级不确定性的增加而增加，并可能高于标准资本资产定价模型的 β，这种现象在非环境友好型公司厌恶水平更高时会更显著。只要环境友好型公司股票与非环境友好型公司股票具有相同的 ESG 评级不确定性，两者之间的收益差距（预期超额收益和 Alpha 差距）就会随着 ESG 评级不确定性的增加而缩小。

校准模型的总体证据表明，ESG 评级不确定性会增加市场超额收益，并降低 ESG 偏好投资者的经济福利，阻碍他们参与股票市场。同时，股票预期超额收益、Alpha 和有效 β_{eff} 都会随着 ESG 评级不确定性的增加而增加。此外，环境友好型公司股票和非环境友好型公司股票之间的 Alpha 差距会随着 ESG 评级不确定性的增加而缩小。

五、研究结论

首先，该文从单个风险资产模型开始，全面分析了 ESG 评级不确定性对投资组合选择和资产定价的均衡影响，发现 ESG 评级不确定性导致了较高的市场感知风险、较高的市场超额收益和较低的投资需求。ESG 评级不确定性尤其会降低 ESG 偏好投资者对可持续投资的需求，这意味着可持续投资的整体经济福利将减少。

其次，考虑多种风险资产和异质经济主体，该文推导出股票收益横截面的新资本资产定价模型，并发现 ESG 评级不确定性削弱了 ESG 评级与资本资产定价模型中 Alpha 的负向关系。只有当 ESG 评级不确定性较低时，非环境友好型公司股票的收益才优于环境友好型公司股票。随着 ESG 评级不确定性的提高，ESG 评级的负收益可预测性将不再成立。

最后，当 ESG 评级不确定性较高时，投资者不太可能进行 ESG 投资，也不太可能积极参与企业 ESG 活动。这可能会增加环境友好型企业的股权资本成本，并进一步限制它们进行社会责任投资和产生积极社会效应的能力。随着可持续投资规模的不断增长，这种整体影响将变得更加显著。